科学出版社"十四五"普通高等教育本科规划教材

羊 生 产 学

姜勋平　刘桂琼　主编

科学出版社

北　京

内 容 简 介

本教材共分11章，主要内容包括：羊产业概况、羊产品、山羊的特性和重要品种、绵羊的特性和重要品种、羊遗传育种和改良、羊的繁殖技术、羊的饲养管理、羊的营养需要与饲料生产、规模羊场建设和设施设备、规模羊场经营管理、规模羊场生物安全和疾病防治。每章后附有复习思考题，全书后附有实习指导。本书力求反映我国当前羊产业的概况，并介绍国内外羊产业取得的新成果、新技术和先进经验，为推进我国羊产业持续健康发展作出贡献。

本书适合作为高等学校动物科学专业"羊生产学"课程教材，以及可供从事畜牧专业人士参考使用。

图书在版编目（CIP）数据

羊生产学 / 姜勋平，刘桂琼主编. —北京：科学出版社，2023.6
科学出版社"十四五"普通高等教育本科规划教材
ISBN 978-7-03-075645-9

Ⅰ. ①羊… Ⅱ. ①姜… ②刘… Ⅲ. ①羊-饲养管理-高等学校-教材 Ⅳ. ① S826

中国国家版本馆CIP数据核字（2023）第097651号

责任编辑：林梦阳 / 责任校对：严 娜
责任印制：赵 博 / 封面设计：蓝正设计

科 学 出 版 社 出版
北京东黄城根北街16号
邮政编码：100717
http://www.sciencep.com

固安县铭成印刷有限公司印刷
科学出版社发行 各地新华书店经销

*

2023年6月第 一 版　开本：787×1092　1/16
2024年1月第二次印刷　印张：16 1/4
字数：413 000
定价：69.80元
（如有印装质量问题，我社负责调换）

《羊生产学》编写委员会

主　编

姜勋平（华中农业大学）　　　　　刘桂琼（华中农业大学）

副主编

刘永斌（内蒙古大学）　　　　　　罗海玲（中国农业大学）
何长久（华中农业大学）　　　　　张红平（四川农业大学）

编　者（按姓氏拼音排序）

韩吉龙（石河子大学）　　　　　　刘月琴（河北农业大学）
韩燕国（西南大学）　　　　　　　罗海玲（中国农业大学）
何长久（华中农业大学）　　　　　马友记（甘肃农业大学）
胡瑞雪（华中农业大学）　　　　　权　凯（河南牧业经济学院）
姜勋平（华中农业大学）　　　　　张红平（四川农业大学）
刘桂琼（华中农业大学）　　　　　张子军（安徽农业大学）
刘永斌（内蒙古大学）　　　　　　种玉晴（云南农业大学）

前 言

本书是一本为高等农业院校畜牧专业"羊生产学"课程编写的新形态教材。在编写过程中，我们按照畜牧专业四年制本科生培养过程的教学计划要求，充分考虑了本门课程在专业培养目标中的性质、地位和任务。我国养羊业历史悠久，绵羊、山羊品种资源丰富，羊产业发展迅速，各省（直辖市、自治区）养羊业的状况存在较大差异。因此，本书仅作为基本教材，兄弟院校可根据各省（直辖市、自治区）的实际情况进行补充或精简。

我们在查阅大量国内外养羊科学文献的基础上，结合多年科学研究与生产实践经验，组织编写了本书。全书共分为11章，约40万字，另附5个实习指导，预计32学时可讲完。感谢刘桂琼、何长久、胡瑞雪、韩吉龙、韩燕国、刘永斌、刘月琴、罗海玲、马友记、权凯、张红平、张子军、种玉晴等教授认真负责的编写。感谢林梦阳、王光荣和丁建平等同志在审定过程中积极热情的帮助和建议。感谢云南畜牧兽医科学院邵庆勇教授提供封面照片。此外，还要感谢华中农业大学提供的经费等各种支持！

由于编者的水平有限，对于本新形态教材可能存在的不足之处，恳请读者批评指正。

姜勋平
2022年4月于武汉

"中科云教育"平台数字化课程登录路径

扫描课程码，注册、登录"中科云教育"平台（www.coursegate.cn），再次扫描课程码，报名学习，输入姓名和学号（选填），开始学习，即可查看本课程课件。

羊生产学课程码

目　　录

第 1 章　羊产业概况 ················001
　1.1　羊的驯化与农耕文化 ··········001
　1.2　羊产业的地位和作用 ··········003
　1.3　中国羊产业概况 ··············004
　1.4　世界羊产业概况 ··············012

第 2 章　羊产品 ····················019
　2.1　羊肉 ························019
　2.2　羊毛 ························025
　2.3　山羊毛与山羊绒 ··············039
　2.4　羊皮 ························040
　2.5　其他副产物 ··················044
　2.6　羊产品安全 ··················047

第 3 章　山羊的特性和重要品种 ······054
　3.1　山羊的特性和品种分类 ········054
　3.2　肉用山羊 ····················056
　3.3　绒（毛）用山羊 ··············058
　3.4　羔（裘）皮山羊 ··············060
　3.5　奶用山羊 ····················061
　3.6　普通山羊 ····················063

第 4 章　绵羊的特性和重要品种 ······069
　4.1　绵羊的特性和品种分类 ········069
　4.2　肉用羊 ······················071
　4.3　细毛羊 ······················076
　4.4　半细毛羊 ····················086
　4.5　羔（裘）皮羊 ················088

　4.6　乳用羊 ······················089

第 5 章　羊遗传育种和改良 ··········093
　5.1　羊主要性状遗传特点 ··········093
　5.2　羊选种技术 ··················100
　5.3　羊选配方法 ··················106
　5.4　羊纯种繁育 ··················108
　5.5　羊杂交改良和杂交育种 ········111
　5.6　我国羊遗传改良计划 ··········114
　5.7　羊引种、利用和持续选育提高 ···118
　5.8　羊保种和利用 ················121
　5.9　羊生产和育种资料的记录与整理
　　　 ····························124

第 6 章　羊的繁殖技术 ··············126
　6.1　羊繁殖特性和机理 ············126
　6.2　羊的配种方法 ················130
　6.3　羊的妊娠与分娩 ··············135
　6.4　繁殖新技术在养羊生产中的应用 ···139
　6.5　羊繁殖力评定和提高繁殖力的措施
　　　 ····························143

第 7 章　羊的饲养管理 ··············149
　7.1　羊饲养管理的原则和养殖福利 ···149
　7.2　种公羊饲养管理与营养 ········155
　7.3　母羊饲养管理与营养 ··········157
　7.4　羔羊饲养管理和营养 ··········160
　7.5　育成羊饲养管理和营养 ········162

7.6 肉羊饲养管理 ………………………164
7.7 奶羊饲养管理 ………………………167
7.8 绒毛用羊饲养管理 …………………169
7.9 高繁羊品种的饲养管理 ……………171

第 8 章 羊的营养需要与饲料生产 ………173
8.1 羊的营养需要 ………………………173
8.2 羊的饲料与加工调制 ………………196
8.3 羊的日粮配制 ………………………199

第 9 章 规模羊场建设和设施设备 ………203
9.1 羊场选址与建设的基本要求和
原则 …………………………………203
9.2 羊舍建造的基本要求及类型 ………205
9.3 规模化羊场的设施设备 ……………207
9.4 羊舍内环境智能化控制 ……………214
9.5 羊场内及周边环境保护 ……………214
9.6 羊粪和羊场废弃物资源化利用 ……216

第 10 章 规模羊场经营管理 ………………219
10.1 规模羊场的生产经营计划编制
原则和方法 …………………………219
10.2 规模羊场生产计划的内容 …………220
10.3 羊场的人力资源和劳动管理 ………224
10.4 羊场的财务部和财务管理 …………227
10.5 提高羊场生产效率和经济效益
的主要途径 …………………………229

第 11 章 规模羊场生物安全和疾病防治 …234
11.1 羊场的生物安全 ……………………234
11.2 羊病预防 ……………………………235
11.3 羊病的检测与诊疗技术 ……………239
11.4 羊常见传染病的防治 ………………243
11.5 羊常见寄生虫病的防治 ……………245
11.6 羊普通病的防治 ……………………246
11.7 羊病辅助诊断系统 …………………249

第1章 羊产业概况

我国养羊业历史悠久，羊数量居世界首位。本章主要讲述羊产业在国民经济中的地位和作用，中国羊产业的现状、存在的主要问题与差距及中国羊产业的任务和发展趋势，厚植懂农业、爱农村、爱农民的"三农"情怀，树立强农兴农为己任的意识。其中，重点是中国羊产业现状与存在的主要问题；难点是中国羊产业的任务和发展趋势。

1.1 羊的驯化与农耕文化

羊与人类关系密切。从猎物到驯化成为家畜的过程中，羊深刻地改变着人类的生活和文化，成为人类文明的组成部分。据记载，历史上曾存在多个将羊作为"图腾崇拜"的人类部落。

在分类学上，羊被分为绵羊与山羊两个属。经论证，绵羊和山羊的分化大约发生在400万年前。绵羊属于偶蹄目（Artiodactyla）、洞角科（Bovidae）、羊亚科（Caprinae）、绵羊属（*Ovis*），体细胞染色体数目为27对。绵羊的野生近缘种有7个，分别是羱羊、阿尔卡尔羊、亚洲摩弗伦羊、欧洲摩弗伦羊、加拿大盘羊、雪羊和大白羊。对线粒体DNA（mtDNA）的研究表明，现代家养绵羊至少存在3个进化枝，即欧洲枝、亚洲枝和欧亚混合枝。对Y染色体标记的研究表明，现代家养绵羊存在2个父系起源，即欧洲驯化起源和中东驯化起源。

山羊在分类上与绵羊同亚科但不同属。山羊属于山羊属（*Capra*），体细胞染色体数目为30对。山羊属共有8个种，即野山羊（*C. aegagrus*）、家山羊（*C. hircus*）、羱羊（*C. ibex*）、西敏羱羊（*C. walie*）、高加索羱羊（*C. caucasica*）、东高加索羱羊（*C. cylindricornis*）、西班牙羱羊（*C. pyrenaica*）和捻角羊（*C. falconeri*）。除了家山羊（*C. hircus*）外，山羊属的剩余7个种都是野生种，但是大部分野生种都已灭绝或濒临灭绝[1]。

1.1.1 羊的驯化与扩散

在旧石器时代末期和新石器时代初期，原始人类以狩猎为生，野羊是当时主要的狩猎对象。随着狩猎工具的改进，人类捕获的活羊越来越多。因此，一时吃不完或幼小不适于食用的羊只，便被留养起来，开始驯养和驯化[2]。

---

[1] 国家畜禽遗传资源委员会. 中国畜禽遗传资源志：羊志. 北京：中国农业出版社，2011：2-5.
[2] 姜雨，王文. 羊的驯化之路. 科学世界，2015，（3）：48-51.

现存最早的驯化绵羊化石发现于伊朗和伊拉克边境地区的扎格罗斯（Zagros）北部到安纳托利亚（Anatolia）东南部的连续地带，即现今的以色列、黎巴嫩、约旦、叙利亚、伊拉克和土耳其等地。表明人类在距今1.1万年前的中石器时代末期就开始了绵羊驯化工作[1]。

在中国河南新郑裴李岗遗址发现了距今7000多年前新石器时代中期的羊骨骼和牙齿碎片。内蒙古石虎山遗址出土了放射性碳龄约为5700年的羊骨骼。在洛阳偃师二里头遗址中发现了4000年前古绵羊遗骸。经证实，这些遗骸与小尾寒羊、湖羊、蒙古羊、同羊等有着共同的母系祖先[2]。此外，在金陵北阴阳营、高邮龙虬庄、嘉兴马家浜、余姚河姆渡、含山凌家滩、潜山薛家岗、天门石家河以及巫山大溪等文化遗址中，均发现了羊的遗骸。

驯化羊的扩散与小麦和大麦扩散路径重叠。随着游牧民族的迁徙，驯化羊被带到非洲、欧洲和亚洲各地。羊向欧洲的传播途径一是通过爱琴海向北到达匈牙利盆地；二是通过海上运输从西亚到达南欧的地中海沿岸，然后到达中欧和西欧。向非洲的传播大约是在公元前4000年，从东非由北向南、由北非向东西两翼传播。据推测，向亚洲传播的途径也有两条：一是从波斯、阿富汗等中亚地区到达蒙古高原和华北；二是通过位于巴基斯坦境内的卡帕山口到达印巴次大陆，后来又从这些地方传到东南亚和东亚[3]。

1.1.2　羊在世界文化中的印记

在世界宗教、艺术、科学与生活之中一直活跃着羊的身影。比如，法国哥摩洞窟的岩画羊、马格德林中期的尼奥洞窟崖壁羊画，以及西班牙阿弼拉的羊岩画，都深深镌刻在人类文化历史记忆中。

在最早驯化地和扩散地出土的与驯化羊有关的艺术和宗教用品也直接证实了人类文明中存在的"羊崇拜"现象。比如，在距今1万~1.2万年的西亚纳吐夫文化（Natufian culture）遗址中，随葬有羚羊角制成的项链与骨饰；在7000~9000年前的苏萨文化一期遗址中发现了巨大的犄角山羊和野羊图；在5000年前的苏萨文化二期遗址中出土了一件绘有"山羊飞跃生命树"的图章。此外，包括"苏萨山羊饰酒杯""羊头金碗""山羊彩陶纹碗""神羊像""羊头权杖"等在内的一大批珍贵文物均有力证实了羊地位崇高，以及"羊崇拜"现象在人类宗教、艺术、科学与生活中的广泛渗透[4]。

1.1.3　羊在中华文化中的烙印

中华文化一直与"羊"相伴。三皇中的伏羲、神农最早都以"羊"为部落图腾。旧石器时代中晚期的伏羲是中华民族的人文始祖，古籍中记载的最早的王。伏羲生于成纪，定都在陈地，据传是游牧民族的后代，经甘肃天水到中原，一路牧羊而来。神农炎帝是中国上古时期姜姓部落对首领的尊称。据记载，"姜"姓原居于姜水，从陕西宝鸡一路牧羊而到中原，

---

[1] 刘刚，张天翔，孙丰硕，等. 羊与人类文明. 人与生物圈，2015，(1)：10.

[2] 蔡大伟，张乃凡，赵欣. 中国山羊的起源与扩散研究. 南方文物，2021，(1)：10.

[3] 肖华，朱宏斌. 浅谈西亚地区早期农业起源问题：以羊与麦为例. 农业考古，2020，(4)：5.

[4] 谢梅，焦虎三."羊崇拜"的演化与变迁：早期岩画的文化意蕴与传播. 四川戏剧，2022，259(3)：152-159.

部落以羊为"图腾"。古语中,"姜"即"牧羊人"之意[1]。

在中国传统文化中羊是智慧、吉祥、正义、善良、美好和孝道的象征。以"羊"为部首的汉字达200多个,充分说明羊对先民生活的巨大影响。羊是智慧的象征。从文化的角度来看,伏羲曾受"羊角柱"的启发,发明了推动中华文明进程的"八卦"。羊是吉祥的象征。古时"羊"与"祥"相通,"祥"字是后来才有的,"吉羊"即是后来的"吉祥",《说文》解释"羊,祥也"。羊是正义的象征。羊在古人心目中拥有正直、美好的形象,尧舜时代的大法官皋陶曾借助独角神羊断案,从而实现司法公平。独角羊名"獬豸",因此一直用作历代执法者官服的图案。

羊与善。古语中,善由羊字派生而来,原意为膳,通羞、養、羹。羊与美。羊象征美丽和美味。汉字中的"美"字由"羊"和"大"两字组合而成,羊大为美,乃是古人实用主义审美倾向的生动体现。羊与孝。羔羊有"跪乳"的习性,被古人视作善良知礼的表现,被演绎为孝敬父母的代表。《增广贤文》以羊诫人"羊有跪乳之恩"。此外,"送羊劝孝"的风俗,至今在民间流行[2]。

1.2 羊产业的地位和作用

羊不仅是文化的载体,更是人类赖以生活的必需品。羊所提供的肉、毛(绒)、皮和羊奶等产品不仅丰富了人类衣食品味,也是食品、毛纺、制革,以及化学等工业的重要原料。

在我国,养羊是一项重要的经济产业。在广大乡村和牧区推广养羊业是农牧民脱贫致富的重要途径。发展羊产业,能为轻工业提供原料,为市场提供羊毛、羊绒、羊肉、羊皮和羊奶等产品,为农业提供优质肥料;能改善人民生活,提高全民营养和健康水平。

1.2.1 羊是优质肉乳品来源

羊肉是人类重要的肉源性食品。在广大的草原牧区,牧民消费的肉食品以羊肉居多。因为绵羊和山羊繁殖比较快,达到可食用期较早。此外,信奉伊斯兰教的民族消费的肉食品也以羊肉为主。近些年来,生活水平的提升让人们对食物品质要求越来越高。羊肉因营养丰富、味道鲜美、胆固醇低等优点而广受普通消费者青睐。因此,市场对羊肉的需求量也越来越大。

羊奶是奶品供应的重要来源,并且具有特殊的品质特征。研究表明:羊奶的脂肪颗粒大小为牛奶的三分之一,更利于人体吸收;羊奶中的维生素和微量元素明显高于牛奶;患过敏症、胃肠疾病、支气管炎症或身体虚弱的人更适合饮用羊奶。此外,羊奶还可以加工成乳酪、炼乳、酸奶和奶粉等,对增进健康大有益处[3]。因此,羊奶在国际上被称为"奶中之王"。欧美的多国均把羊奶作为营养佳品,其售价是牛奶的7倍。

---

[1] 倪方六. "羊文化"溯源. 兰台内外, 2015, (2): 25-26.
[2] 殷建平. 羊文化浅说: 第十二届(2015)中国羊业发展大会论文集. 中国畜牧业协会, 2015: 100-103.
[3] 吴小松. 羊奶的功能特性及其掺假鉴别方法研究进展. 中国乳品工业, 2022, 50(2): 6.

1.2.2 羊是重要工业原料来源

羊毛（绒）、羊皮、羊肠衣等是毛纺工业、制革工业和化学工业等的重要原料。羊毛（绒）用途很广，可制绒线、毛毯、地毯、呢绒及其他精纺织品。羊毛织品美观大方，保暖耐用，具有很多优点。羊皮保暖性强，是御寒佳品。比如，滩羊和中卫山羊的二毛皮，轻暖美观，广受群众喜爱；湖羊羔皮、济宁青山羊猾子皮、卡拉库尔羔皮、青海贵德紫羔皮等，花案奇特，美丽悦目，是制作皮帽、皮领及外套的良好原料；此外，用绵羊和山羊板皮加工制作的各式夹克和箱包，也深受市场欢迎。

1.2.3 羊是生态可持续发展的维护者

一只羊就是一个小肥料厂，年排粪量为750~1000kg。粪便含氮量为8~9kg，相当于35~40kg的硫酸铵。相比于其他家畜，羊粪尿中氮、磷、钾的含量更高，是一种很好的有机肥料。施用羊粪尿，不仅明显提高农作物的单位面积产量，而且有助于改善土壤团粒结构、防止板结。特别是对改良盐碱土和黏土、提高土壤肥力效果显著。随着我国环境治理力度加大和有机农业的发展，以羊粪为基础所形成的"草养羊-羊粪肥地-肥地育草"高效循环既促进了有机农业的发展，又改善了畜牧业生产的生态环境。实现了生态效益和经济效益的良性结合。

羊可以充分利用农区秸秆资源。仅黄淮海农区每年所能提供的秸秆资源就超过4亿吨，可满足近2亿只羊全年的粗饲料。根据"三退三进"战略（退出散养、退出庭院、退出村庄，进入规模养殖、进入养殖小区、进入市场循环）精神，利用秸秆养羊符合战略所提倡的循环经济减量化、再使用与再循环的原则，并有助于维持"植物-动物-微生物"生物链的良性循环，使物质和能量的输入输出平衡，进而实现低消耗、低排放和高效率的目标。

1.2.4 羊是乡村振兴中农牧民创收的重要来源

在我国农牧区，羊产业是新乡村建设的支柱产业之一，对繁荣产区经济和增加农牧民收入起到了重要推动作用。随着乡村振兴经济政策的贯彻落实，我国养羊业已进入以公司化经营和家庭羊场经营为主的新阶段。城乡广大农牧民与养殖单位的生产积极性都很高，这为推动羊产业进一步发展创造了有利条件。据不完全统计，全国羊交易市场超过4万家，仅活羊交易的日交易额就接近10亿元。从养殖到销售，羊产业的产值超过8000亿元，从业人口超过2000万人。

1.3 中国羊产业概况

中国羊的存栏量和出栏量均为世界第一。2020年中国羊只存栏3.1亿只、出栏3.2亿只，肉羊产业产值近万亿元；2020年中国羊肉产量492万吨、消费量534万吨，产量较2001年增加了220万吨，人均年消费由1.7kg增加到了3.8kg；羊肉消费占肉类产量的比重从2000年的

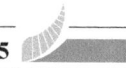

4.39%增加到2020年的6.35%，需求量大且有持续增加的趋势[1]。

1.3.1 中国羊品种资源

中国绵羊和山羊遗传资源十分丰富。《国家畜禽遗传资源品种名录》记录了155个羊品种，其中：绵羊地方品种44个，培育品种及配套系32个，引入品种及配套系12个；山羊地方品种60个，培育品种及配套系11个，引入品种及配套系6个。列入《中国畜禽遗传资源志·羊志》中的地方品种共100个，其中绵羊42个、山羊58个。这些地方品种耐粗饲、抗逆性和抗病力强，生产性能各具特色，是中国肉羊产业可持续发展的宝贵资源和育种素材。

1.3.2 中国近现代羊育种概况

近代是指1840~1949年这段时期，即通常说的"两半社会"；现代即1949年新中国成立之后的时期。在这近180年的时间里，我国先后从国外引进了奶羊、毛羊和肉羊品种，主要的利用方式是与我国本地羊杂交，培育新品种，用于生产羊奶、细毛或羊肉。近现代羊育种大体上分为以下三个阶段。

（1）引入国外奶羊品种开展杂交改良。我国文献可考的近现代羊种业始于1904年传教士将萨能奶山羊引入山东、河南和陕西等地。当时主要是解决德国传教士和其他侨民对羊奶的需求。1932年，中国著名平民教育家晏阳初先生从加拿大引进萨能奶山羊；同年日本"开拓团"将吐根堡奶山羊品种引入中国黑龙江省绥棱县。1936年，晏阳初先生将引进的萨能奶山羊运到陕西省武功县。1938年在原西北农学院（今西北农林科技大学）建立萨能奶山羊繁育场。1939年四川等地从美国少量引入努比亚奶山羊，与当地山羊杂交，在提高肉用性能和繁殖性能方面取得了显著效果。

（2）毛肉兼用细毛羊、半细毛羊新品种培育。1904年陕西从国外引进美利奴羊，在安塞县北路周家洞附近建立牧场，这是我国从国外引进细毛羊的最早记录。1917年我国陆续从美国等国家引入美利奴羊对本地母羊杂交改良。1934年，从苏联引进了高加索羊和泊列考斯羊等绵羊品种，分别饲养在伊犁、塔城、巴里坤、乌鲁木齐，对哈萨克羊和蒙古羊进行改良。1949年巩乃斯种羊场形成了以横交四代为主的"兰哈羊"新品种群。1935~1945年间引入考力代羊等品种，在北平西山、河北石家庄和山西太原等地与本地绵羊杂交。1946年，联合国善后救济总署赠送给我国考力代羊，分别饲养在西北、绥远（今内蒙古呼和浩特）、北平和南京等地，与本地羊开展了杂交。这些引进品种对新中国成立后毛肉兼用细毛羊、半细毛羊新品种培育发挥了重要作用。

新中国成立后，我国羊产业得到了迅猛的发展，不仅绵羊和山羊数量有了很大的增长，而且羊产业产品的产量和质量也有了显著的提高。由于对羊毛需求量大，新中国成立后较长时间内我国的羊育种工作主要以细毛羊和半细毛羊为主，先后培育出新疆细毛羊和中国美利奴羊等细毛羊品种22个。其中，新疆细毛羊是我国培育的第一个绵羊新品种。由巩乃斯种羊

---

[1] 潘丽莎，李军．我国肉羊产业"十三五"时期发展回顾及"十四五"趋势展望．中国畜牧杂志，2022，58（1）：6．

场联合其他羊场共同在兰哈羊的基础上于1954年育成，它为我国绵羊育种提供了样板经验。后来该品种作为主要父系参加了国内多个细毛羊新品种的培育，对推动全国的绵羊育种工作起了积极作用。

（3）专门化肉羊品种和肉用细毛羊新品种培育。20世纪80年代以后，我国羊产业由毛用为主向肉用为主转变，市场对羊肉的强劲需求促进了专门化肉羊品种和肉用细毛羊新品种的培育进程，已先后育成12个肉羊品种。肉用绵羊选育主要有4条技术路线，一是对地方良种进行繁殖和肉用性能的选育提高，选出高繁（多胎）、体大快长和肉用等新品系（群）；二是以细毛羊改良群或已有细毛羊为母本，与德国肉用美利奴羊或南非肉用美利奴羊等肉用细毛羊杂交，培育出巴美肉羊、昭乌达肉羊、察哈尔羊和乾华肉用美利奴羊4个适应放牧加补饲条件的肉用细毛羊新品种；三是对已有短脂尾羊品种中的小尾群体持续选育，培育出适应市场需求并与固有品种有明显差异的戈壁短尾羊和草原短尾羊2个肉羊新品种；四是用专门化肉用品种杜泊羊与我国高繁殖力品种小尾寒羊和湖羊杂交，培育出鲁西黑头羊、鲁中肉羊和黄淮肉羊3个适于舍饲的高繁殖力肉羊品种。

同期，肉用山羊选育主要有两条技术路线，一是对地方良种的繁殖性能和肉用性能进行选育提高，选出高繁和体大快长的肉用新品系（群）；二是用努比亚山羊与当地山羊杂交，先后培育出南江黄羊、简州大耳羊、云上黑山羊等3个肉用山羊新品种。

上述培育品种的特性明显、生产力水平高、适应性强。在提高我国羊生产性能和产品品质上发挥了积极的作用，也为我国羊产业可持续发展提供了宝贵的品种资源。

中国羊种业在2005年以后发展迅速，良种繁育体系日趋完善，逐步形成了与区域布局相适应、以原种场和资源场为核心、以繁育场为基础、以质量监督检验测试中心和性能测定中心为支撑的良种繁育体系。截至2014年底，全国共有1730个种羊场，其中绵羊种羊场814个，存栏种羊250.2万只；山羊种羊场916个，存栏种羊82.4万只；国家级羊资源保种场20个、保护区4个。

我国先后从苏联、德国、英国、新西兰、澳大利亚、法国等国引入种羊。用国外品种改良我国地方羊，培育适应我国羊生产体系的新品种。实施种羊业自主创新，群体遗传进展明显加快，种羊质量不断提高，适应性、繁殖性能和肉食品质等部分指标已超过国外主流品种。

在肉羊育种技术方面，性能测定、遗传评估和基因组学技术发展迅速。在性能测定技术方面，已研发出羊脸识别、热成像、体尺测定、饲料转化率测定等智能化测定系统，大大提升了测定效率和准确性。在遗传评估技术方面，最佳线性无偏预测（BLUP）法和分子标记辅助选择技术已广泛应用于羊育种实践。国内多个团队已组建基因组选择参考群体。舍饲养羊中市占率较高的湖羊基因组选择参考群体规模较大。在羊基因组学方面，组装了湖羊的高质量参考基因组，构建了高分辨率的本地绵羊全基因组遗传变异图谱，鉴定了一系列重要经济性状的主效基因。总之，我国肉羊育种基础研究水平已与种业发达国家水平相当。

中国羊遗传改良工作取得了较大的进展，但与羊产业的实际需求相比仍有亟待解决的问题：一是基础工作滞后。选育和杂交利用工作缺乏有效的规划与指导，品种选育手段落后，良种登记、性能测定、遗传评估等基础工作尚未系统展开。部分品种改良方向和技术路线不明确，无序混乱杂交现象比较严重。二是软硬件条件较差。大部分种羊场育种设施设备落后，育种技术力量弱，核心群体规模小，种羊质量参差不齐，生产性能不高。以上两个问题导致育种进展缓慢，良种繁育体系不健全，选育效率较低。地方品种的优良特性没有得到有效挖掘，国产肉用专门化品种数量少、性能不高，育种核心种源依赖进口的局面未从根本上扭转。

目前我国羊生产端的良种繁育体系尚未完善，主要体现在原种场、繁育场等建设不完善。今后应重点抓好原种场和繁育场的建设，结合杂交改良，使我国羊生产水平大幅提高。

1.3.3 养殖模式

羊的饲养方式主要有放牧、半舍饲（放牧＋舍饲）和舍饲三种方式。其中放牧饲养方式是对天然草场牧草资源利用的主要方式，主要包括固定放牧、围栏放牧、季节轮牧和小区轮牧等方式。半舍饲饲养方式是白天放牧，早晚回舍内补充优质青干饲料、精饲料的一种饲养方式。舍饲饲养方式是把羊圈于羊舍内，进行人工饲喂的方式。

在羊品种方面，开展利用现有地方羊品种，建立三级繁育体系。用引进的国外专门化羊品种与我国地方羊品种杂交，生产杂一代母羊，然后再用另一个国外专门化肉羊品种与杂一代母羊杂交，生产三元杂交羔羊，羔羊直接育肥出栏。维持这个繁育体系特别要注意三个问题：一是注重亲本的提纯复壮；二是做好杂交组合的配合力测定，选择适应本地区的优势杂交组合；三是创造适宜的饲养管理条件，保障商品羊发挥生产性能。

1.3.4 生产主体

我国羊产业规模化程度低。目前，羊的生产主体主要是以小规模养殖为主。目前，养羊的发展趋势是适度规模，仍需探索大型规模化养殖。小规模养殖为主体的态势将长期持续。我国肉羊产业规模程度仍比较低，2017年全国肉羊年出栏100只以上的养殖场户仅占全国羊场总数的3.1%。预计未来较长时间内，100只以下的小规模养殖场户仍会是我国肉羊生产的重要参与者。

从农牧户养殖规模分布情况来看，牧区超过50%的农牧户肉羊年出栏量处于100～499只的中等规模，其次是年出栏量在30～99只和1～29只的小规模户在牧区中占有一定的比重，仅个别户肉羊年出栏量在1000只以上。牧区肉羊年出栏100～499只的农牧户数量在逐年减少，而年出栏30～99只的农牧户数量在不断增加；半农半牧区95%以上的农牧户肉羊年出栏量在500只以下，与牧区类似，半农半牧区肉羊年出栏100～499只的农牧户数量在不断减少，而年出栏30～99只的农牧户数量在不断增加；与牧区和半农半牧区有所不同，农区绝大多数农牧户肉羊年出栏量处于100只以下的小规模水平，且100只以下的小规模户数量有所增加，而年出栏量处于100～499只的中等规模及500只以上的大规模农牧户比重不断下降。与绵羊不同，中国超过80%的山羊养殖户年出栏规模处于100只以下的中等偏下规模水平，且这一比重逐年增加。

规模化程度低的弊端十分明显，小生产与大市场的矛盾突出。不利于品种改良、饲草料搭配、用药防疫等先进技术的普及推广，限制了生产效率的提升，不利于平均成本的下降，给疫病防治和畜产品质量安全带来隐患。

大规模养殖依然处于探索阶段，适度规模是目前养羊的发展趋势。从2010年开始，万只以上，甚至10万只肉羊规模养殖场主要出现在黄淮平原农区。到2020年，大规模养殖企业出现经营方面的问题，主要原因：一是技术支撑不到位，二是经营管理水平问题。因此，大规模肉羊企业需要以市场为导向，以技术为支撑，从组织管理、金融保障等多领域探索和完善。区别于大规模养殖场，500～1000只能繁母羊规模的养殖场取得了良好的效果，成功的原因：一是该规模适合家庭式经营，劳动力成本最低；二是家庭式管理，能做好羊只的细化饲养管理；三是养殖成本，尤其是饲料成本低，多数养殖场能充分利用周边农作物秸秆和农副产品等资源。从国内外养羊成功的规模来看，500～1000只能繁母羊规模养殖是目前世界养羊的主体。

1.3.5 中国古代羊业

我国在商周时期，羊已经成为毛、皮、肉多用途家畜，并用于祭祀和殉葬。秦、汉时期随着拓跋魏入主中原，畜牧文化的影响迅速扩大，养羊规模急剧增多，根据北魏贾思勰撰写的《齐民要术》的相关记载，当时羊数量以"千口"计，尤其是黄河中下游地区，单个家庭饲养千口羊的规模并不罕见。唐、宋、元和清代中后期是中国肉羊养殖业发展的兴盛期，饲养规模相对较大。隋唐时期，传统社会的经济水平达到了鼎盛时期，羊产业也取得了较快的发展。史书记载，开元年间（713～741年），陇右监羊数量增加至67万只。宋代时，牧羊业已十分普遍，当时的太原一带几乎家家都养羊。到了元代，由于当时的统治者主要是草原上的蒙古一族，正是这样的民族属性使得当时国家对羊的需求量大增，进而带来羊产业的迅速发展，根据《元史》相关记载，世祖时期（1260～1294年）弘吉剌部已有羊20万只，成宗时期（1295～1307年）达到30万只。明清时期，由于羊肉被作为贵重食品，食羊之风更盛，进而带动民间肉羊饲养数量的快速增加。

1.3.6 中国近现代羊业

近现代我国虽然受到战争等社会因素的影响，但养羊规模一直在发展，《农商统计表》资料显示1914年中国肉羊养殖规模约为2000万只。1934年《农情报告》达到3700万只。估算1935年中国肉羊饲养规模已经接近6000万只。此后受战争影响，中国肉羊养殖数量不断下降。至新中国成立初期，中国养羊规模为4275万只。

新中国成立以来的羊产业经历了自然发展、商品化发展和产业化经营发展三个阶段。

自然发展阶段（1949～1977年），主要特征是大多数地区的羊产业都被作为副业来发展，肉羊产业发展比较缓慢。

商品化发展阶段（1978～1998年），主要特征是饲养规模增长迅速，出栏率和胴体重水平也在不断提升，肉羊生产的区域不断由牧区向农区转移。据联合国粮食及农业组织统计数据库（FAOSTAT）统计，中国肉羊的存栏量在这20年间增长了58.02%，从1978年的1.62亿只增加到1998年的2.56亿只；肉羊出栏率从1978年的不足20%大幅上升到1998年的67.30%；肉羊平均胴体重水平从1978年的不足10.6kg/只增加至1998年的13.6kg/只，平均每只肉羊的胴体重增加了3kg，说明这一时期中国肉羊生产的技术水平不断进步。同时，中国五大牧区（内蒙古、新疆、西藏、青海和甘肃）的羊肉产量占全国的比例也由1978年的一半下降至不足1/3的局面。

产业化经营发展阶段（1999年至今），主要特征是不断向产业化、专业化、机械化、规模化和标准化等集约化生产水平迈进，是肉羊产业发展的迅猛阶段。这一时期像小肥羊、蒙羊等以羊肉为主要食品来源的具有较强带动力的龙头企业不断涌现。肉羊专用品种被大量进口，优势区域逐步形成，且集中趋势越发明显。至2020年中国羊只存栏3.1亿只、出栏3.2亿只，羊肉产量达到492万吨，平均胴体重超过了15kg/只（表1-1）。

表1-1 2002～2020年中国羊只存栏、出栏和相关产品产量国家统计局统计表

指标	2020年	2018年	2016年	2014年	2012年	2010年	2008年	2006年	2004年	2002年
山羊年底只数/万只	13 345	13 575	13 692	14 168	13 932	14 195	15 067	13 956	15 196	14 841
绵羊年底只数/万只	17 310	16 139	16 239	16 224	14 580	14 535	13 757	14 382	15 231	13 400
羊年底只数/万只	30 655	29 714	29 931	30 391	28 513	28 730	28 824	28 338	30 426	28 241
羊出栏数量/万只	31 941	31 010	30 005	28 051	26 606	26 808	25 927	24 709	23 093	20 560
羊肉产量/万吨	492	475	460	428	405	406	393	368	333	284
绵羊毛产量/吨	333 625	356 608	411 642	407 230	393 725	385 125	369 665	387 643	373 902	307 588
细羊毛产量/吨	106 109	117 891	129 164	122 251	124 716	123 504	119 279	130 959	130 413	112 193
半细羊毛产量/吨	116 849	120 430	137 973	132 693	127 313	113 998	105 272	116 043	119 514	102 419
山羊粗毛产量/吨	24 034	26 965	35 785	38 655	40 505	36 226	35 477	35 171	37 727	35 459
羊绒产量/吨	15 244	15 438	18 844	18 465	17 211	17 848	16 534	16 223	14 515	11 765

1.3.7 羊产业发展趋势

中国的羊肉产量、肉羊存栏量和肉羊出栏量均为世界第一，但国内市场总体还处于供不应求的状态，居民日益高涨的羊肉消费需求无法得到满足。中国自1995年开始羊肉贸易格局就表现为净进口，贸易逆差持续增大，2012年成为世界上最大的羊肉进口国。

20世纪80年代以后，我国的羊产业进入一个重要的战略转型期。养殖品种从毛、绒用羊为主向肉用羊为主转变；养殖优势区域由北方牧区向中部农区转移；经营主体由传统小规模放牧向规模化舍饲转变；羊肉市场需求从成年羊向肥羔转变；羊肉产品从单一胴体向精细化分割转变；绿色优质、环境友好和动物福利越来越受到人们的重视。

一、市场需求稳定增长

随着人们收入水平和生活水平的不断提高，中国人的食品消费结构正在快速的变化着，对肉食特别是羊肉的消费需求，正在快速增长。从2011年到现在，羊肉消费稳步增长，但与新西兰、欧洲等发达国家相比，在人均羊肉消费量上，仍有极大增长空间。预计到2024年中国羊肉供需缺口约30万吨。

二、养殖区域从牧区向农区转移

1980年，排在全国羊肉产量前五位的省份（自治区）是内蒙古、新疆、青海、四川和山东，2020年排在羊肉产量前五位的省份（自治区）是内蒙古、新疆、山东、河北和河南。山东、河北、河南、安徽、黑龙江、甘肃等几大农区省份的2020年羊肉产量占全国总产量的30%。

三、养殖方式逐步由放牧转变为舍饲和半舍饲

随着人们对羊产品日益增长的需求，只靠牧区的放牧饲养已经不能满足我国消费者的需要，为防止牧区发生过牧现象，避免对草场环境的破坏，走舍饲、半舍饲养羊的道路势在必行。在农区羊的饲养规模已经出现了逐步扩大的趋势，饲养规模在万只甚至几万只的养殖大场的数量越来越多。但需要注意的是并非羊场越大越好，一定要根据当地自然资源情况及羊

场本身管理能力等情况适度为好。

四、规模化发展的产业链雏形形成

很多养殖企业，自繁自养，自己屠宰和深加工，实行羊产品的产、供、销、加工、服务一条龙生产模式。这种生产方式延长了生产和经济链条，增加了羊产品的附加值，增强了经济实力，可以获得更大经济效益。但总体看来，相对规模和产品数量较小，品牌效应较差。

为了促进利益联结，提高产业链竞争力，应该向上控制羊肉来源，向下掌握销售，进行渠道和品牌建设，向中提高精深加工能力，走循环经济的道路。现在普遍采用农户+专业合作社，企业+合作社+基地+农户等形式盘活闲置的养殖资源，因地制宜完善产业链建设，是为农牧民增加收入探索的一条政府满意、公司获利、农户受益的产业化经营之路，是集种羊繁育、育肥羊养殖、全价草颗粒饲料加工、肉羊规模养殖、屠宰加工、生产研发为一体的现代化种养产加销的产业链式发展模式。这种新的模式为羊产业的发展和农牧户的脱贫起到了重要作用。

我国的羊产业已经从千家万户分散饲养为主要形态的饲养方式，逐步向专业化、规模化、标准化的养羊模式过渡，有些地方建立银行、企业、行业协会、政府等多种形式的信贷支持来消除养殖户的顾虑，支持养殖户的规模化发展。肉羊规模养殖比重逐渐提高。出栏500只以上的场户比重由2012年的9.6%提高到2016年13.7%。2015年出栏1～29只的养殖场户占69.19%，30～99只占19.65%，100～299只占7.08%，300～499只占2.22%，500～999只占0.93%，1000只以上占0.93%。目前，从不同养殖规模的生产水平与效益、土地消纳面积和粪污处理利用情况看，农户以户均年出栏100只以上为宜。

五、健康养殖与生态发展政策不断完善

羊产业与生态环境的和谐发展，才能促进羊产业链向后延伸，进而带动农民致富奔小康。各地提倡适度规模养殖企业发展，构建种养结合、农牧循环的家庭牧场建设，并结合中央环保政策，使养羊企业向环保养殖模式发展。2017年，中央财政安排资金187.6亿元，继续支持实施草原生态保护补助奖励政策。2017年6月12日，国务院办公厅印发了《关于加快推进畜禽养殖废弃物资源化利用的意见》。到2020年，建立科学规范、权责清晰、约束有力的畜禽养殖废弃物资源化利用制度，构建种养循环发展机制，全国畜禽粪污综合利用率达到75%以上，规模养殖场粪污处理设施装备配套率达到95%以上，大型规模养殖场粪污处理设施装备配套率提前一年达到100%。另外无抗养殖（养殖过程中不使用抗生素、激素及其他外源性药物）是今后发展的必然方向。

1.3.8 羊产业发展重点

一、种质资源创新利用

品种培优是肉羊产业发展的关键。我国羊种质资源丰富，主要为毛肉或皮肉等兼用型地方良种。它们的肉用特征不突出，但是地方适应性很好，有的品种繁殖性能突出，如小尾寒羊和槐山羊的繁殖率较高。由于缺乏对优势基因的系统挖掘和利用，尚没有发挥出应有的品种优势。因此，地方肉羊种质资源挖掘和创新利用、专门化肉用新品种培育是肉羊产业发

展的重点。以繁殖力和饲料效率为重点，选育适于舍饲的专门化母本品种；以生长速度、饲料效率、产肉量和肉质为重点，选育专门化肉用杂交父本品种。持续开展地方良种的本品种选育是必要的。同时，对市占率高的湖羊、杜泊羊、澳洲白羊和萨福克羊等品种开展联合育种。对保护品种来说，在加强保种的同时逐步提高其特色性状遗传水平和整体生产水平。开展肉羊杂交改良及配套技术研究，获取杂种优势。提高羊的生长速度、繁殖率，建立优质种群快繁生产基地，大幅度提高羊产业的供种能力和供肉能力。

由于肉羊遗传改良的周期长和重资产特性，育种投资的回报期长和回报率低的矛盾难以解决，这是困扰和制约我国肉羊育种的障碍。在这种情况下，表现出核心育种体系不完善，缺乏具有自主知识产权的专门化品种。因此，持续选育提高特色地方品种和引进的专门化品种，培育产肉性能好、生长速度快、繁殖力高、胴体品质优良的新品种，形成杂交配套组合进行产业化开发，促使优良地方品种和新培育品种成为国内肉羊生产的主导品种，实现主要引进品种的本地化和国产化，为我国羊肉食品有效供给提供长期有力的科技创新支撑。

二、稳步发展奶山羊产业

全国范围内奶山羊产业分布不均。目前，奶山羊产业主要集中在陕西、山东和云南；河南、内蒙古、黑龙江等省区开始适度发展。今后要根据市场需求和饲养环境等因素做好我国奶山羊产业整体布局。现有奶山羊饲养区域要做好奶山羊品种选育工作，制定良好的奶山羊品种培育计划，不断提升奶山羊品种种质水平。另外，要加强科学饲养管理工作，通过精准饲喂、疫病防控、环境控制等技术，建立科学的奶山羊健康养殖技术体系，确保奶山羊生产的高效安全。同时，要加强羊奶产品品牌建设，提高产品核心竞争力。

三、健康养殖与安全监管

提升生物安全水平，建立种羊场疫病综合防控和生物安全技术体系与规程，采取有效措施净化种羊场垂直疾病。加大力度支持疫病净化创建场和示范场建设，加强对育种场的管理，提升育种场生物安全水平，确保种源生物安全。

羊产品安全是关系到人们健康的大事。国家市场监管部门和消费者对食物安全越来越重视。羊产品生产必须把好产品质量安全关。从生产环节到加工销售要层层把关，严禁使用有害饲料添加剂和食品添加剂，养殖端采用科学的饲养管理技术，确保上市羊产品安全可靠。完善养羊生产监测机制，引导养殖场户合理安排生产，及时发布预警信息，防止盲目扩张产能，降低市场风险，促进养羊生产平稳发展。

四、智能化生产体系

随着肉羊生产模式从传统放牧型向集中舍饲型转变，传统的人工管理方式已经无法适应产业快速发展的需求。养殖规模不断扩大，养殖场需要测定和分析的数据越来越多，畜牧业大数据时代已然来临。要将计算机与互联网技术应用到肉羊生产管理和产品销售过程当中，协助管理和分析肉羊生产、销售过程中产生的数据信息。将物联网技术引入肉羊养殖和羊肉产品销售行业，设计开发相应的肉羊育种管理信息系统，利用先进的信息技术实现羊场育种管理和羊肉销售的智能化与现代化。

利用计算机技术、网络技术和远程通信技术，实现商务过程电子化、数字化和网络化。育种方面，研发高通量、智能化、自动化的表型组精准测定技术与装备，建立高通量表型组精准测定技术体系。解析繁殖、饲料效率、生长、肉食品质、抗逆抗病等重要经济性状遗传机理，挖掘有利用价值的关键基因和遗传变异。分类别建立主导品种的大规模基因组选择参考群体，研发基因组选择技术，设计专门、高效、低成本的羊育种芯片，开发配套遗传评估技术。创新应用现代繁殖新技术，高效扩繁优异种质，提高制种效率。在养殖端通过网络进行饲料、羊产品销售已得到广泛的认可和接受。今后应进一步构建"产、加、消"一条龙网络服务，降本增效，优化产业资源配置。

1.4 世界羊产业概况

从2000年到2020年，全世界绵羊和山羊存栏分别从10.66亿只和7.59亿只增加到12.63亿只和11.28亿只，总数增加5.67亿只，增量相对平缓稳定（表1-2）。其中，非洲和亚洲总数分别增加了4.95亿只和2.54亿只，欧美、新西兰和澳大利亚总存栏数则出现下降。从羊肉产量来看，2000年世界羊肉产量从1154万吨增加到2020年1645万吨，但欧美在存栏下降的情况下，羊肉产量不降反增，说明欧美、新西兰和澳大利亚生产水平相对较高。

表1-2　2000~2020年世界羊只存栏数据　　　　　　　　　　　　　　（单位：万只）

	2000	2002	2004	2006	2008	2010	2012	2014	2016	2018	2020
山羊	75 856	78 367	82 499	85 197	90 207	91 790	95 141	98 437	102 902	106 692	112 811
绵羊	106 559	103 543	107 301	110 851	110 600	109 822	113 294	115 109	119 772	121 397	126 314
合计	182 415	181 911	189 800	196 048	200 807	201 612	208 435	213 547	222 675	228 090	239 125

数据来源：联合国粮食及农业组织（FAO），2021。

1.4.1 世界羊品种资源和培育历程

全世界现有绵羊品种1314个、山羊品种570个。这是长期自然选择与人工选择共同作用的产物。世界上绵羊育种大致经历了三个阶段，即细毛羊品种选育、肉毛兼用羊培育和专门化肉用品种培育。育种历史可以追溯到12世纪世界首个培育品种美利奴羊，19世纪育种由以毛为主转向毛肉兼用，20世纪30年代后开始专门化肉用品种的选育。

西班牙于12世纪培育了毛用美利奴羊；19世纪美利奴羊传入欧美，英国育成了肉毛兼用的莱斯特羊、南丘羊等品种；20世纪新西兰育成了肉用波德代羊和柯泊华斯羊等品种；南非在1950年育成了专门化肉用绵羊杜泊羊，在1959年育成了肉用山羊波尔山羊；1977年澳大利亚育成了白萨福克羊，见表1-3。

表1-3　世界主要培育品种

主要用途	毛用	肉毛兼用	专门化肉用		
培育时期	12世纪	19世纪	1950年	1959年	1977年
培育国家	西班牙	英国	南非	南非	澳大利亚
品种	美利奴羊	莱斯特羊、南丘羊	杜泊羊	波尔山羊	白萨福克羊

第一阶段：毛用美利奴羊培育。羊的育种方向随历史的变迁和社会经济的发展而变化。12世纪，西班牙人通过杂交和外貌选择育成世界首个培育品种——美利奴羊，正式掀开了羊品种人工培育的序幕。

美利奴羊品种在世界羊生产中举足轻重，西班牙曾禁止美利奴羊出口，垄断了美利奴羊毛贸易，对西班牙经济发展发挥了重要作用。直到16世纪中叶，西班牙美利奴羊传入美洲，18世纪又相继传入瑞典、德国、法国、意大利、澳大利亚、南非及其他一些国家，19世纪遍布世界各地。由于世界各国的自然条件和系统选育方向不同，先后育成各种不同的美利奴品种，其生产性能与西班牙美利奴羊相比已有很大变化，如法国兰布列羊、澳洲美利奴羊、美国兰布列羊、德国美利奴羊、南非肉用美利奴羊等。

第二阶段：肉毛兼用羊培育。19世纪养羊生产逐渐由以毛为主转向毛肉兼用，继而转向以肉为主，羊的育种方向也随之发生了变化，并逐步建立起相应的杂交利用体系。

18世纪后半期，英国利用本地绵羊育成了莱斯特羊和南丘羊两个最早的肉毛兼用品种，为英国发展肉毛兼用羊产业奠定了基础。莱斯特羊育成以后，曾直接或间接地参加了林肯羊、罗姆尼羊、边区莱斯特羊、温斯里捷尔羊、雷兰羊和德文长毛羊等品种的培育。南丘羊参加了汉普夏羊、施罗普夏羊、萨福克羊、牛津羊和丘陵陶赛特羊等短毛绵羊品种的改良和培育。因此，莱斯特羊、南丘羊两个品种的育成及其育种方法，给世界肉羊产业的发展带来了深远的影响。到19世纪中叶，英国育成30多个肉用和肉毛兼用方向的优质绵羊品种。

19世纪中后期，世界各国相继从英国引进肉用和肉毛兼用品种与本地美利奴羊或其他本地绵羊杂交，培育肉用或肉毛兼用新品种。英国用从西班牙引进的美利奴羊与本地有角威尔士羊杂交育成了有角陶赛特羊。19世纪后半叶，法国因羊毛工业不振，农户转向生产肉羊。从英国引进莱斯特公羊与兰布列羊和其他本地品种杂交，育成了早熟的泊列考斯羊和肉用品种夏洛莱羊。德国从英国和法国分别引入莱斯特羊和泊列考斯羊与德国地方美利奴羊杂交育成德国肉用美利奴羊。澳大利亚则引进林肯羊与本地美利奴母羊杂交，于1880年育成波尔华斯羊。同年，新西兰引进英国长毛型林肯羊、莱斯特羊和边区莱斯特羊与本地美利奴母羊杂交，育成了肉毛兼用半细毛品种考力代羊。

第三阶段：专门化肉用品种培育。20世纪30年代起，专门化肉用品种选育开始受到重视。20世纪90年代，羊毛市场受合成纤维的激烈竞争而逐渐疲软，羊毛产量呈下降趋势。同时，随着生活水平的提高，对羊肉营养价值认识加深，羔羊肉消费逐渐兴起。肉羊业在大洋洲、美洲、欧洲和一些非洲国家得到了迅猛发展。世界羊肉的生产和消费显著增长，许多国家羊肉生产由数量型增长转向质量型增长，瘦肉率高、脂肪含量少的优质羊肉受到青睐。多羔、生长速度、胴体和肉质性状等成为主要育种目标。这一阶段的肉羊育种主要有两条技术路线，一是利用第二阶段培育的肉用或肉毛兼用品种为育种素材，通过杂交培育新的肉羊品种；二是对固有品种进行持续选育，提高、提纯或选育新类型。

20世纪30年代起，新西兰用边区莱斯特羊、考力代羊、罗姆尼羊等品种杂交，育成了波德代羊和柯泊华斯羊等。南非1932年从德国引入德国肉用美利奴羊，通过对其羊毛品质和体型外貌的不断选育，于1971年育成了南非肉用美利奴羊；从英国引入有角陶赛特公羊与本地波斯黑头羊母羊杂交，于1950年育成了专门化肉用绵羊品种杜泊羊。

20世纪初，荷兰用林肯羊和莱斯特羊与当地羊杂交育成著名的肉用终端杂交父本品种特克塞尔羊。澳大利亚和新西兰以雷兰羊和有角陶赛特羊为母本、考力代羊为父本杂交，于1954年育成了无角陶赛特羊。1977年开始，澳大利亚用萨福克羊与无角陶赛特羊、边区莱斯

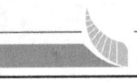

特羊杂交，育成了白萨福克羊。

随着育种技术的发展，分子生物学技术逐步应用到肉羊育种中。澳大利亚集成白杜泊羊、万瑞绵羊、无角陶赛特羊和特克塞尔羊等品种基因，通过对多个品种羊特定肌肉生长基因标记和抗寄生虫基因标记的选择，育成粗毛型的中大型肉用品种澳洲白羊，2009年10月在澳大利亚注册。专门化肉用品种数量迅速增多，生产性能不断提高，肉羊生产性能显著提升。

山羊新品种的选育没有绵羊那么受重视。在对南非本地山羊品种持续选育过程中导入印度山羊、安哥拉山羊和欧洲山羊的血统，于1959年育成了世界上较理想的肉用山羊品种波尔山羊。1990年以后，山羊业生产迅速发展，特别是发展中国家尤为突出，肉用山羊选育进展较快。从山羊业的发展方向来看，普通山羊主要向肉用方向发展，其他类型山羊的肉用性能普遍受到重视。

1.4.2　世界羊生产模式

羊的生产模式是由自然资源和经济发展决定的。从养羊发达国家的生产模式来看，基本上是种养一体化的模式，家庭牧场是主要生产主体，养殖规模适度，注重品种和技术，经营模式相对成熟固定，协会在育种和市场运营中起着重要作用。

一、英国羊的生产模式

英国有53%的国土面积用于羊的草场资源。由于气候适宜，在英国西部和南部，草基本是常年生长，羊全年在牧场进行放牧饲养，极少补饲。根据洼地、山地和高原等不同的自然环境条件划分为洼地养羊，洼地区域可以密集型养羊；山地养羊，通过人工改良草场进行养羊；高原养羊，海拔相对较高，都是自然生长的草场。品种方面，根据洼地、山地和高原等不同的自然环境条件选育出了100多个品种以适应各地区环境和气候。

英国有3300万只羊，主要父本是萨福克羊（Suffork，长得快）、特克赛尔羊（Texel，抗逆性强、胴体好）、夏洛莱羊（Charollais，屠宰率高）。主要母本是雷茵羊（Lleyn，产仔多、母性好）、陶赛特羊（Dorset，常年发情）、汉普夏羊（Hampshire）等。

英国有7万多个羊场，120个拍卖市场，190个屠宰场，排名前20的屠宰企业占英国79%的市场份额；56%的羊通过活畜拍卖市场交易；排名前8的零售商占90%的羊肉销售份额。

二、法国羊的生产模式

法国700万只绵羊大多是高山地区繁育，平原地区育肥，可使羊业生产充分利用不同地区的环境资源。法国气候的多样性造就了羊品种的多样化。种羊品种具有多样性，育种目标是生产速度快、肉用体型明显、料肉比低、抗逆性强。多数品种繁殖率为160%～200%，70日龄体重主流品种可以达到27～34kg，3～3.5个月即可达到37.5～40kg出栏体重。目前，法国羊胴体重平均为18kg。法兰西岛羊和格里维特羊杂交F_1，再用夏洛莱羊杂交生产F_2，F_2全部进行育肥后进入屠宰场，三元杂交羊生长速度超过300g/d。利木赞羊和萨福克羊杂交生产F_1，用夏洛莱羊杂交生产F_2，三元杂交羊3.5个月可以达到35～40kg。

法国农场主大部分追求单只个体羊的生长速度、出肉率、抗逆性等指标，对母羊产羔数并没有较高的要求，强调哺育能力。这是因为在放牧状态下无法对多产的羊羔进行更多的照顾和人工干预，产羔率的提升可能会导致成活率的降低。因此，他们更多追求的是生长速度和产肉率，以提升养殖生产效率。

协会在产业链中发挥重要作用，在联合育种、政策制定、技术支持、产品销售、品牌打造等方面制定了非常严格的规则，所有会员农场主认可并严格遵守。法国绵羊和山羊奶发展迅速，原因是生产和消费需求匹配。目前，当地山羊和绵羊奶制品没有优劣之分，在当地消费者意识里只是差异化的两种产品，价格也没有明显区别。法国羊奶产业以奶山羊为主。

三、北欧羊的生产模式

北欧瑞典、芬兰、挪威、丹麦和冰岛5个国家，人口较少，经济发展水平较高。北欧有着悠久的养羊历史，羊产业的显著特点是"重肉轻毛、生产肥羔"，羊肉产值占羊产业总产值的90%以上。

北欧常年气温较低，冬季漫长、夏季短促凉爽，拥有丰富的牧草资源，适合羊产业的发展。由于北欧国家很关注动物福利问题，将母羊和羔羊饲养管理提升到动物福利层面，采取了很多预防羔羊死亡的措施，从而极大地提高了北欧地区能繁母羊的繁殖率和羔羊成活率。北欧各国积极研究和推广肉羊实用养殖技术，如繁殖技术、育种技术、青粗饲料加工利用技术等，以此来提高其肉羊生产的集约化水平。北欧各国纷纷为牧场提供机械化支持，并鼓励建立肉羊养殖专业合作社、协会等组织作为连接生产者和市场的纽带，从而维护自身的利益。

四、澳大利亚羊的生产模式

澳大利亚是世界上畜牧业比较发达的国家，绵羊数量居世界首位，素有"骑在羊背上的国家"之称。澳大利亚现有绵羊7000多万只，羊毛产值达57.3亿澳元。绵羊品种主要是以产毛为主的美利奴羊，占羊总数的75%。在澳大利亚羊产业是传统畜牧业，占整个行业的首位。由于干旱和市场等原因，养羊数量明显地呈逐年下降趋势。经营主体由单一的养殖型农场向种养兼营的农场转变。

澳大利亚羊产业分3个类型：一是天然草场粗放经营区，面积最大，但羊数量不到全国的30%，草场载畜量低；二是小麦种植和养羊兼营区，该区种植谷物和部分人工草场，羊数量占全国的40%，主要饲养肉羊和肉牛；三是高雨量区，主要靠人工种植牧草，广泛使用机械，兼营肉牛，羊数量占全国的30%以上。澳大利亚羊产业以家庭农场为经营单位，通过协会和公司进行横向联系，实现产供销一体化，羊产品生产者直接参与流通。在活羊出口方面，主要由出口商供应链保证体系进行活羊出口。绵羊出口到中东及其他国家，品种主要是美利奴羊。山羊出口到马来西亚和新加坡等，主要品种是波尔山羊及其他品种。羊毛和羊肉的加工业比较发达，远销国外，是澳大利亚重要的出口商品。

五、新西兰羊的生产模式

新西兰羊生产以放牧为主，国土面积的30%用于四季放牧。羊每年1～4月份进入配种季，6～9月底产羔，12月圣诞节前后开始屠宰。由于是纯放牧养殖，产品有季节性供应的特点，产业受气候和环境影响较大。在干旱、严寒等特殊气候时农场会大量减栏。

新西兰羊产业受自然气候影响，在有限的草场资源条件下的发展方向是以维持或减少存栏，努力提升产品质量和羊的生产力为主，使产业效益持续增加。新西兰生产的羊肉产品在国内的消费量占比很小，约90%用于出口。农场主们自发形成了新西兰牛羊肉协会，承担了保障11 500个会员农场主的权益和利益的任务，也一定程度上承担起稳定经济和民生的重要责任。

六、美国羊的生产模式

美国羊产业发达，人均畜产品占有量很高，羊肉自给率达90%以上，以专业化育肥羔羊规模大而著称。由于采用了先进的育种技术，肉羊的良种化程度很高。

肉羊生产中，美国普遍推行密集产羔技术，即羔羊30日龄断乳、母羊1年2产或3年5产，基本能做到全年均衡生产杂种羔羊。肉羊育肥主要有草地放牧育肥、易地式玉米地带育肥和开放式集约化育肥三种形式。集约化育肥程度较高，特别是一些大型羔羊育肥场，育肥羊既不放牧也不饲喂青饲料，日粮主要由全价配合饲料和优质干草组成，完全按照羊的饲养标准实行强度育肥，每年可育肥羔羊5批左右。

1.4.3 世界羊产业发展趋势

世界羊产业从11世纪的西班牙到英格兰，再到如今整个欧美发达国家，以及澳大利亚、新西兰和南非。目前，澳大利亚和新西兰成为世界上最重要的养羊国家之一。羊产业也经历了"毛用-毛肉兼用-肉用"的发展过程。新西兰、澳大利亚和英国等养羊发达国家调整产业结构，愈发重视羊肉生产，肉羊产业得到快速发展。

一、毛用向肉用方向发展，大力发展肥羔肉生产

在1950年代以前，全球羊产业的主要任务是供给毛纺原料。因此，羊只以生产细羊毛为主。随着化工合成纤维技术的逐渐普及，人工合成纤维成本比天然生产的羊毛更具成本优势。因此，市场降低了对细羊毛需求，毛用羊产业受到巨大冲击，同时，随着生活水平的提高及自身保健意识的不断增强，人类对羊肉的需求量逐年增加，羊肉的生产效益远远高于羊毛生产。自1990年代起，全球羊肉产量大幅增加。依据联合国粮食及农业组织统计数据库资料，全球肉羊（绵羊＋山羊）存栏量由1961年的9.94亿只增加到2020年的23.91亿只，羊肉产量也从1961年的493万吨增加到2020年的1645万吨。

如今肉羊养殖正由自由放牧向规模化、集约化养殖方向发展，产业链中各个环节的技术性也越来越强。育种环节正由传统的表型测定转向基因组分子辅助选育，养殖环节的机械化程度逐渐增高，生物安全水平正不断提高。伴随着羊肉的消费需求在国际市场上不断增加，作为原先的世界羊毛生产大国的澳大利亚、新西兰、美国、法国和英国等国家不断调整生产结构，愈发重视肉羊生产。

羊肉产品的结构上，羔羊肉产量迅速增加。利用羔羊生长发育快、饲料报酬高、肉质好、生产周期短、经济效益高等特点，专业化和集约化的肥羔生产是新增产能，正逐步取代大羊肉生产。市场需求的转变意味着羊产业链上各个环节都需要朝着肉用这个最重要的目标作出调整。羊肉以羔羊肉最受市场欢迎。新西兰、澳大利亚等羊产业强国目前均在大力发展肥羔生产。英国、美国和新西兰每年生产羊肉总量的90%以上为羔羊肉。羔羊肉在中国羊肉产品中比例较低。由于生产羔羊肉可获得最佳经济效益和社会效益，所以世界各国都积极研究和大力发展肥羔生产。

二、发展中国家和地区成为羊产能的增量区域

在世界重要的肉羊生产国中，自20世纪80年代初起，澳大利亚、新西兰、土耳其和南非肉羊存栏量总体表现出不断下降的趋势，而中国、印度、英国、巴基斯坦、尼日利亚和孟加拉国等总体均呈现出不断增加的态势，特别是尼日利亚和孟加拉国。当前世界肉羊生产主要集中在亚洲和非洲地区，而欧洲、大洋洲和美洲的肉羊存栏量、出栏量和羊肉产量占世界总量的比例之和均不超过20%。非洲三项指标的占比均呈逐年增加的趋势。亚洲在羊肉产量和肉羊出栏量这两项指标上的占比呈增加的趋势，但趋势逐渐放缓。

从肉羊存栏量来看，亚洲和非洲呈现出不断增加的态势，美洲、大洋洲和欧洲却呈现出减少的趋势。2009年亚洲和非洲的肉羊存栏量分别为9.77亿只和6.55亿只。2018年亚洲和非洲的肉羊存栏量分别增加到10.64亿只和8.22亿只，增长幅度分别为8.90%、20.32%。世界的肉羊养殖正在往非洲和亚洲集中。美洲、大洋洲和欧洲肉羊的存栏量则分别从2009年的1.27亿只、1.09亿只、1.49亿只减少至2018年的1.20亿只、1.01亿只、1.48亿只，下降幅度分别为5.51%、7.34%、0.67%。大洋洲下降幅度最大，欧洲下降幅度最小。传统的羊产业强国均来自该三大洲，其肉羊养殖量却在减少。

从肉羊出栏量来看，世界各大洲的变化趋势与存栏量相似。2009年亚洲和非洲的肉羊出栏量分别为5.37亿只和2.18亿只。2018年亚洲和非洲的肉羊出栏量分别增加到6.12亿只和2.71亿只，增长幅度分别为13.97%、24.31%。可见世界的肉羊出栏量也正在往非洲和亚洲集中，且非洲的增长幅度更大。美洲、大洋洲和欧洲肉羊的存栏量则分别从2009年的0.36亿只、0.60亿只、0.91亿只减少至2018年的0.32亿只、0.58亿只、0.80亿只，下降幅度分别为11.11%、3.33%、12.09%。与存栏量的情况相反，大洋洲下降幅度反而最小，欧洲下降幅度最大。大洋洲肉羊出栏量和存栏量减少幅度相反的情况可能说明其肉羊产业管理和技术水平较高。

从羊肉产量来看，亚洲和非洲仍然呈现出不断增加的态势。美洲和大洋洲呈现出波动变化的趋势，产量基本稳定。欧洲则呈现出波动下降的趋势。2009年亚洲和非洲的羊产量分别为781.22万吨和283.58万吨。2018年亚洲和非洲的羊产量分别增加到930.39万吨和340.98万吨，增长幅度分别为19.09%、20.24%。可见世界羊肉产量正在往非洲和亚洲集中，且非洲的增长幅度更大。美洲和大洋洲羊肉产量则分别稳定在52~56万吨和100~125万吨。欧洲肉羊的存栏量则从2009年的133.58万吨波动减少至2018年的127.07万吨，下降幅度为4.87%。

三、新技术和新装备用于养羊生产

利用现代化新技术，向集约化方向发展，羊产业发达的国家基本实现了品种良种化、草原改良化、放牧围栏化和育肥工厂化，养殖水平很高，经济效益显著。这些国家形成杂交繁育体系，广泛采用多元杂交，同时利用现代繁殖技术，调节光照，以提早发情、早配、早期断奶、诱发分娩等措施来缩短非繁殖期的时间。利用2年3胎的频密繁殖方式，通过同期发情技术，统一配种，集中产羔，规模育肥。在育肥技术上充分利用羔羊的生理特点和营养理论，配制营养全面的日粮，用最短育肥时间使羔羊达到上市体重。

现代繁殖新技术在发达国家广泛应用于肥羔生产中。虽然未来较长一段时期里，常规育种技术仍是畜禽遗传改良的主要手段，但探索分子生物技术和基因工程技术在羊遗传改良中的新方法，创制优良基因的新种质，品质育种、抗病育种也将成为羊育种工作的重要内容。

复习思考题

1. 试述发展养羊业的意义和作用。
2. 试述中国绵、山羊的起源和驯化。
3. 简述中国养羊业生产的现状和水平。
4. 简述现阶段中国养羊业存在的主要问题。
5. 简述为什么要强调大力发展规模化、集约化养羊。
6. 试述近年来国外养羊业发展的趋势及给我们的启示。

第2章 羊 产 品

我国既是羊肉生产大国，也是消费大国。羊肉生产中附带产生的羊产品在生活中也具有重要价值。本章将主要讲述羊肉、羊毛、羊皮、羊奶等羊产品的特点。其中，重点是羊肉品质评价、羊毛的形成过程；难点是羊毛的组织学构造。

2.1 羊 肉

2.1.1 羊肉营养成分

羊肉口感鲜嫩、易消化、营养价值高，是一种老少皆宜的温补食材。与其他肉产品相比，羊肉风味独特、蛋白质含量高、低脂、低胆固醇，且含有人体所需的多种必需氨基酸、微量元素，更利于人体健康。

羊肉含水量大约为75%，其中不易流动水占80%左右，自由水和结合水约占20%。水分是影响羊肉品质的重要因素，水分流失会降低羊肉重量并导致水溶性蛋白质与维生素等营养物质的丢失。因此，保持羊肉中水分稳定是提高羊肉口感、嫩度和风味的关键，也是羊肉生产链中被重点关注的问题。

羊肉中含有丰富的蛋白质，占比约20%。羊肉蛋白质中氨基酸种类和比例较符合人体需求，特别是必需氨基酸含量极为丰富。各类氨基酸的组成比例与羊肉风味密切相关。在羔羊肉中，总必需氨基酸含量高达40%，并且谷氨酸、精氨酸、天冬氨酸、甘氨酸、丙氨酸等鲜味氨基酸的占比高于成年羊肉，是理想的优质蛋白质的来源。

羊肉中脂肪含量约5%、碳水化合物约1%、维生素和矿物质约1%。羊肉中肌内脂肪含量与嫩度、风味、多汁性等肉品质特性密切相关。脂肪中脂肪酸组成也直接影响羊肉的营养价值[1]。羊肉脂肪酸按照不饱和度分为3类：饱和脂肪酸（saturated fatty acid, SFA）、单不饱和脂肪酸（monounsaturated fatty acid, MFA）和多不饱和脂肪酸（polyunsaturated fatty acid, PUFA）。常见的不饱和脂肪酸类别有ω-3［α-亚麻酸、二十二碳六烯酸（DHA）、二十碳五烯酸（EPA）等］、ω-6（亚油酸、γ-亚麻酸、花生四烯酸等）、ω-9（油酸等）等。其中，多不饱和脂肪酸ω-3和ω-6与人类健康密切相关。矿物质和维生素是微量成分，也决定了羊肉

---

[1] Huff-Lonergan E, Lonergan SM. Mechanisms of water-holding capacity of meat: The role of postmortem biochemical and structural changes. Meat Science, 2005, 71 (1): 194-204.

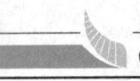

品质。例如，我国特有品种藏羊的肌肉中铁、锌等矿物元素及维生素E含量丰富，具有较高的营养价值[1]。

2.1.2 羊肉的品质评价

一、pH

pH（酸碱度）是评价羊肉品质的重要指标。羊在屠宰后，肌肉细胞的能量代谢方式转变为无氧糖酵解，会导致乳酸不断累积，肌肉pH逐渐下降。通常在屠宰后45min和24h分别测定pH，以评价羊肉品质。

现常用手持酸度计测定肉样pH。方法为：取适量大小肉块，在肉块中央割一个小口，插入酸度计，待数值稳定后，记录pH读数，多次测定后取平均值。总的来说，离体24h的肌肉pH会从7.0~7.2下降至5.8左右。若屠宰后45min的pH降至5.8以下，则肉品会出现质地松散、色泽苍白、渗出物产生及滴水现象，形成"水煮样"（pale soft exudative，PSE）肉。但若屠宰后24h肌肉的pH大于6，则肉品会表现为质地坚硬、表面干燥且色泽变暗等特征。这样的肉也非正常肉品，被称作"暗干"（dark firm dry，DFD）肉。

二、肉色

肉色是决定消费者购买欲的首要感官因素，肉色测定是肉类研究、肉类加工和肉产品开发中的重要环节[2]。肉类色泽由肌肉中的色素物质所决定，包括肌红蛋白（myoglobin，Mb）、血红蛋白和其他有色代谢物。其中，肌红蛋白是主要的色素构成组分，占肌色素的80%。随着肉品储存时间和氧气浓度的变化，肌肉中肌红蛋白状态会发生改变。可以通过控制肉羊屠宰前饲粮营养组成和屠宰后肉品储存环境的氧气浓度来调控肉色。生产中测定肉色的方法主要有评分法、仪器测定法、化学检测法、消费者感官评定法等。在羊肉品质研究中，色差仪是广泛使用的肉品无损测定仪器，其原理是利用CIE-LAB计算模型将测定出的肉样CIE三刺激值转换为数字信息，从而实现肉品色泽的量化。在该方法中，C*（彩度）代表肌肉的色彩饱和度，C*值越高，消费者对于肉品的满意度越高。

三、嫩度

嫩度是反映羊肉品质的重要指标，定义为羊肉在口腔中咀嚼的难易和柔软多汁程度。嫩度与肌纤维类型有关，当氧化性肌纤维比例高时，肌肉剪切力减小、嫩度高；当酵解型肌纤维比例增加时，肌肉剪切力大、嫩度低。此外嫩度还与肌纤维直径呈负相关，肌纤维直径越大，肉嫩度越低。实践中证明，羊肉嫩度受品种、年龄、部位，以及肌内脂含量等因素综合影响。

在测定环节中，嫩度由肉样剪切力的数值大小表示，数值越大，嫩度越小。测定方法如下：取长×宽×高不少于6cm×3cm×3cm的肉块，剔除表面筋膜脂肪后置于自封袋中；然

---

[1] 康景，姚海博，梁婷，等. 基于不同近红外建模软件定量分析新鲜羊肉营养成分. 食品与发酵工业，2022，48（22）：248-254.

[2] 杨燕军，陈有亮. 颜色的仪器测定法及其在肉色测定中的应用. 肉类工业，2004，(1)：43-45.

后使用温度计测量肉块中心温度;当温度达到70~75℃时,取出肉样冷却。最后使用圆形钻孔取样器钻切肉样,并记录剪切力值。

四、蒸煮损失

蒸煮损失是指肉品在熟化过程中损失的水分比例,反映了肉品系水力。蒸煮损失与系水力呈负相关,蒸煮损失越大,肉品的系水力越低。肉品在屠宰后的储存、运输、加工等过程均会导致肌肉水分流失,造成肉品质下降和经济损失。蒸煮损失通常可占到肌肉总水分流失的40%。其测定方法是称取约30g肉样,放入自封袋后置于水浴锅。80℃加热45min后冷却30min,滤纸吸干表面水分、称重。计算公式为:蒸煮损失(%)=(肉样蒸煮前重量-肉样蒸煮后重量)/肉样蒸煮前重量×100%。

五、滴水损失

滴水损失是指自然渗出滴落造成肉品水分流失的现象,水分流失的同时还部分带走了其他可溶性营养物质,造成营养价值和羊肉风味的折损。减少滴水损失意味着经济效益的提高。新鲜肉品的滴水损失通常为1%~3%,"水煮样"肉滴水损失达10%。肉羊滴水损失受品种、年龄、饲养环境和屠宰技术等多因素影响,虽然滴水损失不可避免,但可通过以上影响因素进行人为干预,进而改善肉品质。

滴水损失的测定方法为:切取5cm×3cm×2.5cm的肉样、称重;随后将肉样用铁丝吊起,罩以塑料杯,并于4℃中静置24h;最后用滤纸吸去肉样表面的水分并称重。计算公式为:滴水损失(%)=(肉样挂前重-肉样挂后重)/肉样挂前重×100%。

六、风味

风味是一种复合感官感觉,受食用者嗅觉、味觉和三叉神经感觉综合影响,关系到食欲,并影响消费者购买欲。羊肉的特殊风味是由肌肉中风味前体物在高温制熟过程中形成的,无法在生肉状态下体现。风味前体物分为水溶性和脂溶性物质。其中,水溶性物质在加热时产生香味,脂溶性物质则降解为不同挥发性物质,使得家畜品种间风味产生差异。羊肉风味物质包含醛、酮类等挥发性小分子物质,其膻味物质主要存在于挥发性脂肪酸中。研究证实,4-甲基壬酸和4-甲基辛酸是决定膻味的主要物质[1]。

通常采用高效气相色谱-质谱联用检测膻味物质,但过程较为复杂、昂贵。此外,通过电子鼻和电子舌测定肉品中挥发气味物质和水溶性物质,可实现对肉品品质的快速分析[2]。电子鼻的原理是通过气敏传感器吸附肉品的气味分子,随后将产生的信号由模式识别系统处理并作出判断。同理,电子舌则通过传感器获取味觉物质信号,并将信号传至模式识别软件分析。

七、脂肪酸

脂肪酸除了影响肉的风味、嫩度和多汁性,也影响饮食健康。反式脂肪酸对人类健康不

---

[1] 王伦兴,张洪礼,陈德琴,等. 黔北麻羊不同部位肌肉挥发性风味物质分析. 肉类研究,2021,35(1):47-52.

[2] 田晓静. 基于电子鼻和电子舌的羊肉品质检测. 杭州:浙江大学,2014.

利，如反（10～18）：1脂肪酸。DHA与EPA等ω-3脂肪酸和花生四烯酸则有助于心脑血管健康。健康营养需要中指出，人类摄入的ω-6/ω-3脂肪酸比值应在4～6之间。影响羊肉ω-6/ω-3比例的因素较多，饲喂草料较多的羊或放牧羊的比值介于7～8，而饲喂谷物饲料的舍饲羊通常在11以上。羊肉的脂肪酸含量与年龄、品种、饲养模式关系密切，如年龄越大的羊肌内脂肪酸含量越高。

生产中，通常使用气相色谱法测定羊肉中脂肪酸含量。具体处理步骤包括水解、脂肪提取、脂肪皂化和甲酯化；随后将处理好的样品利用气相色谱仪检测，通过每种脂肪酸气相色谱图的峰面积，分析羊肉中脂肪酸的组成及含量。

八、氨基酸

肉品中不同氨基酸可以呈现出不同的滋味：甘氨酸、丙氨酸、丝氨酸和苏氨酸具有甜味；组氨酸产生酸味；脯氨酸和赖氨酸呈现甜味和苦味；亮氨酸、缬氨酸、异亮氨酸、精氨酸、苯丙氨酸、酪氨酸和色氨酸呈苦味；甲硫氨酸呈硫磺味、肉味，微甜；半胱氨酸呈硫磺味；赖氨酸和精氨酸可以增强咸味；谷氨酸和天冬氨酸是鲜味氨基酸，含鲜味氨基酸越多的羊肉滋味越好。生产中常利用氨基酸自动分析仪检测羊肉中氨基酸的种类和含量。

总之，羊肉品质是消费者关注的重点。想要测定羊肉品质，须借助各类专业仪器。随着科技的进步，羊肉营养成分的检测方式也在与时俱进。比如，近红外光谱技术在羊肉营养成分检测中的应用具有快速、无损、高效、环保等特点。使用近红外分析仪扫描羊肉样品采集光谱信息，并通过软件建立的分析模型进行数据处理，可粗略获得羊肉的水分、粗蛋白质、粗脂肪、粗灰分含量，以及微量营养成分等指标，从而实现羊肉生产链中的自动分级，推动优质羊肉的发展[1]。

2.1.3 羊肉屠宰性能评定

机械宰杀、电击宰杀及气体宰杀是目前常用的三种羊屠宰方式。电击宰杀可减少羊的应激反应和痛苦，符合动物福利，也有助于提高羊肉品质。气体宰杀可利用真空设备收集血液，卫生条件好。但我国目前主要使用机械宰杀，即在羊的颈部纵向切开皮肤，然后用刀挑断气管和血管进行放血。在屠宰过程中，要严格执行《中华人民共和国动物防疫法》、消毒制度、宰前检疫及宰后检疫。尤其要保证检疫质量，任何一个环节出现问题，都应重新采样和检查。我国羊的屠宰流程为：①放血；②剥皮；③清除消化、呼吸、排泄、生殖等器官；④根据肉类检验机构的要求进行最低标准的修整。

完成屠宰后，需评定屠宰性能。羊屠宰性能的评定指标包括胴体重、净肉重、屠宰率、净肉率、眼肌面积及胴体脂肪含量值（GR值）等。

1. 胴体重　胴体重是指屠宰放血后，剥去毛皮，除去头、内脏及前肢膝关节和后肢趾关节以下部分后，整个躯体（包括肾脏及其周围脂肪）静置30min后的重量。

2. 净肉重　净肉重指精细剔除羊骨后余下净肉重量。要求羊骨上附着的肉量及耗损的肉屑不能超过300g。

---

[1] 罗海玲. 羊肉品质与营养调控. 北京：中国农业出版社，2020.

3. 屠宰率 屠宰率指胴体重与宰前活重之比,用百分率表示。

$$屠宰率=胴体重/宰前活重×100\%$$

4. 净肉率 净肉率指胴体净肉重占宰前活重的百分比。胴体净肉重占胴体重的百分比则为胴体净肉率。

$$净肉率=净肉重/宰前活重×100\%$$

$$胴体净肉率=净肉重/胴体重×100\%$$

5. 眼肌面积 测量倒数第1与第2肋骨之间脊椎上眼肌(背最长肌)的横切面积,该值与产肉量呈高度正相关。测量方法:用硫酸绘图纸描绘出眼肌横切面轮廓,再用求积仪计算出面积。如无求积仪,可用公式:眼肌面积(cm^2)=眼肌高度×眼肌宽度×0.7,进行估测。

6. GR值 GR值指倒数第1与第2肋骨之间距背脊中线11cm处的组织厚度,是反映胴体脂肪含量的指标。我国羊肉质量分级标准《鲜、冻胴体羊肉》(GB/T 9961—2008)中将GR值称为"肋肉厚"。

2.1.4 羊肉的质量分级

各国羊肉质量分级标准不一。例如,美国根据羊的生理成熟度与羊肉肌间脂肪含量将羊肉分为5级,如图2-1所示。

图2-1 美国羊肉质量分级标准

新西兰则是按照羊胴体重和羊肉脂肪含量作为分级指标,其中脂肪含量通过测定GR值表示,如表2-1所示。

澳大利亚与新西兰地理位置接近,其羊肉质量分级标准除胴体重和膘情外,还加入年龄、性别指标。基于年龄将羊肉划分为羔羊肉(lamb)、幼年羊肉(hogget)和成年羊肉(mutton),然后再根据羊胴体重量,按照膘情分为轻(L)、中(M)、重(H)和特重(X)等四个等级。

我国则在借鉴国外经验与结合自身实际情况的基础上,制定了符合国情的羊肉质量等级划分规范[1],羊胴体等级要求见二维码附件内容。

---

[1] 中华人民共和国农业部. 羊肉质量分级(NY/T 630-2002). 北京:中国标准出版社,2002.

表 2-1　新西兰羊肉分级标准

羊肉分级	胴体重/kg	脂肪含量	GR 值/mm
羔羊分级			
A 级	9.0 以下	不含多余脂肪	
Y 级		含少量脂肪	
YL 级	9.0～12.5		<6.1
YM 级	13.0～16.0		<7.1
P 级		含中等量脂肪	
PL 级	9.0～12.5		6.0～12.0
PM 级	13.0～16.0		7.0～12.0
PX 级	16.5～20.0		<12.0
PH 级	20.5～25.5		<12.0
T 级 [a]		含脂肪较多	
TL 级	9.0～12.5		12.0～15.0
TM 级	13.0～16.0		12.0～15.0
TH 级	16.5～25.5		12.0～15.0
F 级 [b]		含过多的脂肪	
FL 级	9.0～12.5		>15.0
FM 级	13.0～16.0		>15.0
FH 级	16.5～25.5		>15.0
C 级 [c]			
CL 级	9.0～12.5		变化范围较大
CM 级	13.0～16.0		变化范围较大
CH 级	16.5～25.5		变化范围较大
M 级	胴体太瘦或受损伤	脂肪呈黄色	
成年羊肉分级			
MM 级	任何重量	>2.0	
MX 级	<22.0 或>22.5	2.0～9.0	
ML 级	<22.0 或>22.5	9.1～17.0	
MH 级	任何重量	17.1～25.0	
MF 级	任何重量	>25.1	
MP 级 [d]			
后备羊肉分级			
HX 级	任何重量	脂肪含量较少	<9.0
HL 级	任何重量	脂肪含量中等	9.1～17.0
公羊肉分级			
R 级 [e]	任何重量		无

注：a、b. 用做切块出售，出口前修整胴体，除去多余的脂肪；c. 胴体修整后仍不符合出口标准，仅腿和腰部有 3～4 个切块可供出口；d. 胴体不符合出口标准，只能做切块或剔骨后出口；e. 所有公羊肉均属此级。

2.2 羊　毛

羊毛（wool）是指生长在羊体上且具有纺织价值的毛纤维。根据羊毛的来源，可分为绵羊毛和山羊毛两大部分。羊毛是养羊业的主要产品之一，也是毛纺工业的重要原料。了解羊的皮肤结构、羊毛的形成过程、组织学结构、理化特性、工艺特性，以及影响羊毛品质和产量的因素，对生产优质羊毛、满足毛纺工业需求具有重要意义。

2.2.1　纺织纤维的分类

直径从几微米到几十微米，长度比细度大许多倍的物体叫纤维。在纺织工业中，用来织造纺织品的纤维统称为纺织原料，即纺织纤维。纺织纤维根据纤维的来源分为天然纤维和化学纤维，具体分类如下。

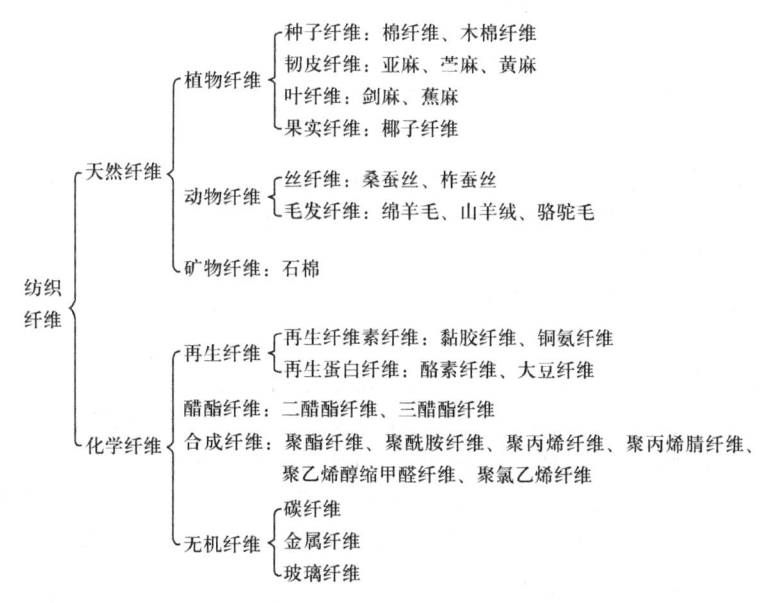

$$
\text{纺织纤维}\begin{cases}
\text{天然纤维}\begin{cases}
\text{植物纤维}\begin{cases}
\text{种子纤维：棉纤维、木棉纤维}\\
\text{韧皮纤维：亚麻、苎麻、黄麻}\\
\text{叶纤维：剑麻、蕉麻}\\
\text{果实纤维：椰子纤维}
\end{cases}\\
\text{动物纤维}\begin{cases}
\text{丝纤维：桑蚕丝、柞蚕丝}\\
\text{毛发纤维：绵羊毛、山羊绒、骆驼毛}
\end{cases}\\
\text{矿物纤维：石棉}
\end{cases}\\
\text{化学纤维}\begin{cases}
\text{再生纤维}\begin{cases}
\text{再生纤维素纤维：黏胶纤维、铜氨纤维}\\
\text{再生蛋白纤维：酪素纤维、大豆纤维}
\end{cases}\\
\text{醋酯纤维：二醋酯纤维、三醋酯纤维}\\
\text{合成纤维：聚酯纤维、聚酰胺纤维、聚丙烯纤维、聚丙烯腈纤维、}\\
\qquad\qquad\text{聚乙烯醇缩甲醛纤维、聚氯乙烯纤维}\\
\text{无机纤维}\begin{cases}
\text{碳纤维}\\
\text{金属纤维}\\
\text{玻璃纤维}
\end{cases}
\end{cases}
\end{cases}
$$

其中，羊毛是天然纤维中的重要类型，在日常生活中以不同产品形式出现。与其他纤维相比，羊毛具有吸水性强、韧性大、弹性强与比重轻等特性，因此羊毛制品经久耐用，成衣后轻便舒适。此外，羊毛光泽柔、可染性强、耐酸与低燃性的特点也造就了羊毛制品的多元化。例如，羊绒衫、围巾、地毯等。然而，由于羊毛不耐磨、不耐强碱和不耐氧化的缺陷，在使用羊毛制品时应注意保养。

2.2.2　羊毛的生长发育与脱换

一、羊毛生长发育

羊毛纤维的发生始于胚胎期。在此期间，胎羊皮肤生发层和乳头层间的特殊细胞团（毛囊原始体）增殖分化为毛囊（hair follicle）。随后毛囊底部的毛球细胞向上生长，并刺穿表皮形成毛纤维。因此，原始羊毛纤维顶端呈尖头状，在第一次修剪后，纤维顶端变钝。羊表皮下毛囊通常成簇排列，表现为3个初级毛囊和若干次级毛囊组成一个毛囊群。羊毛纤维的密度取决于皮肤中毛囊数量，并且毛囊的发育程度决定了羊毛纤维的优劣。

毛囊发育分为诱导期、器官形成期和细胞分化期。胎龄55~65d为诱导期，开始出现毛囊基板结构，随后基板向下发出信号，诱导间充质细胞聚集形成真皮凝集体（毛囊原始体）。胎龄66~85d是器官形成期，毛囊基板上的细胞通过增殖形成毛芽，毛芽分化为"毛钉"状，"毛钉"则继续伸长为毛干，这便是毛囊原始体的出现过程。最后，毛囊原始体被诱导成为真皮乳头，并被上皮细胞包裹形成毛球。同时上皮细胞所构成的毛母质细胞逐渐分化为内根鞘、外根鞘和毛干，毛囊结构雏形形成。胎龄86~125d是细胞分化期，未成熟的毛囊深入皮下组织生长，内根鞘细胞则包裹着毛干向上生长并进入毛管。最后，毛囊结构基本发育完整，毛干穿过表皮并伸出体外。

初级毛囊和次级毛囊的主要区别是有无完整的附属结构，初级毛囊直径较粗，含有皮脂腺、汗腺、竖毛肌，可长出有髓毛或无髓毛；而次级毛囊直径较细，没有汗腺、竖毛肌，仅有不发达的皮脂腺，能够生长出无髓毛[1]。初级毛囊的形成始于胎龄50~90d，结束于羔羊出生时，常以3个毛囊为一群均匀分布在皮肤内；次级毛囊发生较晚，胎龄80d后在初级毛囊周围形成。次级毛囊数目庞大，出生时只有少许发育成熟，大多数是在出生1月后才发育成熟。

羊皮肤内毛囊不会持续生长，而是经历生长、退化、休眠与再生长的周期性变化。毛囊的生长以皮脂腺为界，皮脂腺以上的部分为恒定部，在整个毛囊生长发育过程中无显著变化；而皮脂腺以下部分为循环部，呈动态循环变化。因此，毛囊生长以循环部的发育为时间线，分为生长期、退行期和休止期。处在生长期的毛囊逐渐发育，产生毛发，进入退行期后，毛囊毛球萎缩、毛发慢慢停止生长，一旦毛囊发育进入休止期，毛发停止生长并为下一生长期储能。

随着羔羊的生长，体尺与皮肤面积增大，这会导致出生前发育完成的初级毛囊密度逐渐下降。生产中常用单位面积皮肤中初级毛囊与次级毛囊的比值（S/P比值）来衡量羊的产毛性能。S/P比值是评价羊毛品质的重要指标，主要受遗传效应影响。生长环境和饲粮营养水平也影响羊产毛性能。例如，提高绒山羊妊娠中后期日粮能量水平，可显著增加初生羔羊的S/P比值，但对初级毛囊密度无显著影响。因此，深入研究营养对不同类型毛囊的调节机制，进而针对性改善配合日粮可提高产毛性能。羊产毛性能还受环境温度和光照强度影响。例如，我国北方绒山羊绒毛生长具有年周期性，其初级毛囊与次级毛囊的生长活性分别在8、9月份达到高峰；而12月份气候寒冷、光照短，生长活性降至最低[2]。此外，羊的生理状态，特别是妊娠会严重影响当年母羊的产绒量[3]。

二、羊毛的脱换

羊毛脱换是正常的生理现象。由于毛球与毛乳头营养联系中断，致使毛球细胞增殖

---

[1] 陈洋，陈辉，常青，等. 辽宁绒山羊胎儿期皮肤毛囊发生发育的研究. 中国畜牧杂志, 2013, 49（11）: 18-20.

[2] 栾维民，王莘，李永军，等. 辽宁绒山羊皮肤显微结构的研究. 吉林农业大学学报, 1996,（3）: 78-82.

[3] 康晓龙，李新海，冯登侦. 动物毛囊发育分子调控研究进展. 中国兽医杂志, 2014, 50（9）: 59-61.

减弱，毛根变形，毛鞘内毛纤维处于分离状态，最终脱落。同时，在旧毛纤维脱落前，其下面的毛球细胞因恢复营养供应而重新增殖，又形成新的毛纤维。羊毛的脱换有以下4种形式。

1. 周期性脱毛 周期性脱毛也称季节性脱毛，表现为羊毛的季节性脱换。通常管理越粗放，羊季节性脱毛就越明显。原始品种的粗毛羊、普通山羊、绒山羊在春季脱落绒毛，到秋冬季节长出。育成的细毛羊、半细毛羊和其他品种则出现无周期性脱毛现象。

2. 年龄性脱毛 年龄性脱毛与季节无关，是羔羊生长到一定时间进行羊毛脱换。这种脱毛方式在细毛羊中尤为明显。经证实，胚胎期初级毛囊长出的较粗纤维，在细毛羊出生后4月龄左右脱换。

3. 连续性脱毛 一种不定期的脱毛方式，能在全年各个季节进行。这种脱毛主要取决于毛球的生理状态，如衰老、毛球角质化和营养供应受阻等。试验证明，由于毛球细胞的衰老，细毛羊在6岁以后经常发生局部连续性脱毛。

4. 病理性脱毛 病理性脱毛是指患病或营养不足时，羊只因新陈代谢发生障碍，造成的被毛脱落。这种脱毛方式常见于我国北方的冬季牧区。冬季的北方新鲜饲草缺乏，羊往往只吃不饱，若不及时补饲，就会造成严重的脱毛现象。严重时在羊颈部、肩部、上腹部、背部成块脱落。此外，微量元素、维生素的缺乏也会造成羊被毛脱落，严重时会导致皮肤角化不全、粗糙增生。

2.2.3 羊毛的构造

一、形态学构造

在形态学上，羊毛可分成毛干（hair shaft）、毛根（hair root）和毛球（hair bulb）3个部分。

1. 毛干 毛干是羊毛纤维露出皮肤表面的部分，这一部分通常称毛纤维。

2. 毛根 毛根是羊毛纤维深入皮肤的部分，上端与毛干相连，下端与毛球相连。

3. 毛球 毛球位于毛根下部，为毛纤维的最下端部分，外形膨大呈球状，与毛乳头紧密相接。它依靠毛乳头获得营养物质，使毛球内的细胞不断增殖，促使羊毛纤维向上生长。

此外，羊毛纤维的周围还有其他组织和附属结构。

1. 毛乳头（hair papilla） 毛乳头位于毛球的中央，由结缔组织构成，分布有密集的微血管和神经末梢。毛乳头对于羊毛的生长有营养支持作用，保证了毛球细胞的营养。羊毛生长的神经调节也是通过毛乳头来实现的。

2. 毛鞘（root sheath） 毛鞘是由数层表皮细胞所构成的管状物，分为内毛鞘和外毛鞘。毛鞘包围着毛根，所以又称根鞘。

3. 毛囊 毛囊是毛鞘及周围的结缔组织层，形成毛鞘的外膜，如囊状，故称毛囊。

4. 汗腺（sweat gland） 汗腺位于皮肤深处，其分泌导管大多数开口于皮肤表面，也有的开口于毛囊内接近皮肤表面的地方。其生理作用是分泌汗液，实现体温调节和代谢物排出。

5. 皮脂腺（sebaceous gland） 皮脂腺位于毛鞘两侧，分泌油脂。其分泌导管开口于毛鞘上1/3处。油脂与汗液在皮肤表面混合，称为油汗，对毛纤维有保护作用。

6. 竖毛肌（arrector pili muscle） 竖毛肌位于皮肤深处。一端附着在皮脂腺下部的毛鞘上，另一端和表皮相连。竖毛肌可调节脂腺、汗腺分泌，以及血液、淋巴液循环。

二、羊毛的组织学构造

羊毛分为有髓毛和无髓毛两种类型。有髓毛有三层，即鳞片层（scale layer）、皮质层（cortical layer）和髓质层（medulla）。无髓毛只有两层，即鳞片层和皮质层[1]。羊毛纤维各层次结构如图2-2所示。

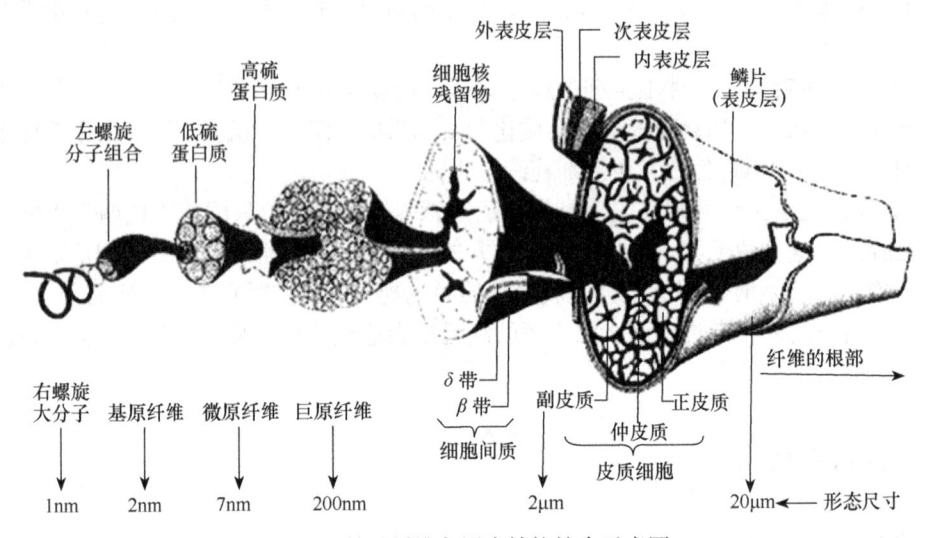

图2-2 羊毛纤维各层次结构综合示意图

1. 鳞片层 鳞片层由扁平、无核的角质细胞组成，像鱼鳞一样覆盖在毛纤维的表面，约占羊毛总量10%。鳞片厚度在0.5～2.0μm之间，随纤维类型和在纤维上的分布位置而异。平均长度为35.6～37.6μm，平均宽度27.0～28.6μm。在1mm长的羊毛上，无髓毛约有100层鳞片，可见高度小；有髓毛约有50层鳞片，可见高度大。

（1）鳞片的形状：根据毛纤维上鳞片的排列和形状，可将其鳞片分为环状鳞片和非环状鳞片两种：①环状鳞片：鳞片像一个环，一个鳞片就能完全包裹毛干一周。并且上面环圈的下端伸入下面一个环的上端之内，因此每个环状鳞片都是完整无缝，边缘相互覆盖的。由于环状鳞片相互覆盖的部分较宽（约占总长度的1/6），使得纤维具有缩绒性能。②非环状鳞片：由多个形状各异的鳞片绕毛纤维一周，鳞片相互覆盖或相互衔接，呈现出瓦状与龟裂状两种形态。两型毛和有髓毛的鳞片属此类型。

（2）鳞片的结构：鳞片从外到内依次为外层、表层和内层。①鳞片外层：位于最外层，厚度为100～200nm，是典型的角质化蛋白质，每5个氨基酸残基就有1个二硫键交联。结构坚硬稳定难以膨化，既是鳞片的主要部分，也是羊毛中含硫量最高的部位。②鳞片表层：厚度仅约为5nm，具有极强的疏水性和良好的化学惰性。鳞片表层主要由蛋白质和少量类脂构成，蛋白质部分胱氨酸含量约为12%，甘氨酸、丝氨酸、谷氨酸和谷氨酰胺含量也较高。

---

[1] 王莉，姚金波. 羊毛纤维中关于正副皮质层的研究探讨. 整染技术，2010，32（5）：14-17.

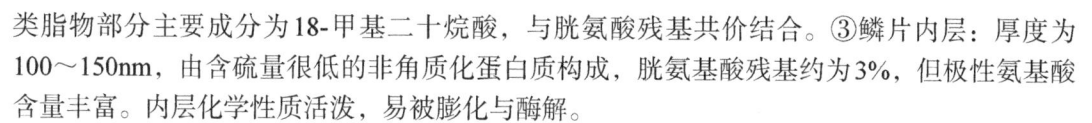

类脂物部分主要成分为18-甲基二十烷酸,与胱氨酸残基共价结合。③鳞片内层:厚度为100~150nm,由含硫量很低的非角质化蛋白质构成,胱氨基酸残基约为3%,但极性氨基酸含量丰富。内层化学性质活泼,易被膨化与酶解。

(3)鳞片层作用:增加纤维间抱合力,增强毛纱的坚韧性,使羊毛具有柔和的光泽。此外,鳞片大小和排列还影响羊毛纤维摩擦性、毡缩性、拒水性、吸湿性、染色性和化学性,并产生不同于其他纤维的手感。

2. 皮质层 位于鳞片下层,是毛纤维主体部分,占毛纤维总重的90%左右,也决定了羊毛物理和化学特性。皮质层由两部分组成,即皮质细胞和细胞间质。皮质细胞形状呈细长的纺锤状,长度为80~100μm,宽为2~7μm,厚为1.5~3μm。皮质细胞沿纤维纵轴排列,并通过细胞间质紧密地结合在一起。细胞间质的成分为非角质化蛋白质,其二硫键比较多,系高含硫蛋白质的非晶体结构。易受化学试剂影响,易被浓硫酸破坏。

皮质细胞按物理和化学性质的不同,可分为正皮质细胞、副皮质细胞。正、副皮质细胞含量约2∶1。正皮质细胞形态粗而短,副皮质细胞细而长。在细羊毛纤维中,正皮质细胞位于羊毛卷曲部分的外侧,副皮质细胞位于内侧,呈双边分布。粗羊毛中正、副皮质细胞混合分布,而半细羊毛纤维中,副皮质细胞将正皮质细胞围绕在中心,其分布在外围。

正皮质细胞由直径为2μm左右的巨原纤维组成,在整个皮质中约占60%,机械性能、化学性能较弱,对碱性染料有较好的亲和力;副皮质细胞由直径为20~50nm的微原纤维构成,在整个皮质中约占40%,且含硫量较高,对化学试剂的反应活性较低,对酸性染料的亲和力较强。由于正、副皮质细胞在特性上的差异,引起羊毛内应力不一致,形成天然卷曲。

3. 髓质层 存在于有髓毛和两型毛中,位于羊毛纤维的中央最内层,由结构松散且直径1~7μm的角蛋白细胞组成。髓质层中含有空气,是热的不良导体,所以冬季可减少热的散失,夏季可防止热的侵袭。将髓质层的空气排出后,就能在显微镜下观察到无色的多孔组织,呈暗黑色。髓质层厚度影响羊毛品质,髓质层厚的羊毛卷曲较少、脆而易断且不易染色,无纺织价值;反之,羊毛软、卷曲多、易缩绒,手感也越好。细毛无髓质层。

2.2.4 羊毛纤维类型与羊毛种类

羊毛纤维类型和羊毛种类是不同的概念。羊毛纤维类型是指单根纤维,羊毛种类则是指羊毛的集合体。羊毛集合体组成的基本单位是羊毛的单根纤维,二者关系密切。

一、羊毛纤维类型

根据羊毛纤维的组织结构和形态特征,将羊毛纤维分为有髓毛、无髓毛和两型毛。

1. 有髓毛 由皮肤中的初级毛囊生长出来,又分为发毛、干毛、死毛和刺毛四种。干毛和死毛是正常有髓毛的变态毛。

发毛的髓质发育程度中等,纤维粗且长,弯曲少而平缓,光泽较强。其横断面多为直径40~100μm的椭圆形,纤维较长。发毛是粗毛羊和绒山羊毛被的外层毛,无季节性脱落;干毛是发毛的一种变态,组织学结构与发毛相同。由于纤维受雨水侵袭、风吹日晒失去油汗使纤维变硬易断,毛质干枯,成为干毛。干毛工艺价值很低。死毛约占90%,髓质特别发达,皮质层很少,无光泽、骨灰色、脆弱易断、对染料不着色,因此毫无纺织价值。毛被中含有死毛比例越大，其价值越低。刺毛又称覆盖毛，着生于颜面和四肢下部，在皮肤内呈倾斜状生长。纤维短而粗硬，呈弓形，剪毛时不剪，无纺织价值。

2. 无髓毛　亦称绒毛。细毛羊的被毛基本上全部由无髓毛组成。无髓毛细、短、弯曲多，纤维细度为15~30μm，长度在5~15cm之间。无髓毛由环状鳞片层和内部的皮质层组成。其横切面形状呈圆形或接近圆形。无髓毛是最有价值的纺织原料。

3. 两型毛　两型毛的细度、长度介于有髓毛与无髓毛之间，直径为30~50μm，毛纤维较长。两型毛的髓质较细，多呈点状或断续状。在价值上，两型毛要比有髓毛高得多。两型毛比例大的羊毛，是制造提花毛毯和毛毯、长毛绒、地毯等的优质原料。

二、羊毛种类

1. 同质（型）毛　同质（型）毛指一个套毛上的各个毛丛由一种毛纤维类型所组成，毛丛内部纤维的粗细、长短、弯曲趋于一致。半细毛羊、细毛羊及其高代杂种羊的毛都属于这一类。

（1）半细毛由较粗的无髓毛或两型毛所组成，平均细度在25.1~67.0μm，品质支数在32~58支之间。外观上比细毛稍粗、长，弯曲稍浅但整齐明显。

（2）细毛由较细的无髓毛所组成，纤维的平均细度小于25μm，品质支数在60支或60支以上。外观上弯曲多而整齐，油汗较多，羊毛纤维长短一致。

（3）超细毛平均细度小于18μm，品质支数在70支以上。目前世界上只有超细型澳洲美利奴羊等极少数品种生产超细毛。

不同类型的羊毛在毛纺工业中的加工工艺、原料价值不同。细毛是毛纺工业中优良的原料，可纺织凡立丁等高级精纺制品。超细羊毛是高档的精纺原料，用于纺织高品质羊毛衫，其细腻的手感，舒适的穿着性可与羊绒衫相比。半细羊毛在制作工艺等方面与细毛类似，用于制作毛线、毛毯和工业用毡等产品。

2. 异质（型）毛　异质（型）毛指一个套毛上的各个毛丛由两种或两种以上不同的纤维类型所组成（主要为绒毛和有髓毛，也包括两型毛或干、死毛），组成它的羊毛纤维在细度、长度、弯曲及其他特征方面有显著差别，多为毛辫结构。

3. 粗毛　粗毛由几种类型的毛纤维混合组成，毛被底层为绒毛，上层为有髓毛和两型毛，甚至混有干毛和死毛。纤维间细度和长度差异大。粗毛是地毯织造的好原料，也将粗毛叫作地毯粗毛，其长度、光泽和弹性等特性决定其品质。新疆和田羊是著名的半粗毛羊品种，其羊毛是编制地毯的理想原料，具有很高的经济价值。

2.2.5　羊被毛和净毛率

一、羊被毛

羊体上的毛统一称为被毛。如果剪下的全部羊毛相互紧密贴附，形成完整毛被的称为套毛；若剪下后不能形成完整毛被，而是一片一片的，称为片毛。比片毛更小的称为碎毛。被毛按其形状和结构特点可以分为毛丛结构被毛、毛辫结构被毛和混合型被毛。

1. 毛丛结构被毛　毛束是组成毛丛结构被毛的基本单位，它由同一群毛囊所长出的毛纤维构成。在细毛羊和羊毛密度比较大的半细毛羊中，若干个毛束紧密结合在一起，进而构成毛丛结构被毛。

2. 毛瓣结构被毛 毛瓣结构被毛是粗毛羊和改良程度不高的杂种羊的被毛。此被毛中各种纤维混合生长，绒毛生长在下部，有髓毛和两型毛则突出在顶端，互相盘结形成辫状，称之为毛辫。毛辫是毛辫结构被毛的基本单位。粗毛羊的有髓毛越粗、越多、越长，形成的毛辫越明显。

3. 混合型被毛 混合型被毛是一些杂种羊的被毛。在纤维成分上，就是由异型毛向同型毛过渡。

刚从羊体上剪下的毛称为原毛。原毛由羊毛纤维、羊毛脂、羊汗和皮屑等生理夹杂物和环境中植物质、沙土、粪块等外来夹杂物组成。羊毛各类杂质含量因品种、饲养条件和气候环境的不同而异。国产羊毛和各类杂质占的比重为：羊毛20%～50%，沙土5%～40%，油汗20%～50%，植物质0.2%～2%，水分8%～16%。

原毛上的脂蜡称为羊毛脂，也称羊毛油脂，分为蜡脂和软脂。脂蜡是皮脂腺的分泌物，它由高级一元醇和有机脂肪酸形成。其中，醇类占30%～35%；胆脂类占15%～20%；脂肪酸占45%～55%；游离脂肪酸类占1%～4%。羊毛脂和汗腺分泌的汗液在皮肤表面混合为油汗。油汗对羊毛具有保护作用，还能使羊毛联合成密集的毛束，促进被毛内毛丛的自然形成。

二、净毛率

原毛经过洗涤，洗去羊毛纤维附带的各种污物杂质，得到的毛纤维称为净毛。净毛重量占原毛重量的百分比称净毛率。在养羊业中，净毛量反映了羊只的真实产毛量，在羊毛收购上也用净毛量作价。因此，提高净毛率和净毛产量是毛用羊生产中关注的重点。净毛率有普通净毛率和标准净毛率两种表示方法。

1. 普通净毛率 普通净毛率指经过洗毛以后所得的净毛重量占该毛样原毛重量的百分比。在羊场、收购单位、羊毛检验单位和毛纺厂普遍采用。普通净毛率中的净毛重必须是经过洗毛以后的净毛在公定回潮率下的重量；且允许含有不超过1%的残余油脂和2%的植物质。

普通净毛率＝绝干净毛重量（g）×（100%＋公定回潮率）/原毛重量（g）×100%

2. 标准净毛率 标准净毛率是指标准净毛重量占原毛重量的百分比。标准净毛率是在国际羊毛贸易中所采用的指标。国际上所规定的标准净毛的组成成分，按重量百分比为：绝干净毛占86%，水分占12%，油脂占1.5%，灰分占0.5%，植物质0。计算这种净毛率时，必须把净毛中所含水分、油脂、植物质和灰分的含量加以精确测定。如果它们的含量都符合国际上的规定标准，则认定合格。

影响净毛率的因素很多，如品种、性别、个体差异、饲养管理和气候条件等。细毛羊的净毛率为30%～50%；半细毛羊的净毛率为50%～60%；粗毛羊的净毛率为60%～70%。同一品种内，母羊高于公羊。此外，饲养环境对净毛率影响也大。在风沙地区放牧，净毛率低；在贫瘠草地上放牧或冬春舍饲，由于羊只和干草、粪尿和尘土等接触，净毛率也低。

2.2.6 羊毛的理化特性

一、化学性质

羊毛纤维是天然蛋白质纤维。在化学组成上主要是角蛋白。由于角蛋白中精氨酸、谷氨酸、天冬氨酸和胱氨酸含量较高，因此角蛋白大分子主链间能形成盐式键、二硫交联和氢键等空间横向联键。

羊毛结构中含有碱基，因此抗酸能力较强。弱酸、低浓度酸对羊毛没有明显的破坏作用，但高温、高浓度的强酸会破坏羊毛。乙酸对羊毛作用温和，损害较轻。由于乙酸价格便宜，故常被用于毛纺工业染色。

羊毛抗碱性能差，当pH＞8时，有较明显的破坏；pH＞11时，破坏剧烈。羊毛受碱破坏后颜色发黄、强度下降、发脆变硬、光泽暗淡、手感粗糙。在生产中，羊毛用酸性染料染色后，可用氢氧化铵来脱色。因为氢氧化铵是弱碱，不易损伤羊毛。

羊毛不溶于冷水，但在热水中会慢慢溶解。当水温提高到80～100℃时，羊毛角朊开始水解；加热到200℃时，羊毛几乎全部溶解。因此，在毛纺工业染色时，对水的温度、时间必须严格控制。随意升温或延长煮沸时间，对毛织品的质量都是不利的。

二、物理性质

羊毛的主要物理性质有细度、长度、强度、伸度、弯曲、吸湿性和回潮率等。

1. 细度 羊毛细度是决定毛品质和价值的最重要的指标。单根毛纤维的细度决定了纺织毛纱的细度和织物的厚度。在相同长度的情况下，羊毛愈细愈均匀，所纺成的毛纱也愈细愈匀，毛织品的各种特性也愈好。因此，细度是世界各国制定羊毛分级制度的基础。

品质支数和平均直径是衡量羊毛细度的主要指标。① 品质支数：其含义是1磅（约453.6g）精梳毛能纺成560码（约512m）长度的毛纱数，是1支纱。常用s表示品质支数。例如，纺成60段560码长的毛纱，即为60支纱（60s）。羊毛愈细，单位重量内羊毛根数越多，能纺成的毛纱越长。因此，羊毛越细，品质支数越高。②平均直径：单位为微米（μm），澳大利亚推荐采用平均直径作为评价羊毛细度的指标，并倡导停用品质支数。

羊毛纤维间的细度差异很大，最细的直径7μm，最粗的直径可达240μm。即使同一根毛纤维，其上、中、下三段粗细也有差异。因此，单纯用平均直径来反映羊毛的粗细是不全面的，必须计算出它们的离散性程度（标准差和变异系数）。羊毛细度的不均匀性在工艺上对毛纱细度、均匀性和品质有直接的影响。因此，不仅要测定羊体不同部位间羊毛细度均匀性或同一部位各纤维间细度的均匀性，还要求测定同一纤维上，不同区段细度的均匀性。这也对绵羊的选种和饲养提出了更高的要求。

羊毛细度受品种、性别、年龄、部位、营养条件等因素的影响。

（1）品种。羊毛细度受遗传因素影响，在不同生产方向品种之间差异很大；在相同生产方向的羊品种之间差异较小。例如，超细毛羊的细度在12～14μm之间；细毛羊的细度在18.1～25.0μm之间。粗毛羊由于是异质毛，说平均细度无实际意义。

（2）性别。同一品种内公羊的羊毛较粗，羯羊介于公、母之间；从羊毛均匀度来讲，羯羊最好，公羊其次，母羊较差。

（3）年龄。羊毛细度随年龄变化稍有差异。4～6月龄的羔毛较细，以后随年龄的增长逐渐变粗。羊毛细度在3～5岁时是一生中最粗的时候，以后又逐渐变细。

（4）部位。在同一只羊上，以肩部的羊毛最细；体侧、颈部、背部的毛稍粗；臀部的毛较粗；尾部的毛最粗。

（5）营养。营养水平对羊毛的细度，特别是均匀度有重要影响。均衡饲养条件下的羊毛均匀度较好。营养缺乏、患病或妊娠时，输送给毛球的营养物质减少，会使羊毛较正常情况变细。当营养改善或疾病痊愈后，羊毛会在前期变细的基础上重新长出正常细度，从而在同一根羊毛纤维上出现粗细相接的现象。生产中将羊毛纤维上粗细相接的位置称为饥饿痕，带有饥饿痕的羊毛价值大大降低。因此，提供均衡饲粮和适时补饲是提高羊毛均匀度的有效措施。

2. 长度 羊毛长度分为自然长度和伸直长度。自然长度是指羊体上毛丛的自然垂直高度，在羊毛生长12个月时量取。常用作羊毛商业收购标准和羊毛工业分级的基础；伸直长度也称真实长度，指将羊毛纤维拉伸至弯曲刚刚消失时的两端的直线距离，其准确度要求达到1mm。这种长度主要用于毛纺工业和养羊业中评价羊毛品质。细羊毛的伸直长度比自然长度要长20%以上，半细毛要长10%～20%，在工业上称为延伸率。

羊毛长度的重要性仅次于细度。一方面长度可以影响织品的品质，另一方面长度决定着纺纱加工系统和工艺条件的正确选择。从品质上看，在细度相同的情况下，羊毛愈长，纺纱性能愈好，成品的品质愈好。不同长度的羊毛只能在相应的纺纱系统中利用。羊毛长度直接影响剪毛量，一般而言，羊毛愈长，剪毛量愈高。因此，在羊育种工作中，非常重视提高羊毛长度。

品种是影响羊毛长度的最主要因素。此外，年龄、性别、部位和营养管理也影响羊毛长度。例如，羔羊毛生长较快，周岁羊的羊毛长度始终大于2岁以上的个体，老龄羊（6岁以后）羊毛长度渐减；营养水平较低会引起毛乳头营养供应不足，羊毛长度变短。正是因为营养均衡，种公羊的羊毛长度普遍大于母羊。羊体各部位间的羊毛长度也不同，其中颈部最长，肩部、体侧稍次，股部、背部次之，四肢及腹部最短。

3. 强度和伸度

（1）羊毛强度：指拉断羊毛纤维时所用的力。强度直接影响羊毛制品的结实性，进而决定了羊毛的用途，强度低的羊毛不可能织造出高品质织物。因此，低强度羊毛一般不作精梳毛用，而是用作纬纱。此外，低强度羊毛在加工时废弃率高。因此，测定羊毛强度具有重要意义，可用绝对强度和相对强度加以衡量。①绝对强度：指拉断单纤维或一束纤维所需力量，以克（g）或千克（kg）为单位。②相对强度：羊毛拉断时，单位横切面积上所用的力，其单位为kg/mm^2。在各方面相同条件下，羊毛直径与绝对强度成正比。但有髓毛中髓质含量越高、越粗，抗断能力越差。我国细毛和半细毛单根纤维强度参考标准为：70支，7g；64支，8g；60支，9g；58支，10～11g；56支，13g；50支，15g；48支，17g。

（2）羊毛的伸度：指将伸直羊毛拉至断裂时增加的长度占原伸直长度的百分比。伸度是决定织品结实性的重要指标。伸度好的羊毛制成的织品，耐穿结实。在各种天然纤维中，羊毛伸度为20%～50%，棉花4%～10%，麻3%～5%，蚕丝20%～25%。

（3）影响强度、伸度的因素：羊毛的细度与强度、伸度成正比，即纤维愈粗，绝对强度、伸度愈大。但伸度增加不如强度明显；温度和湿度对羊毛的强度、伸度有影响，温度愈高时，毛纤维强度愈低，伸度愈大；此外，饲养管理也影响羊毛强度和伸度，营养不良、疾病、妊娠和哺乳等原因可使羊毛强度、伸度降低。

4. 弯曲 羊毛自然状态沿纵轴呈有规则或无规则的周期性弧形，称羊毛弯曲，亦称羊毛卷曲。单位长度羊毛纤维内具有的弯曲数，称为弯曲度。羊毛愈细弯曲度愈多；愈粗弯曲度愈少。

（1）羊毛弯曲形状：按弯曲的深浅高低分为平弯曲、长弯曲、浅弯曲、正常弯曲、深弯曲、高弯曲和环状弯曲。按照弯曲弧度，可分为弱弯曲、强弯曲和正常弯曲。弯曲弧半径大于弧底高的称弱弯曲，弧半径比底高小的为强弯曲，弧半径与底高大体相等的为正常弯曲。其中，平弯曲、长弯曲和浅弯曲均属弱弯曲，深弯曲、高弯曲和环状弯曲属强弯曲。

羊毛弯曲在毛纺工业上被认为是极宝贵的技术性能，其他纺织纤维难以比拟。羊毛的弯曲形状与毛纺性能密切相关。具有浅弯曲和正常弯曲的羊毛，毛丛结构好，羊毛品质高，细度均匀，净毛率高。具有深弯曲和高弯曲的羊毛，毛丛结构不良，被毛含杂质多。比如，具有浅弯曲和正常弯曲的细羊毛适于制作精纺织品；具有深弯曲的羊毛适于粗梳纺纱；环状弯曲属疵点毛，不利于纺纱。

（2）羊毛弯曲的影响因素：羊品种是影响羊毛弯曲的主因，细毛羊和半细毛羊具有正常弯曲或浅弯曲。具有环状弯曲形状的羊只遗传性较强，生产中应予以降级或淘汰。其次，羊只发育状况也影响羊毛弯曲，当羊只体质弱时，产毛量不高、羊毛密度小、腹部羊毛杂乱。

5. 吸湿性和回潮率

（1）吸湿性：指自然状态下羊毛吸收和保持水分的能力，通常用回潮率来表示。通常情况下，原毛含水量为15%~18%，当空气湿度大时，吸水可达其本身重量的40%以上。羊毛吸湿性大的原因是：羊毛鳞片结构的多孔性有利于水分的附着吸收；羊毛中羟基（—OH）、羧基（—COOH）和酰胺基（—CONH）等亲水性基团数量较多；毛束和毛丛内也可以积蓄水分。

（2）回潮率：也称吸湿率，指净毛中所含水分占净毛绝对干燥重量的百分比，是衡量羊毛吸湿性大小的指标。回潮率影响羊毛的机械品质，回潮率增大会使毛纤维强度下降，断裂伸长增加。影响羊毛回潮率的因素很多，包括温度、相对湿度、大气压力、存放时间等。因此，为了便于在羊毛交易中合理计算羊毛的重量，采用以下两种回潮率：①标准回潮率：在国际羊毛贸易中为合理计重，对不同种类羊毛含水量有国际标准，即标准回潮率。这种回潮率要求在标准大气条件下测定，我国规定的标准大气条件为（20±2）℃，相对湿度（65±3）%。②公定回潮率：产地温度和湿度会影响羊毛重量。因此，每个国家需根据自身情况各自颁布回潮率标准，称为公定回潮率。国际上规定的羊毛公定回潮率，粗毛净毛16%，细毛净毛17%。我国规定的公定回潮率细毛净毛和半细毛净毛为16%，改良毛净毛15%。

6. 颜色和光泽

（1）羊毛的颜色：指羊毛在洗净后的天然色泽，因羊品种、个体差异而不同。羊毛纤维中的色素决定了羊毛颜色，这些色素主要分布在毛纤维皮质细胞中，可能分布于整根纤维上，也可能仅存在于纤维的某一段上。根据颜色差异可将羊毛分为白色羊毛、黑色羊毛和杂色羊毛。杂色羊毛是指除了白色纤维之外还含有其他色度的有色纤维。

羊毛以白色为最理想，可在纺织加工中染成任意颜色。有色毛难染色，利用价值较低。澳大利亚羊毛研究所指出白色在决定羊毛加工利用上与细度占同等重要地位，应选白色个体繁育，以提高羊毛品质。

（2）羊毛光泽：指洗净的羊毛对光线的反射能力，受羊毛细度与鳞片层密度影响。细度小的羊毛光泽柔和，鳞片稀的羊毛反光强。此外，纤维颜色、皮质层性质、毛髓发达程度等也会影响羊毛的光泽。光泽对织品的外观有一定影响，强的光泽能使织品色彩鲜艳，反之就会显得灰暗无光。在生产实践中，根据羊毛对光线反射的强弱，可将其分为全光毛、半光毛、银光毛和无光毛。①全光毛：全光毛特点是羊毛粗，鳞片紧贴在毛干上，光泽较强。绵羊中的林肯羊毛和山羊中的安哥拉山羊毛，均属这一类。②半光毛：罗姆尼羊毛、山羊毛、杂交种羊毛均属这一类，细度在31～40μm之间，光泽比全光毛稍弱。③银光毛：银光毛特点是羊毛细，单位长度上鳞片数多，鳞片上部翘起程度大，光泽柔和。美利奴细羊毛具有银光，它是银光毛的典型代表。④无光毛：一些营养状况差的细毛羊、大部分粗毛羊和低代杂种羊的羊毛多属这一类。另外，当羊毛上的鳞片被化学物质或细菌侵蚀损伤后，也会使光泽灰暗。

7. 弹性及回弹力　　对羊毛施加外力使其变形，当外力去除后，羊毛纤维能恢复原来形状的能力称为弹性。其恢复原来形状和大小的速度称为回弹力。羊毛弹性比其他纤维强，所以羊毛织品在穿着中，可保持原形。另外，羊毛在加工成纱、织品的过程中，经常要受到扭捻与折转而发生变形，只有具有良好弹性的羊毛，才能使这种变形得到较快的恢复，保持织品的风格和特点。

羊毛弹性的大小，用弹性系数表示。它是指欲使横断面为$1mm^2$的毛纤维伸长100%（理论数值）所需的负荷值（kg）。

8. 缩绒性　　毛织物在湿热状态下，经机械力的反复作用，羊毛彼此纠缠，织物长度收缩，厚度增加，表面露出一层绒毛，可得到外观优美、手感丰厚柔软和保暖性良好的效果。这一性能就是羊毛的缩绒性，亦称毡合性。

利用羊毛的缩绒性，把松散的短毛纤维结合成具有一定机械强度、一定形状、一定密度的毛毡片，这一过程称为毡合。毡帽、毡靴都利用羊毛毡合性制成的。

缩绒使毛织物具有独特的风格，显示了羊毛的优良特性。但另一方面，缩绒使毛纺织品在穿用中容易产生尺寸收缩和变形。因此，洗毛和洗涤毛织品时，切忌洗液过浓、温度过高和用力揉搓等，以免发生毡合或缩绒现象。

为使羊毛织物不易变形、耐护理，防毡缩处理也成为羊毛加工工艺中不可少的过程。在生产实践中形成了完善的防毡缩处理工艺。例如，利用强氧化剂氯及氯的衍生物或高锰酸钾破坏羊毛的鳞片结构，生成一系列亲水性基团，可增强纤维的吸湿性，降低羊毛的弹性。但该方法对毛纤维的伤害较大且不易控制。近年来，建立了蛋白酶处理、臭氧气体处理和等离子体处理等温和方法，提高了羊毛防毡缩处理工艺。

2.2.7　羊毛生产注意要点

一、疵点毛

疵点毛是指羊毛生产过程中出现的有缺陷的羊毛产品，会大大降低羊毛品质。疵点毛主要分为以下类型。

1. 弱节毛 又称"饥饿痕"羊毛，产生的主要原因是营养供应不足、疾病及妊娠。主要特征是毛纤维直径部分变细，呈现出弱节，易断裂。合理的饲养管理措施能有效减少弱节毛的产生。

2. 粪污毛 又称圈黄毛，指被羊排泄物等污染的羊毛，多发于羊腹、四肢及大腿处。粪污毛主要是羊圈过于潮湿、垫料久用不换或者羊只腹泻造成的。此外，运输过程中挤压也会导致下层羊毛沾染排泄物。及时清理羊圈或治疗腹泻羊只都是减少粪污毛产生的有力措施。

3. 疥癣毛 从疥癣病羊上所剪取的羊毛。疥癣毛的品质较差，混有大量皮屑，毛细短易断。在羊群中发现疥癣病羊时，应及时将病羊分开，防止交叉感染，并及时药浴治疗。

4. 毡片毛 指羊毛紧密结合在一起形成毡片、难以织造。按照是否可以撕开，又分为活毡毛与死毡毛。其成因较多，气候变化或疾病、紧压或摩擦、雨淋、尿浸等均会导致毡片毛产生。在生产中建立封闭式羊舍可减少毡片毛形成。

5. 印记毛 也称打印毛、染色毛，是由于使用了有色染料进行标记，导致羊毛被染上了各种各样的颜色。因此标记时尽量选取额头部位标记，并选用易清洗的中性或酸性染料。

6. 重剪毛 亦称二刀毛，是由于操作人员在剪羊毛时，重新剪毛导致。重剪羊毛长度都较短。避免方法是提高工人剪毛水平，针对剪毛不净的地方，尽量不剪第二刀，若剪下第二刀，也应将毛挑出。

7. 草刺毛 指羊毛中夹杂了大量的植物碎片或植物种子，难以去除。针对此类疵点毛，应注意饲草的刈割时节，在饲草开花期前刈割可以减少饲草的碎片化。

8. 皮块毛 指羊毛中夹带了羊的部分皮块，是由于剪毛操作失误导致的。该毛不仅难以加工清除，还可能会对机器造成损害，在生产中要尽量避免。

9. 混杂毛 混杂毛指各种疵点毛的混合，在实际生产中，各种疵点毛均有可能存在，要针对不同地区、不同品种的羊毛特点，尽量避免疵点毛的发生。

在羊毛加工中，脆毛、毡化毛时常发生，通常是加工时的洗液浓度过高，或者温度过高造成的。在加工过程中应严格控制工艺，减少不必要的损失。加工后贮存也应注意防潮、防虫与防腐。

二、羊毛分级

羊毛种类繁多，品质也有优劣，生产中应将羊毛根据品种、来源、割取时间等进行初步划分。目前有以下几种划分方式：按照产毛地划分，如西宁毛、新疆毛、华北毛等；按照绵羊品种划分可分为超细羊毛、细羊毛、半细羊毛、改良羊毛、土种羊毛；按照剪毛季节可分为春毛、秋毛与伏毛；按照用途可分为精梳毛、粗梳毛。

羊毛分等级是在羊毛划分类别后，按照羊毛品质进行的进一步划分，我国的羊毛分级方法《绵羊毛》（GB 1523—2013）中规定了五类，即超细羊毛、细羊毛、半细羊毛、改良羊毛、土种羊毛。其中超细羊毛、细羊毛、半细羊毛为同质毛，按照毛丛长度、比例、粗腔毛比例、疵点毛比例进行评判，具体分级标准如表2-2所示。

表2-2　同质羊毛分级标准

型号	规格	平均直径范围/μm	毛丛平均长度/mm≥	最短毛丛长度/mm≥	最短毛丛个数百分数/%≥	粗腔毛或干死毛根数百分数/%≤	疵点毛质量分数/%≤	植物性杂质含量/%≤
YM/14.5	A	≤15.0	70.0					1.0
	B		65.0					1.0
	C		50.0					1.0
YM/15.5	A	15.1~16.0	70.0					1.0
	B		65.0					1.5
	C		50.0					1.5
YM/16.5	A	16.1~17.0	72.0					1.0
	B		65.0					1.5
	C		50.0					1.5
YM/17.5	A	17.1~18.0	74.0	40.0	2.5		0.5	1.0
	B		68.0					1.5
	C		50.0					1.5
YM/18.5	A	18.1~19.0	76.0					1.0
	B		68.0					1.5
	C		50.0					1.5
YM/19.5	A	19.1~20.0	78.0			粗腔毛0.0		1.0
	B		70.0					1.5
	C		50.0					1.5
YM/20.5	A	20.1~21.0	80.0					1.0
	B		72.0					1.5
	C		55.0					1.5
YM/21.5	A	21.1~22.0	82.0					1.0
	B		74.0					1.5
	C		55.0					1.5
YM/22.5	A	22.1~23.0	84.0					1.0
	B		76.0					1.5
	C		55.0	50.0	3.0		2.0	1.5
YM/23.5	A	23.1~24.0	86.0					1.0
	B		78.0					1.5
	C		60.0					1.5
YM/24.5	A	24.1~25.0	88.0					1.0
	B		80.0					1.5
	C		60.0					1.5

续表

型号	规格	考核指标					
^	^	平均直径范围/μm	长度			粗腔毛或干死毛根数百分数/%≤	疵点毛质量分数/%≤	植物性杂质含量/%≤
^	^	^	毛丛平均长度/mm≥	最短毛丛长度/mm≥	最短毛丛个数百分数/%≤	^	^	^
YM/26.0	A	25.1~27.0	90.0	60.0	4.5	干死毛0.3	2.0	1.0
	B		82.0					1.5
	C		70.0					1.5
YM/28.0	A	27.1~29.0	92.0	60.0				1.0
	B		84.0					1.5
	C		70.0					1.5
YM/31.0	A	29.1~33.0	110.0	70.0				1.0
	B		90.0					1.5
YM/35.0	A	33.1~37.0	110.0					1.5
	B		90.0					1.0
YM/41.5	A	37.1~46.0	110.0					1.5
	B		90.0					1.5
YM/50.5	A	46.1~55.0	110.0					1.0
	B		90.0					1.5
YM/55.1	A	≥55.1	60.0	—	—	干死毛1.5	—	—
	B		40.0	—	—	干死毛5.0	—	—

改良毛分为两类，同样按照毛丛长度和粗腔毛、干死毛比例进行划分，具体划分标准如表2-3所示。

表2-3 改良毛分级标准

等别	毛丛平均长度/mm	粗腔毛或干死毛根数百分数/%
改良一等	≥60	≤1.5
改良二等	≥40	≤5.0

我国针对羊毛取样制定了详细的国家标准《绵羊毛分级规程》（GB/T 40828—2021），于2022年5月1日实施。其主要包含了标识羊只、剪毛、套毛除边、分选、打包、标记等内容。

2.2.8 套毛除边整理

套毛是指从活羊身上取得的、毛丛间相互连接、呈紧密网状的羊毛。刚从羊身上剪下的套毛含有边肷毛和疵点毛，需要进行除边整理。此外，羊的头毛、腿毛、尾毛、边肷毛、腹毛等长度、细度和油汗等品质指标较差，含有疵点毛多，会降低套毛整体品质，同样需要去除。

套毛除边主要是去除羊毛中污渍、短污毛、汗渍毛、皮块毛、短边缘毛、草刺毛、死毡片毛、腹部边缘毛、头腿尾毛、水渍毛、弱节毛、皮炎毛、标记毛、有色毛、有髓毛、重剪毛。

在我国制定的标准《绵羊毛》（GB 1523—2013）中，规定了套毛除边的技术要点。在最新发布的《绵羊毛分级规程》（GB/T 40828—2021）中，规定了套毛除边的最新要求：①要对所有品种的套毛除边（毡并变硬，严重皮炎和严重变黑的羊毛除外）；②羊毛分级员应在不过多剔除套毛的同时，保证每一幅套毛的正确除边；③除边数量要以羊群及套毛的品质为依据，不应预先设定除边比例。用手指进行边缘去毛，手法要轻，避免扩大除边范围；④将不同瑕疵的边缘毛分开放置（如死毡片毛、污渍毛、皮块毛等）。剔除掉的有色或有髓纤维的边缘毛不应与其他边缘毛放在一起。与脱毛羊种一同放牧的羊只套毛上剔下的边缘毛不应与其他边缘毛放在一起。

2.3　山羊毛与山羊绒

山羊体表绒、毛共生，初级毛囊产生山羊毛，次级毛囊形成无髓山羊绒。山羊绒细而柔软，富有光泽，保暖性能极佳，透气舒适，被称作"软黄金"。山羊绒制作的各种羊绒衫、羊绒大衣、羊绒围巾、手套等产品，质地柔软，轻盈，深受消费者喜爱。我国绒山羊育种较晚，产业薄弱。但近些年发展迅速，2020年存栏山羊数已达1.33亿只。因此，利用好庞大的山羊品种资源是我国农业工作者的艰巨任务。

2.3.1　绒山羊的种类和分布

绒山羊主要有绒用品种和绒肉兼用品种。传统绒山羊品种有奥伦堡绒山羊、山地阿尔泰绒山羊、克什米尔绒山羊、顿河绒山羊、江宁绒山羊、内蒙古绒山羊、河西绒山羊等。人工培育的绒山羊品种有藏西北白绒山羊、乌兹别克黑山羊、赛尔绒山羊、罕山绒山羊、乌珠穆沁白绒山羊、柴达木绒山羊等。此外，还存在一些产绒量少的兼用品种，如安那图黑山羊、屯股山羊、祁蒙黑山羊。内蒙古绒山羊、辽宁绒山羊和奥伦堡绒山羊的绒毛洁白，细度和纯度均理想，是世界上公认的优质羊绒。其中，内蒙古绒山羊品质高居世界首位，被誉为"中华国宝"。

2.3.2　山羊毛的种类

一、马海毛

马海毛，指从安哥拉山羊及以安哥拉山羊为父本改良后，具有安哥拉山羊毛特征的山羊身上采集的毛。马海毛属于全光毛，表面平滑、强度高、弹性好、耐压、有特殊光泽，是制造长毛绒织物、高档衣物、地毯的优良原料。

马海毛基本属于同质毛，其品质划分主要由平均直径、死毛含量、杂草含量和毛丛卷曲数决定。马海毛种混有的有髓毛和死毛越少，品质越高。我国现行的马海毛品质划分主要参考了《马海毛》（GB/T 16254—2008）与《洗净马海毛》（GB/T 16255.1—2008）两项标准。

按照毛的直径，划分为马海羔毛和成年马海毛，马海羔毛分为三等，成年马海毛分为五等。马海毛以平均直径、毛丛自然长度、含草率、死毛含量为质量评定指标，以最低一项等级作为该批马海毛的等级，毛丛卷曲数和外观特征则作为参考。洗净马海毛分等相同，增加了手牌长度作为参考指标。

二、普通山羊毛

普通山羊毛是指除马海毛以外的山羊粗毛，均为初级毛囊产生的粗羊毛。普通山羊毛弯曲较少，毛长度为6～15cm，纤维较粗。我国普通山羊毛主要分为三类，即活山羊剪毛、其他山羊毛和笔料山羊毛。在实际生活中，常用来制作地毯、毛毯等粗呢料，或制作毛笔、画刷等制品，基本不制作衣物。我国粗羊毛2001年产量为34 241万吨，2020年为24 034万吨，下降明显。

2.4　羊　　皮

2.4.1　羊皮的定义与分类

羊皮是指羊屠宰后剥下的毛皮。刚割下的羊皮称为鲜皮，未经鞣制以前都称为生皮，去毛的生皮又称板皮。带羊毛的生皮鞣制而成的产品称为毛皮；鞣制时去除羊毛，仅用板皮鞣制而成的产品叫革。

按照羊年龄不同，可将毛皮分为羔皮、裘皮、大羊皮，其中裘皮又称二毛皮。羔皮是指母羊流产或出生后1～3d内剥取的毛皮；裘皮是羔羊达到2月龄以上剥取的羊皮。羔皮与大羊皮使用方式不同，羔皮制作后通常毛侧向外，因此对毛色花纹要求较高。湖羊、滩羊、卡拉库尔羊等具有特殊的花纹和卷曲，其羔皮制作而成的皮帽、皮领、披肩光亮美观，深受消费者喜爱。裘皮和大羊皮通常是将毛侧向内，制成皮大衣用以御寒保暖。因毛较长，优质的裘皮、大羊皮制品对毛要求更高，要求不搭界、毛质良好、皮板紧实、弹性好、有足够强度。因此，其他品种羊的皮远不如皮用品种的品质好。

绵、山羊品种都可以生产板皮，但绵羊中的细毛羊和半细毛羊适合制作毛皮。我国某些特色地方山羊品种以生产板皮而闻名，如黄淮山羊、建昌黑山羊、宜昌白山羊等。板皮经脱毛鞣制后，可制成皮夹克、皮鞋、皮箱、包袋、手套、票夹等各种皮革制品。

1978年我国羊皮产量为78 039吨，其中绵羊皮为46 200吨，山羊皮为31 839吨；2020年增至1 078 202吨，其中绵羊皮为616 626吨，山羊皮为461 576吨。随着我国羊产业的不断壮大，羊皮产量不断上升，优质羊皮产品不断进入到人们的生活当中。

2.4.2　羊皮的鞣制

生皮易吸潮腐烂，使用前需鞣制加工。鞣制就是通过化工材料处理生皮，处理后的生皮经过交联反应变性成为革。鞣制药品均是具有多个活性基团的物质，能与生皮的胶原纤维活性基团发生多点交联作用，达到鞣制目的。羊皮鞣制的方法很多，大多以鞣制用药品的名称来命名。20世纪80年代以来，国内外毛皮加工技术发生了很大的变化和改进，古老传统的加工技术已逐渐被各种新型的化学鞣制方法所取代。我国目前所采用的毛皮鞣制方法有十多种，主要有铬鞣制法、油鞣制法、混合鞣制法、明矾鞣制法和酸液鞣制法等。各种方法的鞣制工序和整理工序差别很大。

碱式硫酸铬具有优异的鞣制和复鞣性能，因而广泛应用于皮革的主鞣和复鞣工序。但传统的碱式硫酸铬鞣制工艺需使用大量铬鞣剂（约皮重的6%），铬废液和含铬固体废弃物难以处理、生物降解性差，会对动、植物和人体及环境造成危害。并且鞣制前浸酸工序中还会用到硫酸、甲酸和中性盐，产生大量酸废液和高盐溶液，易引发酸污染和中性盐污染。为了解决铬污染和资源短缺等问题，近些年提出了无铬鞣、促进铬吸收等新技术。

醛类鞣剂因成革具有耐水洗、丰满、耐汗等优点，在皮革生产中也被广泛使用。机理是醛类鞣剂的醛基与皮胶原中碱性氨基发生曼尼希反应形成共价键，从而起到鞣制的作用。改性戊二醛、噁唑烷、有机磷等是使用最多的醛类鞣剂。相比于单独使用戊二醛作为鞣剂，改性戊二醛所鞣制的革不易发生黄边且更耐贮存，还可降低鞣制剂对人体和环境的危害。此外，糠醛鞣剂和双醛淀粉鞣剂也常在鞣制工序中使用。除了醛鞣剂之外，无铬鞣剂还包括金属结合鞣剂、合成鞣剂和油鞣剂等。

金属鞣剂除铬外，铝盐、锆盐和钛盐等非铬金属鞣剂在鞣制过程中应用广泛。硫酸铝和明矾是我国常用的铝鞣剂，其具体工艺流程包括：浸水、削皮、脱脂的准备工序，漂洗、搅拌、浸泡、晾晒的鞣制工序，干燥、加脂、回潮、刮软、整形的整理工序。经过铝鞣剂鞣制的皮革收缩温度（Ts）在75℃左右，成革不耐水洗，保养麻烦。因此，铝鞣剂很少单独使用，通常与铬鞣剂或与植物栲胶配合使用。

合成类鞣剂主要包括芳香族和树脂类合成鞣剂，多用于复鞣工段，起辅助或填充的作用。在芳香族合成鞣剂中具有鞣制效应的基团为磺酸基、酚羟基和羟基等，可与生皮中活性基团产生共价键或氢键。树脂类鞣剂又包括氨基树脂、聚氨酯树脂、乙烯基类聚合物、环氧树脂和超支化聚合物等。树脂类鞣剂因主要功能基团不同，在皮革复鞣中扮演的角色也不一样，主要用于填充，减小部位差，增加染料或油脂的吸收。

纳米材料具有良好的湿热稳定性、物理机械性能和吸附性能，在皮革加工过程应用前景较好。纳米粒子高表面活性的原子可与胶原蛋白分子链上的活性基团形成氢键或共价键交联，从而赋予胶原蛋白一定的湿热稳定性或机械性能。纳米材料主要有两个应用方向，一个是通过制作高性能纳米材料，直接将毛皮进行鞣制加工，不添加其他鞣制剂；另一个则是将纳米材料与传统鞣制剂联合使用，起助鞣剂的作用。

2.4.3 影响羊皮品质的因素

影响羊皮品质的常见因素包括品种选育、饲料选配、疫病防控、管理制度和畜舍环境等。此外，产羔季节、屠宰年龄、羊皮贮存方式也会影响羊皮品质。

品种是影响羊皮品质的决定性因素，优秀的产皮毛品种才可生产出顶级的皮毛产品。卡拉库尔羊、湖羊、青山羊等优良品种产出的羔羊皮具有独特的花纹特征，滩羊二毛皮和中卫沙毛皮是著名的裘皮。在选育时，应根据羊皮花纹特征选取种羊进行繁育。

营养水平过高过低都会对羊皮质量造成影响。日粮中钙磷失衡会导致羊出现佝偻病、软骨症等，羊会啃食毛发，影响羊毛皮品质；日粮含硫氨基酸缺乏会引起羊异食癖、采食毛发；锌元素不足同样会导致羊舔舐被毛、脱毛；铜元素缺乏则可能导致母畜的流产。需要指出的是，羔羊营养主要由母体供应，均衡的营养可使羔羊长出更大面积皮毛，并且拥有更美观的光泽。因此，孕母羊完善的营养供给是保障羔羊皮质量的关键。生产中，即使流产的死羔同样可以剥皮，但过早流产可能导致皮毛发育未完全，从而影响皮毛产量。

传统放牧饲养模式之下，羊群会接触各种病原进而患病，如线虫病、绦虫病、球虫病、羊肠毒血症和多杀性巴氏杆菌病等。病羊生产性能下降，生长发育迟缓，甚至死亡。羊疥癣病也称为羊螨病，由羊螨和疥螨寄生体表而引发。此病传染性强，对羊毛质量、羊皮品质都会造成影响。感染此病的羊，其皮毛须在0.5%生石灰水中浸泡20h以上方可使用。

不同季节产羔的羔羊毛皮也存在差异。7~9月生产羔羊的皮毛最好，具波浪花纹、毛长适宜、皮板薄厚合适。冬季出生的羔羊通常皮毛较长，导致花纹不够清晰，品质较差；二毛皮与之相反，冬季出生羔羊毛较长、弯曲丰富、毛发紧实，是极佳的二毛皮。板皮生产则看重皮的厚度，并且绒毛越少制皮越方便。因此，夏秋季节，羊增长迅速、体况良好、被毛不长，板皮紧实而富有弹性，此时制革最佳。冬季时，羊皮毛中会带有羊绒，毛发颜色也会发生改变。春季羊刚经过冬季枯草期，膘情下降、皮不紧实、厚度低，此时板皮品质也较差。

性别、年龄和屠宰工艺也影响羊毛皮品质。羯羊的皮毛品质最好，公羊皮板大于母羊且更厚，母羊羊皮的厚薄均一性不如公羊；羔羊的皮板薄弱，质地柔软，随着年龄的增长，不断变厚同时更有韧性，色泽也更明亮；衰老羊皮板过厚、硬度高，粗糙干涩，暗淡。

2.4.4 生皮防腐、运输与贮藏

新鲜羊皮极易腐烂，需进行防腐处理。目前常用防腐工艺有干燥法、盐腌法、盐干法、冷冻法和浸酸法等[1]。

干燥法不用防腐剂，直接将羊皮进行晾晒，当生皮水分含量降至15%~18%时，微生物生长受到抑制。干燥法经济可行，但羊皮易受虫蛀、易干裂。

盐腌法是将高浓度盐渗透到皮内，在适宜环境下可长期储存而不变质。传统盐腌法中，盐的使用量大，通常为皮重的35%~50%。大量的盐用量可能造成环境污染。

盐干法指将干燥法与盐腌法相结合，经过盐腌后，再进行干燥处理。效果更好，不会硬化开裂，但易吸湿。

冷冻法指将生皮冷冻，从而抑菌防腐。在寒冷地区，生皮直接平铺室外即可，操作简单。但皮冻结后韧性降低，易断裂，解冻后又容易腐烂。若置于冷库保存则成本过高。

浸酸法指将生皮放入pH小于2的酸液中，以抑制微生物活动。生皮浸酸后，重量会减轻，便于运输，但同样会对环境造成影响。

生皮防腐除以上几种方法外，还有辐射法、杀菌剂法等。考虑到环境保护问题，改进传统防腐技术，提高效率、降低成本是防腐技术的研究热点。

生皮经过防腐处理后，应放入专门的仓库，保证防水与干燥。不能露天放置或直接堆积于地面，离地距离应在10~20cm，并对毛皮进行遮盖。在雨季要做好防水，发现皮毛受潮后应及时晾干。定期对皮张进行位置调换，在堆放时，可放置卫生球等防蛀产品[2]。

---

[1] 马迎春. 生皮防腐方法简述. 西部皮革, 2018, 40（11）: 40.

[2] Kanagaraj J, Sastry TP, Rose C, 等. 降低浸水废液中总固体不溶物山羊皮的有效防腐. 中国皮革, 2010, 39（1）: 52-56.

2.4.5 我国优良羊皮种类

一、羔皮

1. 卡拉库尔羔皮 亦称波斯羔皮,在我国又称三北羔皮,是从出生3d后的卡拉库尔羔羊上所剥取的羔皮。卡拉库尔羔皮具有独特美丽的毛卷,以卧蚕形卷(轴形卷)最为理想。卧蚕形卷由皮板上升,按同方向扭转,毛尖向下向里紧扣,呈圆筒状,形似皮板上卧着的蚕。

2. 湖羊羔皮 从出生2d左右的湖羊羔身上所剥取的毛皮,畅销海内外。湖羊羔皮有"软宝石"之称,毛色洁白、炫耀夺目、毛细短无绒、毛根发硬、富有弹力,花纹如流水行云、波浪起伏,又紧贴皮板、扑而不散。湖羊花纹种类繁多,包括波浪花、片花、半环花、弯曲毛、平毛、直毛和小环形花等,其中以波浪花纹最具代表性。

湖羊羔皮是我国优质的出口产品,有详细的分级标准《小湖羊皮》(GB/T 14629.1—2018),该标准详细介绍了湖羊特色花纹,详细规定了湖羊皮板面积、被毛长度和分级标准。皮板面积分为大片皮与小片皮,被毛长度分为小毛、中毛、大毛。整体共分为五级,一级最优,五级最差。评级的主要判断依据如表2-4所示。

表2-4 小湖羊皮分级标准

等级	质量要求
一级	小毛,色泽光润,本白,大片皮,板质良好无折疤,毛细波浪形卷花或片花形花纹占全皮面积1/2以上,或中毛,弹性较好波浪形卷花或片花形花纹占全皮面积3/4以上
二级	中毛,色泽光润,本白,大片皮,板质良好无折疤,毛细波浪形或片花纹占全皮面积1/2以上,或小毛,花纹欠明显或毛略粗花纹明显;或具有一等皮品质的小片皮
三级	大毛,色泽欠光润,大片皮,板质尚好,波浪形卷花欠显明或片花形占全皮面积1/2,或小毛,花纹隐暗;或毛粗涩有花纹或具有二等皮品质的小片皮
四级	不符合内皮品质的大片皮;或具有等内品质,长度36.3cm,腰宽29.7cm以上的小片张皮;或花纹明显、颈部有底绒的非纯种大片皮
五级	不符合一级、二级、三级、四级要求,但仍具有制裘价值的大片皮张、小片皮张

注:凡毛绒空疏或轻微折疤、瘦薄板、淤血板、陈板等可以视品质酌情定级。对黄板、水伤皮、烘熟板、花板等,按四级皮、五级皮定级。不符合大片皮规格的降一级,不符合小片皮规格的按五级皮定级。

检验时要重点检查板质、色泽、毛长度、花纹面积、皮板面积。板质检验:板朝上,观察皮板清白、伤残情况,板面厚薄是否适中、均匀、坚韧;色泽检验:毛朝上,在室内对着自然光线(阳光不能直射),观察毛面上反射出的光泽;毛长度检验:毛面朝上,用镊子将皮荐部的一束毛轻轻拉直,用测量毛根到毛梢的长度;花纹面积检验:毛朝上,上下边对折,花纹面积余缺互补;皮板面积检验:将皮平放在检验台上,长度取颈部中间至尾根距离,宽度在腰间处量出,长、宽相乘即得面积。

3. 青山羊猾子皮 在青山羊羔羊出生后1～3d内宰杀剥皮,多呈现人工难以染制的青色。毛被中黑毛含量在30%～50%的为正青色,50%以上的为铁青色,30%以下的则为粉青色。猾子皮皮板较轻,可制作翻毛大衣、皮帽、披肩等产品,也是我国传统的出口商品。猾子皮的主要花纹有波浪形花、流水花、片花、隐花等四种,以波浪形花最受欢迎。

二、裘皮

1. 滩羊二毛皮 在滩羊羔羊1月龄时进行屠宰，此时毛股长约8cm。滩羊毛股生长速度很快，二毛皮对于屠宰时间要求严格，过早屠宰会导致毛股不够长，保暖性能差，过晚屠宰则增加绒毛含量，不够美观。滩羊二毛皮花纹包括串字花、小串字花、软大花、笔筒花、头顶一枝花、核桃花、黏毛旦等。其中，以串字花、软大花较为优秀。

2. 中卫沙毛皮 中卫山羊于35日龄时进行宰杀，所得毛股长7～8cm的二毛皮称为中卫沙毛皮。中卫沙毛皮有纯黑与纯白两种色泽，黑色油黑发亮。中卫沙毛皮与滩羊二毛皮的花穗相似，但完整沙毛皮呈方形，带小尾巴，滩羊二毛皮呈长方形，带大尾巴。沙毛皮毛股密度小，易见板底，较为粗糙，但毛光泽亮丽，弯曲较少。

三、板皮

板皮的解剖结构主要由表皮、真皮、皮下组织构成，其中真皮最厚，可分乳头层与网状层，乳头层在上部。绵羊皮乳头层厚度略高于山羊皮，乳头层表面突起是制革的主要部分，也是影响革表层质量的关键。网状层最紧密，决定了革的坚韧程度。制革时会通过鞣制工艺去除真皮层下的部分。我国的山羊板皮目前主要分为五大路：四川路、汉口路、华北路、云贵路和济宁路。各路的产地和特点简述如下。

1. 四川路板皮 主要产于川、黔两省的地方山羊，如成都麻羊、板角山羊等。在各路山羊板皮中，以四川路的品质最好，皮板为全头全腿的方圆形，特点是被毛短、光泽好、板皮张幅大、板质坚韧、厚薄均匀。

2. 汉口路板皮 多为白色，皮形为全头全腿的方形。主要产于豫、皖、鲁、江、浙、沪、鄂、湘、粤、冀、闽、赣、陕等省（自治区、直辖市）的山羊，如黄淮山羊、马头山羊等。特点是被毛较粗短、皮板张幅略小、板皮细致油润、板质柔韧、弹性好。

3. 华北路板皮 皮形为不带头腿的长方形，有黑、白、青等色。主要产于晋、津、蒙、辽、吉、黑、宁、甘、青、新、藏等省（自治区、直辖市）的山羊，如太行山羊、新疆山羊等。特点是被毛较长、多底绒、颜色杂、皮板张幅大、皮厚而重、皮层纤维较粗、板面粗糙。

4. 云贵路板皮 皮形呈方形，黑、白、花色均有，以白色居多。主要产于滇、黔、川地区的山羊，如隆林山羊、贵州白山羊等。特点是被毛粗短、皮板张幅中等、板质薄、板面略粗。

5. 济宁路板皮 皮形为全头全脚的近似长方形，被毛灰青色，也有少数为黑、白色。主要产于鲁西南，如济宁青山羊。特点是毛细短、皮薄、张幅较小、有油性。

山羊板皮分为特等、一等、二等、三等与等外。绵羊皮分为三等与等外。划分的主要依据是板皮品质，在重要部位有无伤残，皮张本身有无烟熏、轻冻、疥癣等。同时，皮张的完整程度、大小、重量也是重要的参考因素。

2.5 其他副产物

羊副产物分为可食用部分和不可食用部分。可食用部分包括内脏、脂肪、血液、骨、皮、头、蹄、尾等。不可食用部分包括毛皮、毛、蹄壳、角、腺体等。羊副产品种类多样，

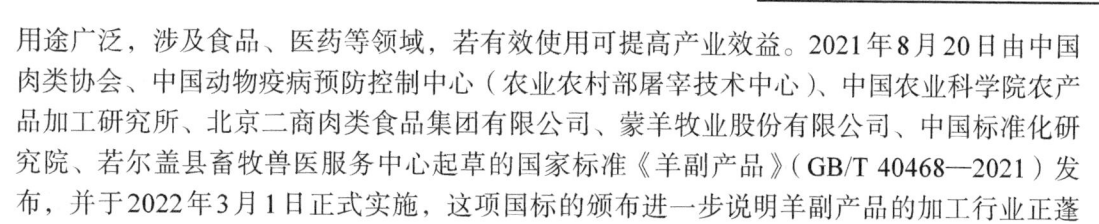

用途广泛，涉及食品、医药等领域，若有效使用可提高产业效益。2021年8月20日由中国肉类协会、中国动物疫病预防控制中心（农业农村部屠宰技术中心）、中国农业科学院农产品加工研究所、北京二商肉类食品集团有限公司、蒙羊牧业股份有限公司、中国标准化研究院、若尔盖县畜牧兽医服务中心起草的国家标准《羊副产品》（GB/T 40468—2021）发布，并于2022年3月1日正式实施，这项国标的颁布进一步说明羊副产品的加工行业正蓬勃发展。

2.5.1 内脏

羊内脏又称羊杂，包括羊心、羊心血管、羊肺、羊肝、羊肾、羊食管、羊气管、羊宝（即羊睾丸）、羊鞭、羊肥肠（即羊直肠）、羊苦肠（即羊盲肠）、羊盘肠（即羊结肠）、羊小肠（即羊十二指肠、空肠、回肠）、羊肚（包括瘤胃、网胃、瓣胃、皱胃）等。羊杂是受众广泛的滋补美食[1]，符合中医营养学中"以脏补脏"的理论，在气候偏冷的北方和西部地区深受欢迎[2]。羊肝性温味甘，富含维生素A及磷，具有益血、补肝、明目的作用；羊肚能补虚，对虚劳、食欲不振、盗汗等病症有疗效；羊肺能通肺气，利小便；羊心可解郁补心。羊的大、小肠经刮制而成的小肠衣和大肠衣是坚韧半透明薄膜，除了做香肠和灌肠外，还可制成网球拍线、弓弦、乐器弦线和外科缝合线等。我国加工肠衣已有百余年历史，多集中于华北、东北和内蒙古。肠衣最初仅用于弓弦和弹棉花的弦线，20世纪初期开始成为重要的出口物资，为国家换取大量外汇。

2.5.2 羊油

羊油是羊的内脏附近和皮下含脂肪的组织，用熬煮法制取，成蜡状固体，主要成分为油酸、硬脂酸和棕榈酸的甘油三酯，可制作肥皂、硬脂酸、甘油、脂肪醇、脂肪胺、脂肪酸、润滑油等。羊油提取工艺大致分为：绞肉、输送、分料、蒸煮、油渣分离、过滤、熬炼毛油、精炼。精炼后的羊油颜色较浅，呈白色或微黄色[3]。传统的羊油加工大多采用熬煮、浸提法等传统方法，存在提取率低、油脂氧化严重等问题。比如，熬煮法通过高温使油脂渗漏，出油率低，且油脂易氧化，失去色泽；浸提法得到的羊油含水率高、易酸败、风味降低。酶解法是一种被广泛应用的新技术，通过酶破坏蛋白质和脂肪的结合，从而释放出油脂，具有出油率高、成本低、油脂质量好的特点。超声波通常被用作辅助提取方法，可提高油产量，具有广阔的发展应用前景。

尾脂在羊体脂中占比高，其中含有丰富的不饱和脂肪酸，具有很高的营养价值。羊尾脂是制作羊油皂的重要成分之一，以羊尾脂为原料生产羊油皂能够大幅度提升产品附加值。与普通肥皂相比，羊油皂容易分解，流入河流、湖泊、海洋后不会对水域生物造成威胁，也不

---

[1] 张德权，陈宵娜，张柏林，等. 方便羊杂工业化生产技术参数优化研究. 食品研究与开发, 2007, 28 (4): 112-116.

[2] 高敏，徐怀德. 羊杂煮制工艺研究. 农产品加工：下, 2018, (7): 33-35.

[3] 孙佳宁，张莉，朱明睿，等. 超声辅助酶解法提取羊油工艺优化. 中国油脂, 2021, 46 (9): 15-21.

会污染环境。其次，羊油皂中含有大量的甘油，具有保湿、滋润皮肤的作用[1]。

羊油也是牧区重要的食材。我国回族地区特有的羊油茶，不仅风味独特，在寒冷冬季食用还能保暖御寒，温润肠胃。制作方法为先将适量的羊油切碎熬化，再将面粉炒熟至淡黄色后搅入熬化的羊油中拌匀、待凝结成膏状后保存。食用时将其切成碎末倒入开水，调入盐、葱花、姜粉、花椒等辅料。羊油茶方便携带并且在短期内不易变质，可以随吃随切，食用方便[2]。蒙古族牧民喜爱羊油馓子。首先以面粉、植物油、白糖、白矾等为原料，揉好面剂后搓成长条状，然后在油锅中煎熟成馓子。散热变冷后，再往上面裹一层乳白色的羊油，黄白相间、色泽诱人，入口酥脆香甜。羊油馓子携带方便，可直接食用，是牧民待客的佳品[3]。

羊油也是常用的药材，内服强健体魄，外涂喉咙、颈根、耳根、耳池、鼻梁等部位可治风寒感冒、咳嗽。羊脂油炙淫羊藿可增强淫羊藿温肾助阳的作用[4]。硫黄具有"燥脓血、燥黄水、止痒、杀虫"的功能，因含有三氧化二砷，内服须炮制使用。羊脂油常被用于硫黄炮制，去砷率达90%以上[5]。中医上普遍认为羊油有补虚、润燥、祛风、化毒的作用，可用于治疗虚劳、消瘦、肌肤枯憔、久痢、丹毒、疮癣等症[6]。

此外由动植物油脂醇解而制成的生物柴油，可作为理想的石化柴油替代品。有研究报道以高凝点羊油和甲醇为原料制备出的羊油生物柴油，具有更好的低温流动性能[7]。

2.5.3 羊血

屠宰过程中会产生大量羊血，但我国羊血资源的利用效率较低。血液一旦凝固，就难以恢复原状，不利于深加工，因此多数企业选择将血液直接排放掉，这会造成资源浪费和环境污染。随着技术手段的进步，羊血的利用从传统的羊血肠、羊血豆腐等食品加工，逐渐转化为饲料血粉、功能性肽、血红素铁、凝血酶、血活素等产品生产[8]。目前，羊血主要利用在以下四个领域。

1. 药用方面 从羊血中分离的纤维蛋白是一种很好的止血材料；从血液中分离出的血清白蛋白可以用于处理外伤性伤口；从血液中分离的红细胞制成的片剂血红蛋白，可用于治疗缺铁性贫血等疾病。

2. 食用方面 新鲜的羊血除去纤维蛋白后形成脱纤维蛋白血液，制成抗凝血液后可用于各种香肠的加工；冷冻血浆是一种可食用的黏着剂，用于加工火腿、香肠等；血浆粉末是营养性添加剂，可应用于蛋糕、面包及各种点心的制作；血细胞含有天然血红素，可作为

---

[1] 苟梦星,王岚,赵雨欣,等. 羊油手工皂的制备及研究进展. 肉类工业, 2020, (8): 46-49.

[2] 江涌. 回族油茶. 农业考古, 1999, (2).

[3] 王文明. 蒙族牧民与羊油馓子. 中国食品, 2003, (24): 41.

[4] 李寅超,何永侠,孙曼,等. 比较以不同品质的羊脂油炙淫羊藿的温肾阳作用. 中国实验方剂学杂志, 2013, 19 (19): 197-202.

[5] 成日青,赵登亮,庞秀生,等. 羊脂油炮制蒙药硫黄的实验研究. 中华中医药学刊, 2007, 25 (11): 3.

[6] 库丽夏西,热依汗古丽. 羊尾油在哈萨克医药中的应用. 中国民族医药杂志, 2011, 17 (9): 87-88.

[7] 关媛,邬国英,林西平,等. 羊油生物柴油低温流动性能的改进. 中国油脂, 2009, (10): 54-57.

[8] 周成伟,李芮洋,李景敏,等. 羊血的开发和利用. 科技视界, 2019, (13): 81-82.

各种食品的着色剂。

3. 工业用方面 血浆成分和血细胞成分可用于开发黏合剂、消化剂、化妆品中的填充乳化剂和工业用的脱色剂。

4. 农业及饲料用方面 羊血中蛋白质含量丰富，可作为饲料添加剂或直接用作肥料。由羊血制成的冷冻血粉、干燥血粉、发酵血粉等产品广泛应用于饲料工业，有很高的经济价值。

2.5.4 羊骨

羊骨中富含大量磷酸钙、碳酸钙、骨胶原等，具有补肾、强筋的功效。羊骨中还含有许多对人体有益的营养物质，如胶原蛋白、软骨素、矿物质、维生素、骨胶。目前，羊骨被开发成多种食品用材料，如骨泥可用作肉产品加工的添加剂；骨提取液是一种天然的调味料；食用骨胶用作各种点心、果冻等的添加剂；食用骨粉可用于钙质强化食品的添加剂或原料[1]。

羊骨中的营养成分还可以制成表面活性剂，广泛应用于工业、医药、农业上，从而提高了羊骨的科研价值，增加了经济效益。骨胶可制成各种医药品的胶囊；骨中的有机物和无机成分也可制成易消化吸收的全骨复合体，用于预防和治疗因缺钙引起的代谢性疾病。工业用骨胶是彩色胶卷的起色剂，骨胶体可用于各种黏着剂、造纸、火柴、研磨纸及各种胶带[2]。骨油是肥皂及化妆用品等的原料，也是一种天然的润滑剂。骨肉混合骨粉、蒸煮骨粉、脱胶骨粉是饲料添加剂[3]。此外，羊骨还能加工成精美的手工艺品[4]。

2.5.5 头、蹄、尾

羊的头、蹄、尾是重要的食材。羊蹄含有丰富的胶原蛋白和黏多糖，具有美容养颜功能。常见的食用方法是炖煮与卤制，其特有的口味和咀嚼感深受消费者喜爱。羊蹄筋是羊的韧带，脱水后得到的制品称为干羊蹄筋，是青海地区回、汉族筵席常见的美食，营养价值高。数据显示，每100g羊蹄筋中，蛋白质含量为34.3%，其主要成分是胶原蛋白。此外，羊蹄筋还含有钙质，具有强筋壮骨的功效，可以促进青少年生长发育，也能缓解中老年妇女骨质疏松。此外，羊蹄筋中脂肪与胆固醇含量低，适合于高血压、高血脂人群食用。

2.6 羊产品安全

羊产品安全是指产品中不包含可能对人和环境有害的致病物质，有毒有害物质的残留量必须低于规定的食品安全和卫生标准限度。影响羊肉质量安全的因素包括疾病、化学残留、

---

[1] 刘玉德. 骨质营养食品的开发利用. 食品工业科技, 1999, (S1): 31-45.
[2] 刘玉花, 马俪珍, 孔保华, 等. 羊骨胶原螯合钙肽酶解工艺的研究. 肉类研究, 2008, (4): 25-29.
[3] 陈静怡, 肖厚荣, 张靖华, 等. 羊骨粉制备工艺优化分析. 科技创新与应用, 2015, (27): 20-22.
[4] 黄红卫, 邱燕期. 超细粉碎酶解鲜骨粉功能性调味料的研究. 食品科技, 2005, (9): 91-93.

加工危害、有害微生物、掺假等。由于世界范围内食源性疾病和疫情的显著增加，食品安全是食品工业、食品安全监管当局和消费者主要关注的问题之一。我国肉羊养殖存在着规模小、集约化程度低、饲养管理水平低、安全隐患多等问题。此外，兽药、激素、农药、重金属元素超标，也影响着我国羊肉的整体品质。

2.6.1 羊产品安全的影响因素及防治

一、羊产品的加工

在羊产品的加工中，可利用发酵技术减少有害菌群的滋生。例如，通过对乳酸、乙酸、甲酸、丙酸、乙醇和细菌素等代谢物的抑制达到保存食品的目的；通过抑制病原体或去除有毒化合物改善食品安全。近年来对发酵肉制品的研究证实，发酵肉制品中存在大量具有益生菌特性的微生物来源，保证了产品的卫生安全与质量。

盐作为食物防腐剂已经有几千年的历史。腌肉制品中不高于4.5%的NaCl含量有利于健康，但考虑到抑菌作用减弱，4.5%的NaCl的羊火腿并不利于长期保存。含盐量取决于生产技术，如西班牙羊肉火腿NaCl含量为7.96%，经腌制和风干处理后的干腌山羊腿NaCl含量为3.8%[1]。

二、羊的健康问题

在影响羊产品安全的众多因素中，健康问题是重要的因素。许多疾病可通过动物性食品传播给人类，直接威胁健康和生命。确保动物健康是肉羊养殖的基础。虽然羊大多数疾病不会对人类健康构成任何风险，但有些疾病是人畜共患的，具体见本书第11章。

三、羊的养殖管理

病害多发生于饲养环节，需要在此阶段着手预防，以下几点为预防病害的相关对策及建议。

1. 识别羊常见疾病的临床症状 应定期评估羊群的总体健康状况，包括生命体征、身体状况和皮毛健康等。绵、山羊的正常温度在38.6℃和39.7℃之间，呼吸频率为12~15次/min（取决于环境温度），心率70~80次/min。羊只应具有健康的被毛，皮毛和身体状况评分都是营养充足和整体健康的良好指标。不健康的迹象包括远离同伴、抑郁低迷、腹泻、进食不正常、磨牙及任何其他不正常行为。

2. 疾病预防策略 控制疾病的最基本方法是避免引入病原体，切断疾病的传播链。包括避免群体内动物直接接触、与野生或其他驯化动物的接触、空气传播、摄入污染的饲料或水等。羊场应该尽量保持封闭的饲养环境，发现传染性疾病后，使用至少30d的隔离方案。同时，限制进出也能减少病原体的潜在引入，应尽量减少进入场所的人和车辆数量，并严格实施卫生和消毒要求。其他预防或帮助减少疾病的手段包括设施卫生（特别是共用的运输拖车）、保持良好的通风、适当的放养、降低饲养密度、保证良好营养水平。

---

[1] Stojković S, Grabež V, Bjelanović M, et al. Production process and quality of two different dry-cured sheep hams from Western Balkan countries. LWT, 2015, 64（2）: 1217-1224.

3. 专业的兽医人才　规模化羊场兽医配制也非常重要。作为专业人士，兽医主要作用在于整个兽群的健康维护，包括日常健康检查、制定疫苗接种计划、选用兽药及制定治疗方案、协助繁殖管理、处理紧急情况、尸检等。

2.6.2　羊产品安全评定

随着我国羊肉质量安全在饲料、防疫、养殖、屠宰、分割、分类和运输等层面的标准和法规的逐步完善，严格监管、增强处罚力度可有效减少羊肉安全隐患，提高羊肉品质。现行的《鲜、冻胴体羊肉》(GB/T 9961—2008)标准中，羊肉安全评定的指标主要包括理化指标、微生物、污染物和农药和兽药残留情况。

一、理化指标

《鲜、冻胴体羊肉》(GB/T 9961—2008)标准中理化指标要求如表2-5所示。

表2-5　鲜、冻胴体羊肉的理化指标要求

项目	指标
水分/%	≤78
挥发性盐基氮/(mg/100g)	≤15
总汞（以Hg计）	不得检出
无机砷/(mg/kg)	≤0.05
镉（Cd）/(mg/kg)	≤0.1
铅（Pb）/(mg/kg)	≤0.2
铬（以Gr计）/(mg/kg)	≤0.1
亚硝酸盐（以NaO_2计）/(mg/kg)	≤3
敌敌畏/(mg/kg)	≤0.05
六六六（再残留限量）/(mg/kg)	≤0.2
滴滴涕（再残留限量）/(mg/kg)	≤0.2
青霉素/(mg/kg)	≤0.05
磺胺类（以磺胺类总量计）/(mg/kg)	≤0.10
氯霉素	不得检出
克伦特罗	不得检出
己烯雌酚	不得检出

二、微生物指标

市场上售卖的鲜、冻羊肉必须满足以下微生物指标，如表2-6所示。其中，菌落总数和大肠菌群都有相应检出范围，致病菌则不得检出。

表2-6 鲜、冻胴体羊肉的微生物指标要求

项目	指标
菌落总数/[菌落形成单位（CFU）/g]	≤5×10^5
大肠菌群/[最大可能数（MPN）/100g]	≤1×10^3
致病菌 沙门氏菌	不得检出
致病菌 志贺氏菌	不得检出
致病菌 金黄色葡萄球菌	不得检出
致病菌 致泻大肠杆菌	不得检出

三、有害物质残留限量

（1）《食品安全国家标准 食品中污染物限量》（GB 2762—2017）中所规定的污染物是指食品从生产（包括农作物种植、动物饲养和兽医用药）直至食用等过程中产生的或由环境污染带入的、非有意加入的，除农药残留、兽药残留、生物毒素和放射性物质以外的污染物。

羊肉相关产品中污染物主要分为两类：①重金属类，包括铅（Pb）、汞（Hg）、铬（Cr）、砷（As）等；②致癌物类，包括亚硝酸盐、苯并芘、N-二甲基亚硝胺等，具体要求可参照《食品安全国家标准 食品中污染物限量》（GB 2762—2017）。

（2）根据《食品安全国家标准 食品中农药最大残留限量》（GB 2763—2021）的规定，农药在羊肉和羊内脏中的最大残留限量及相关信息如表2-7所示。

表2-7 羊肉、内脏中农药残留检测标准

试剂名称	残留物名称	食品类别/名称	最大残留限量/(mg/kg)
艾氏剂（aldrin）	艾氏剂	羊肉	0.2（以脂肪计）
滴滴涕（DDT）	p, p'-滴滴涕、o, p'-滴滴涕、p, p'-滴滴伊和p, p'-滴滴滴之和	羊肉及其制品	脂肪含量10%以下 0.2（以原样计）；脂肪含量10%及以上 2（以脂肪计）
狄氏剂（dieldrin）	狄氏剂	羊肉	0.2（以脂肪计）
六六六（HCH）	α-六六六、β-六六六、γ-六六六和δ-六六六之和	羊肉	脂肪含量10%以下 0.1（以原样计）；脂肪含量10%及以上 1（以脂肪计）
林丹（lindane）	林丹	羊肉	脂肪含量10%以下 0.1（以原样计）；脂肪含量10%及以上 1（以脂肪计）；可食用内脏 0.01
七氯（heptachlor）	七氯与环氧七氯之和	羊肉	0.2
异狄氏剂（endrin）	异狄氏剂与异狄氏剂醛、酮之和	羊肉	0.1（以脂肪计）
硫丹（endosulfan）	α-硫丹和β-硫丹及硫丹硫酸酯之和	肝脏	0.1
		肾脏	0.03

测定部位说明：羊肉和可食用内脏的测定部位均为：肉（去除骨），包括脂肪含量小于10%的脂肪组织。

此外，根据《兽药管理条例》《饲料和饲料添加剂管理条例》有关规定，按照《遏制细菌耐药国家行动计划（2016—2020年）》和《全国遏制动物源细菌耐药行动计划（2017—2020年）》部署，自2020年1月1日起，退出除中药外的所有促生长类药物饲料添加剂品种，兽药生产企业停止生产、进口兽药代理商停止进口相应兽药产品，注销相应的兽药产品批准文号和进口兽药注册证书。

2.6.3 羊肉安全生产建议

羊肉食品安全需生产者、加工商、分销商和消费者共同维护。环境和动物本身是病原体的主要来源，需要重点监控[1]。

一、产地环境监控

应执行相应的畜禽场环境质量标准、畜禽饮用水水质标准、畜禽养殖业污染排放标准。水质应符合相关规定要求，注意饮水清洁。

二、加强羊肉食品生产监管

食品安全控制先决条件是确保食品生产、处理环境有利于食品安全生产而应遵循的程序。包括环境、日粮和水、人员、设备、虫害控制、清洁、供应商和运输控制等因素的管理。近年来，动物饲料安全问题备受关注。例如，疯牛病的出现导致了动物饲料中肉类和骨粉的消失；饲料中沙门氏菌和大肠杆菌等病原体的污染问题；劣质青贮饲料带来的食品安全风险。防止饲料引起食品安全问题的指导方针包括：①从具有良好声誉的供应商处购买饲料；②根据生产商的建议使用饲料；③使用适当的饲料储存设施；④生产高质量的青贮饲料等；⑤加强饲料添加剂监管，如禁止使用抗生素、麻醉药、镇痛药、神经中枢兴奋药等。

三、饲养条件监管

合理的饲养条件对食品安全至关重要，应遵守：①"全进全出"、严格分群饲养、饲养密度要适宜；②按时打扫羊舍，保持料槽、水槽干净，母羊分娩后必须进行清洁和消毒。使用垫草时，应定期更换，保持卫生清洁；③选择高效、安全的抗寄生虫药，定期对羊只进行驱虫、药浴；④应经常观察羊群健康状态，发现异常及时处理。部分鸟类、昆虫、蜱蚊也能传播病原体，应适当采取防鸟防虫措施。此外，洗涤剂、消毒剂和农用化学品可能在羊产品中造成残留，应远离羊群保存。在食品接触区（与奶直接接触的设备，如奶罐、管道和大罐）应使用食品级洗涤剂、消毒剂，并在使用后用水彻底漂洗。

四、健全疫病保障体系

应当建设统一化、标准化、规范化的兽医站。建立牲畜免疫档案和免疫记录，实施防、检、驱程序，使免疫接种密度达到100%。

---

[1] 孔艳丽，邱金玲，王乐，等. 吐鲁番地区羊肉安全生产实施措施. 新疆畜牧业, 2007, (4): 10-11.

五、妥善处理粪便

粪便是特殊资源，但如果不妥善管理，将造成环境危害、个人安全和健康危害（危险气体）、病原体危害（食品安全）。因此，必须注意粪便的清洁和后期利用。

六、健全引种管理

应倡导自繁自育原则。引进种羊时，引入后应至少隔离30d，在兽医人员观察、检疫、确认健康后方可合群饲养，并对引进种羊进行登记、建档，保存检疫合格证和产地检疫证。

七、规范产地认定

应对产地土壤、空气、水、饲料、规章制度、化验室、兽药、免疫档案等进行全面检查，积极在全国各地建立起无公害羊产地，创建羊肉产品质量安全追溯机制。并完成商标注册和产品认证工作。

八、保证生物安全

良好的生物保安措施包括：培训员工，确保他们执行良好的卫生标准（如洗手、消毒程序、穿戴防护服等），以减少或消除食品安全危害。在高风险集约化养殖作业的情况下，建议使用消毒足浴、淋浴，并建议工作人员避开其他畜群。限制外来人员进入厂区，确保有足够的害虫和禽鸟控制手段，车辆进入厂区前应进行严格消毒，厂区边界围栏应妥善保养。

九、创建羊肉产业链安全管理体系

汲取发达国家食品安全管理的成熟经验，积极创建食品安全管理新模式、新体系[1]。在明确具体的监督主体过程中，要权限清晰，确保各司其职，避免业务重叠、监管职责交叉。建立科学的防疫机制，扩大投资力度，提高偏远地区乡镇畜牧兽医站的标准和专业化程度，促使动物防疫工作能有效推进与落实。

复习思考题

1. 试述绵羊的皮肤构造与羊毛品质的关系。
2. 简述羊毛的发生和发育进程及其影响因素。
3. 试述羊毛的形态学特征和组织学构造。
4. 试述羊毛鳞片的类型及其作用。
5. 试述羊毛油汗的组成及其对被毛的作用。
6. 简述羊毛纤维类型划分的依据及各类型羊毛纤维的特点。
7. 简述羊毛种类及其各类羊毛的特点。
8. 试述肉羊产肉力的测定内容和注意要点。

---

[1] 王铁男. 解析羊肉产业链安全发展模式. 食品安全导刊, 2021,（15）: 47-48.

9. 简述羊肉品质的主要评定项目及其内涵。
10. 简述羊肉安全质量检测的内容及其方法。
11. 简述羊奶的营养价值及其除去膻味的方法。
12. 简述防止新鲜羊奶污染的措施。
13. 什么是羔皮、裘皮和板皮？简述影响羔皮、裘皮和板皮品质的因素。
14. 试述国内外生产的几种著名羔、裘皮特点。
15. 试述羊肠衣的收购、加工和储存方法。
16. 试述从原肠到羊肠衣成品的加工工序。

第3章 山羊的特性和重要品种

中国山羊饲养历史悠久，夏商时代就有相关文字记载。山羊品种和遗传资源十分丰富。本章主要讲述山羊的行为特性、品种分类方法，代表性品种的特点和生产性能。重点是山羊的生物学特性及品种分类方法；难点是代表性品种的特点和生产性能。

3.1 山羊的特性和品种分类

山羊在社会文明和经济发展中有着重要作用，不仅为人类提供肉、奶、皮和毛等生活资料，还作为祭祀品在文化和宗教信仰中扮演重要角色[1]。山羊分布广泛，分布地域仅次于犬[2]。凡是饲养家畜的地方均有山羊，而其他家畜难以适应的地区山羊仍能正常生存和繁殖。

中国山羊饲养历史悠久，一千多年前我国南方就以饲养山羊为主，后逐步发展为规模化养殖。全世界官方记录的山羊品种现有200多个，而据国家畜禽遗传资源委员会办公室公布的《国家畜禽遗传资源品种名录（2021年版）》显示，我国保有的山羊品种就有78个，其中地方品种60个、培育品种12个、引入品种6个。近些年来由于生态环境保护的需要，我国山羊养殖业进入了新的舍饲养殖时期。新时期的饲养思路既要保护生态环境，又维持山羊产业可持续发展。

3.1.1 山羊的行为特性

掌握山羊的行为特性，有助于人们在养殖过程中采取正确的饲养管理措施，提高生产效益。山羊喜欢群居、好斗、敏感、警惕性强、适应性好、嗅觉灵敏、爱干净、喜干燥厌潮湿。总体而言，可归纳为好动爱斗、食性多样、合群性强、多羔性好和喜洁性5个特点。

1. **好动爱斗** 山羊勇敢活泼、敏捷机智、喜欢攀高、善于游走、爱角斗。
2. **食性多样** 山羊的觅食力强、食性杂，可采食各种牧草、灌木枝叶、作物秸秆、菜叶、果皮、藤蔓和农副产品等。
3. **合群性强** 山羊具有较强的合群性，无论放牧还是舍饲，都喜欢在一起活动。群体内等级分明，其中年龄大、身强体壮的羊担任"头羊"的角色。在头羊带领下，其他个体

---

[1] 郑竹清. 世界山羊群体遗传结构及其野生近缘种基因渗入研究. 杨凌：西北农林科技大学，2019.
[2] 孙金梅. 山羊的起源和进化. 中国养羊，1997，（1）：7-9.

能顺从地跟随放牧、出入、起卧。合群性强给山羊饲养提供了便利。

4. 多羔性好 山羊性成熟早、繁殖力强，具有多胎多产的特点。大多数品种的山羊每胎可产羔2～3只，产羔率200%以上。山羊繁殖效率远高于绵羊，为自繁自养和发展规模养殖创造了条件。

5. 喜洁性 山羊喜清洁、爱干燥，厌恶污浊、潮湿，其嗅觉发达，采食前总是先用鼻子嗅一嗅。凡是有异味、沾有粪便或腐败的饲料，被污染的饮水或被践踏过的草料，山羊宁愿受渴挨饿也不采食。

近年来，为了快速并精准地判定山羊行为，研究人员引入了机器视觉技术、视频或图像处理技术、声学探测等行为特征识别技术，极大提高了对山羊日常行为特征的识别能力。

3.1.2 山羊的品种分类

我国山羊品种资源十分丰富，目前有地方品种60个，培育品种及配套系12个，引入品种及配套系6个（表3-1）。按照生产方向和产品可将山羊分为以下5类。

（1）肉用山羊：如南江黄羊、简州大耳羊、云上黑山羊、波尔山羊、黄淮山羊、马头山羊、宜昌白山羊。

（2）绒（毛）用山羊：如辽宁绒山羊、内蒙古绒山羊、河西绒山羊、陕北白绒山羊、柴达木绒山羊、罕山白绒山羊、乌珠穆沁白绒山羊、安哥拉山羊。

（3）羔（裘）皮山羊：如济宁青山羊（羔皮）、中卫山羊（裘皮）。

（4）奶用山羊：如萨能奶山羊、努比亚山羊、关中奶山羊、崂山奶山羊、延边奶山羊。

（5）普通山羊：如西藏山羊、新疆山羊、太行山羊、建昌黑山羊、陕南白山羊、成都麻羊、板角山羊、贵州白山羊、福清山羊、隆林山羊、雷州山羊、长江三角洲白山羊等。

表3-1 山羊品种[1]

地方品种	1. 白玉黑山羊；2. 板角山羊；3. 北川白山羊；4. 柴达木山羊；5. 成都麻羊；6. 承德无角山羊；7. 川东白山羊；8. 川南黑山羊；9. 川中黑山羊；10. 大足黑山羊；11. 戴云山羊；12. 都安山羊；13. 凤庆无角黑山羊；14. 伏牛白山羊；15. 福清山羊；16. 赣西山羊；17. 古蔺马羊；18. 广丰山羊；19. 圭山山羊；20. 贵州白山羊；21. 贵州黑山羊；22. 河西绒山羊；23. 黄淮山羊；24. 济宁青山羊；25. 建昌黑山羊；26. 莱芜黑山羊；27. 雷州山羊；28. 辽宁绒山羊；29. 龙陵黄山羊；30. 隆林山羊；31. 鲁北白山羊；32. 罗平黄山羊；33. 吕梁黑山羊；34. 麻城黑山羊；35. 马关无角山羊；36. 马头山羊；37. 美姑山羊；38. 弥勒红骨山羊；39. 闽东山羊；40. 内蒙古绒山羊；41. 宁蒗黑头山羊；42. 黔北麻羊；43. 陕南白山羊；44. 太行山羊；45. 乌珠穆沁白绒山羊；46. 西藏山羊；47. 湘东黑山羊；48. 新疆山羊；49. 牙山黑山羊；50. 尧山白山羊；51. 沂蒙黑山羊；52. 宜昌白山羊；53. 酉州乌羊；54. 渝东黑山羊；55. 云岭山羊；56. 长江三角洲白山羊；57. 昭通山羊；58. 中卫山羊；59. 子午岭黑山羊；60. 威信白山羊
培育品种及配套系	1. 陕北白绒山羊；2. 关中奶山羊；3. 崂山奶山羊；4. 南江黄羊；5. 雅安奶山羊；6. 罕山白绒山羊；7. 文登奶山羊；8. 柴达木绒山羊；9. 晋岚绒山羊；10. 云上黑山羊；11. 简州大耳羊；12. 疆南绒山羊
引入品种及配套系	1. 萨能奶山羊；2. 安哥拉山羊；3. 波尔山羊；4. 努比亚山羊；5. 阿尔卑斯奶山羊；6. 吐根堡奶山羊

---

[1] 中华人民共和国农业农村部. 关于公布《国家畜禽遗传资源品种名录（2021年版）》的通知：畜资委办〔2021〕1号. 2021-1-13.

3.2 肉用山羊

3.2.1 南江黄羊

1. 产地与分布 南江黄羊主要分布在四川省南江县及毗邻地区。

2. 体型外貌 大多有角、头型较大、耳长大、部分羊耳微垂、颈较粗；体格高大、背腰平直、后躯丰满、体躯近似圆筒、四肢粗壮；被毛呈黄褐色、毛短而紧贴皮肤、富有光泽、面部多呈黑色、鼻梁两侧有浅黄色条纹。公羊脊背从头顶至尾根有一条宽窄不等的黑色毛带，前胸、颈、肩和四肢上端覆有黑而长的粗毛。

3. 生产性能 体格大、生长发育快、四季发情、繁殖率高、泌乳力好、抗病力强、耐粗放、适应能力强、产肉力高及板皮质量好。

3.2.2 简州大耳羊

1. 产地与分布 简州大耳羊主产于四川简阳市，在雁江区、乐至县等地亦有分布。

2. 体型外貌 被毛为黄褐色，腹部及四肢有少量黑色，部分个体沿背脊至十字部有一条宽窄不等的黑色毛带；头中等大，耳长18~23cm且下垂；公羊角粗大，向后弯曲并向两侧扭转，部分个体有肉垂，体态雄壮结实、体躯呈长方形、颈长短适中、背腰平直、四肢粗壮、睾丸发育良好；母羊角小呈镰刀状、鼻梁微拱、体形清秀、乳房发育良好。

3. 生产性能 6月龄公羊平均体重为30.74kg，母羊为24.62kg；周岁公羊平均体重为48.55kg，母羊为37.24kg；成年公羊平均体重为73.92kg，母羊为50.26kg。在舍饲条件下，6月龄、12月龄阉羊屠宰率均值分别为48.53%和50.03%，胴体净肉率均值分别为76.38%和78.87%。母羊常年发情，1年2产或2年3产，初产产羔率均值为153.51%，经产为242.41%，羔羊断奶成活率约96.99%。

3.2.3 云上黑山羊

1. 产地与分布 云上黑山羊在云南全省均有分布，以昆明市、红河州、曲靖市、楚雄州、大理州、普洱市和丽江市较多。主产于滇中寻甸县、弥勒市、沾益区、石林县、双柏县和大姚县。

2. 体型外貌 全身被毛黑色、毛短而富有光泽、体质结实、体躯大；头大小适中、两耳长、宽而下垂、鼻梁稍隆起、公、母羊均有倒"八"字形角；颈长短适中、胸部宽深、背腰平直、腹大而紧凑，公羊胸颈部有明显皱褶；臀股部肌肉丰满、四肢粗壮、肢势端正、蹄质坚实；公羊睾丸大小适中、对称，母羊乳房发育良好、乳头对称。

3. 生产性能 周岁公羊和母羊的平均体重分别达到53.17kg、41.47kg，成年公羊和母羊平均体重分别为75.79kg、56.49kg；公羊性成熟期4~5月龄，初配年龄为12月龄。母羊初情期4~5月龄，初配年龄约10月龄；妊娠天数平均为148.90d，初产产羔率181.73%，经产为235.68%，母羊的使用年限约6~7年。

3.2.4 波尔山羊

1. 产地与分布　波尔山羊原产于南非共和国,现已分布到非洲其他国家、德国、加拿大、澳大利亚、新西兰及亚洲各国。

2. 培育历史　起源尚不清楚,可能来自南非霍屯督人和班图人饲养的本地山羊,培育期间可能加入了印度山羊、安哥拉山羊和欧洲奶山羊的血缘。南非波尔山羊大致可分为普通、长毛、无角、土种和改良5个类型,各国引进的主要是改良型波尔山羊。

3. 体型外貌　头大额宽、鼻梁隆起、嘴阔、唇厚、颌骨结合良好、眼睛棕色、耳宽长下垂,角坚实而向后上弯曲;颈粗壮、长度适中、肩肥宽、颈肩结合好、胸平阔丰满、鬐甲高平;体躯呈圆桶状,体长、高比例合适、肋骨开张良好、腹圆大而紧凑、背腰平直、后躯发达、尻宽长而不斜、四肢粗壮;被毛短有光泽,头部为褐色,颈部以后为白色;全身皮肤松软,弹性好,胸部和颈部有皱褶。

4. 生产性能　羔羊初生重3～4kg,断奶前日增重可达200g以上,6月龄体重可达30kg,成年公、母羊体重分别为90～130kg与60～90kg;8～10月龄屠宰率均值为48%,周岁、2岁和3岁时屠宰率均值分别为50%、52%和54%;5～6月龄时性成熟,公羊在周岁后用于配种,母羊初配时间为8～10月龄,平均产羔率为160%～200%。

5. 推广利用　该品种已被世界上许多国家引进,用于改良当地山羊,提高其产肉性能。各地的杂交组合均表现出明显的改良效果。因此,该品种被推荐为肉山羊商品生产的终端父系品种。我国波尔山羊自1995年首次引进以来,发展迅速,已遍及全国各地,对国内肉山羊业的发展起到了积极的推动作用。

3.2.5 黄淮山羊

1. 产地与分布　黄淮山羊中心产区位于淮河以北的黄淮冲积平原,包括河南省沈丘、淮阳、项城、郸城等地和安徽省阜阳等地。

2. 体型外貌　分无角和有角两种类型。无角型羊颈长、腿长、身躯长;有角型羊颈短、腿短、体躯短;体躯均呈圆桶形,面部微凹、有髯、额宽、鼻直;90%个体的被毛为纯白,其余为黑色、青色、棕色和花色。

3. 生产性能　成年公、母羊体重分别为35kg和26kg;羔羊屠宰率49.8%,净肉率40.5%;板皮质地致密、韧性大、强度高、分层性能好质量好,是优良的制革原料,在秋、冬季节宰杀为最好;品种繁殖力高,3～4月龄性成熟,6月龄后配种,全年发情,1年2胎或2年3胎,产羔率约239%。

3.2.6 宜昌白山羊

1. 产地与分布　宜昌白山羊分布于湖北省宜昌、恩施两地区的17个县市,主产区为宜昌长阳县,属皮肉兼用型。其肉质细嫩,味道鲜美,营养丰富。

2. 体型外貌　有角、背腰平直、后躯丰满、四肢强健、行动敏捷、善于攀登;被毛为白色,公羊毛长,母羊毛短。

3. 生产性能 成年公、母羊平均体重分别为35.7kg和27kg，周岁羊屠宰率约为47.41%，2～3岁屠宰率约为56.39%；性成熟较早、繁殖性能好、四季发情，平均产羔率172.7%；板皮厚薄均匀、纤维细致、质地坚韧、柔软、弹性好、拉力强。

3.2.7 马头山羊

1. 产地与分布 马头山羊产区在湖北省的十堰市、丹江口市和湖南省常德市、怀化市，以及湘西土家族苗族自治州各县。

2. 体型外貌 头大小适中、无角、两耳向前略下垂，颌下有髯；成年公羊颈较短粗，母羊颈较细长，头、颈、肩结合良好；体躯呈长方形、前胸发达、背腰平直、后躯发育好、尻略斜、四肢端正、蹄质坚实；毛短、有光泽，以白色为主，黑色、麻色及杂色次之，额、颈部有长粗毛，冬季生有少量绒毛。

3. 生产性能 成年公、母羊平均体重分别为43.81kg和33.70kg，羯羊为47.44kg。全年放牧情况下，周岁公、母羊屠宰率分别为54.69%和50.01%；性成熟早，公、母羊性成熟年龄分别为4～6月龄和3～5月龄，10月龄配种；初产多单羔、经产多双羔，1年2胎或2年3胎，产羔率为191.94%～200.33%。

3.3 绒（毛）用山羊

我国绒用山羊代表性品种有辽宁绒山羊、内蒙古绒山羊、河西绒山羊、陕北白绒山羊、柴达木绒山羊、罕山白绒山羊等。

3.3.1 辽宁绒山羊

1. 产地与分布 辽宁绒山羊是中国优秀的绒山羊品种。原产于辽东半岛步云山周围各县。1976年以来，曾先后引入陕西、甘肃、新疆、内蒙古、山西和河北等10多个省（自治区），改良提高了本地山羊产绒量。

2. 体型外貌 公、母羊均有髯、角；公羊角粗大，向两侧螺旋式伸展，母羊角向后上方捻曲伸出；体躯匀称、体质结实、体格大；全白色被毛光泽好，外层为粗毛，内层绒毛。

3. 生产性能 据原种场测定，成年公羊平均产绒量为1454.5g，母羊为671.6g；成年公羊绒毛平均长度为6.8cm，母羊6.3cm；绒毛平均细度为16.5μm，净绒率达70%以上；羔羊5月龄性成熟，1岁初配，产羔率110%～120%。

3.3.2 内蒙古绒山羊

1. 产地与分布 内蒙古绒山羊主要分布在内蒙古自治区中西部地区。分布于二狼山地区、阿尔巴斯地区和阿拉善左旗地区。

2. 体型外貌 体质结实，公、母羊均有角，公羊角粗大，向上向后外延伸，母羊角相对较小。体躯深长，背腰平直，整体似长方形。全身被毛纯白，外层为粗毛，内层为绒毛。

3. 生产性能　　成年公羊体重45～52kg，成年母羊30～45kg，外层为光泽良好的粗毛，毛长12～20cm，细度88.3～88.8μm；内层绒毛长5.0～6.5cm，细度12.1～15.1μm。成年公羊产绒量400～600g，成年母羊350～450g，净绒率72%。产羔率100%～105%。

3.3.3　河西绒山羊

1. 产地与分布　　河西绒山羊是经本地品种选育而成的地方绒山羊品种。主要分布在甘肃省酒泉、张掖和威武3个地区，主产区为肃北蒙古族自治县和肃南裕固族自治县。

2. 体型外貌　　该品种体质结实、体格较小、有角、体形方正形。被毛有白色、黑色、棕色及杂色等，纯白羊只约占60%。

3. 生产性能　　成年公羊平均体重38.51kg、平均产绒量323.5g；成年母羊平均体重26.03kg，平均产绒量279.9g；绒毛长度4～5cm，细度14～16μm，净绒率56%；肉品质较好，肉质细嫩，屠宰率为43.6%～44.3%；6月龄性成熟，繁殖力较低，多产单羔。

3.3.4　陕北白绒山羊

1. 产地与分布　　陕北白绒山羊产区主要分布于陕西省榆阳、横山、靖边、神木、府谷、佳县、绥德、甘泉、宝塔、延长、安塞、子长等地区。

2. 体型外貌　　体格中等、头轻、额顶有长毛、颔下有髯；公羊角粗大，呈螺旋式向上两侧伸展，母羊角细小，由上向后外侧伸展；颈宽厚、胸深背直、四肢端正、蹄质坚实、尾短上翘；被毛白色、毛绒混生，外层着生长而稀的发毛和两型毛，内层着生密集绒毛。

3. 生产性能　　成年公羊平均体重为41.2kg，母羊为28.7kg；成年公、母羊平均产绒量分别为723g和430g，成年公、母羊绒纤维平均长度为6.1cm和4.96cm，绒纤维直径13.19～14.56μm；7～8月龄达到性成熟，平均产羔率105.8%；1.5岁羯羊屠宰率约为45.6%，净肉率31.2%。

3.3.5　柴达木绒山羊

1. 产地与分布　　柴达木绒山羊主要分布在青海西北部和青藏高原北部的柴达木盆地。

2. 体型外貌　　面部清秀，鼻梁微凹；公羊角粗大且向两侧螺旋状伸展，母羊角细小并向上方扭曲伸展；体质结实紧凑、侧视呈长方形、后躯稍高、四肢端正有力；被毛纯白、呈松散的毛股结构，外层有髓毛较长、光泽好。

3. 生产性能　　成年公、母羊平均体重分别为35.86kg和27.16kg；成年羊体侧绒毛自然长度在6cm以上，净绒率62%以上。成年公、母羊平均产绒量分别为487g和397g，平均羊绒细度分别为14.16μm和14.49μm；抗御高寒的能力和放牧抓膘能力强，秋季满膘时屠宰率在44%以上；产羔率约为105%。

3.3.6　罕山白绒山羊

1. 产地与分布　　罕山白绒山羊主产区在内蒙古赤峰的巴林右旗，主要分布在大兴安岭南段罕山脚下的通辽和赤峰的6个县旗。

2. 体型外貌 面部清秀、眼大有神，耳向两侧伸展或半垂，额前覆一束长毛，有下颌须；有板角，公羊扁螺旋形大角向后上方扭曲伸展，母羊角细长；姿势雄健、背腰平直、四肢强健、行动敏捷、善登山远牧；全身绒毛纯白，分内外两层，外层为长粗毛、光泽好，内层为细绒毛，蹄夹有长毛。

3. 生产性能 成年公、母羊平均体重分别为60kg和45kg，放牧条件下成年羯羊屠宰率约为46%；成年公、母羊平均产绒量分别为753.7g与500.4g，育成公、母羊分别为490.7g和447.4g；成年公、母羊平均绒长分别为6.0cm和5.5cm，育成公、母羊则分别为5.4cm和5.2cm；绒毛比约为54∶46，净绒率为65%以上，羊绒细度13~16μm；产羔率为103%~109%。

3.3.7 乌珠穆沁白绒山羊

1. 产地与分布 乌珠穆沁白绒山羊主要分布于内蒙古锡林郭勒盟的东乌珠穆沁旗、西乌珠穆沁旗、阿巴嘎旗和锡林浩特市。

2. 体型外貌 体格高大、体质结实、胸宽而深、背腰平直、后躯稍高；体长略大于体高，近似长方形；公羊有角，母羊部分无角；被毛全白，光泽好。

3. 生产性能 成年公、母羊平均体重分别为55kg和45kg，育成公、母羊则分别为40kg和35kg；成年公、母羊平均产绒量分别为400g和350g，育成公、母羊分别为350g和300g；绒纤维直径13~16μm，净绒率60%以上；产羔率114.8%。

3.3.8 安哥拉山羊

1. 产地与分布 安哥拉山羊起源于土耳其安纳托利亚高原，是生产优质马海毛的培育品种。现主要分布在土耳其、美国、南非、阿根廷、俄罗斯、澳大利亚和亚洲各国。

2. 体型外貌 公、母羊均有角、全身白色、体格中等；被毛由波浪形或螺旋状的毛辫组成；所产马海毛有丝样光泽，手感滑爽柔软。

3. 生产性能 成年公、母羊平均体重分别为51kg和33kg；羊毛平均长度19.55cm，剪毛量3.6kg；产羔率100%~110%。

3.4 羔（裘）皮山羊

我国羔皮山羊的代表性品种有济宁青山羊和中卫山羊。

3.4.1 济宁青山羊

1. 产地与分布 济宁青山羊产于山东西南部，主要分布在菏泽、济宁地区。

2. 体型外貌 公、母羊均有角和髯，公羊角粗长、母羊角短细；公羊颈粗短，前胸发达，前高后低，母羊颈细长，后躯较宽深；四肢结实，尾小上翘；被毛分为正青、铁青和粉青三色，以正青居多，年龄越大毛色越深；该品种另一个突出的特征是"四青一黑"，即被毛、嘴唇、角、蹄为青色，前膝为黑色。

3. 生产性能　　济宁青山羊是一个以多胎高产和生产优质猾子皮著称于世的小型山羊品种。成年公、母羊平均体重分别为30kg和26kg；3～4月龄性成熟，可全年发情配种，产羔率290%；产后1～2d屠宰所产的羔皮毛色光润，有美丽的波浪状花纹，不能人工染制，是制造翻毛外衣、皮帽和皮领的首选原料。

3.4.2　中卫山羊

1. 产地与分布　　中卫山羊又称中卫裘皮山羊或沙毛皮山羊。主产于宁夏回族自治区中卫市，分布于宁夏同心、中宁和海原等县及毗邻的甘肃省景泰、靖远县。

2. 体型外貌　　有角，公羊角大半呈螺旋形，母羊角小成镰刀状；头部清秀、鼻梁平直、体短而深、四肢端正、蹄质结实；被毛为纯白色（偶见黑色），外层由粗毛和两型毛组成，内层为绒毛，颈部丛生有弯曲的长毛。所产沙毛皮花案清晰，呈丝样光泽。

3. 生产性能　　成年公、母羊体重分别为30～40kg和25～35kg，成年羯羊屠宰率44.3%；7月龄母羊即可配种，多产单羔，产羔率约103%；35日龄山羊羔的毛股长约7cm，宰杀剥制的沙毛皮自然面积超过120cm^2，皮板致密结实、花案清晰、毛股紧实和弯曲明显。

3.5　奶用山羊

我国奶用山羊的代表性品种有萨能奶山羊、努比亚山羊、关中奶山羊和崂山奶山羊等。

拓展阅读 3-4

3.5.1　萨能奶山羊

1. 产地与分布　　萨能奶山羊原产于瑞士泊尔尼州西南部的萨能地区，我国从1904年开始先后从德国、英国及苏联引入。

2. 体型外貌　　公羊颈粗壮、母羊颈细长，大多个体无角有须，有些颈部有肉垂，耳长直立；胸部宽深、背腰长平直、后躯发达、四肢结实，呈明显楔状体型；被毛白色或淡黄色。

3. 生产性能　　成年公、母羊平均体重分别为75～100kg和50～65kg；母羊泌乳期8～10个月，年均产奶量600～1200kg，乳脂率3.2%～3.8%，产羔率160%～220%。

4. 推广利用　　20世纪80年代，陕西、四川、甘肃、辽宁、福建、安徽和黑龙江等省从国外引入了大量萨能奶山羊，用于关中奶山羊、崂山奶山羊等新品种的育成，对我国奶山羊产业促进作用巨大。

3.5.2　努比亚山羊

1. 产地与分布　　努比亚山羊原产于非洲东北部的努比亚地区及埃及、埃塞俄比亚和阿尔及利亚等国。在英国、美国、印度、东欧及南非也有分布。我国曾在1939年引入，饲养于四川省成都等地。

2. 体型外貌 羊头短小、鼻梁隆起、耳宽大下垂、颈长躯干短、尻短而斜、四肢细长；公、母羊多无须无角，个别公羊有螺旋形角；被毛细短有光泽，有暗红、棕、乳白、灰、黑及各种杂色；母羊乳房发达、多呈球形、基部宽广、乳头稍偏两侧。

3. 生产性能 成年公、母羊平均体重分别为70～80kg和40～50kg；泌乳期仅有5～6个月，盛产期日产奶2～3kg，高产者可达4kg以上；乳脂含量高达4%～7%，鲜奶风味好；繁殖力强，一年可产2胎，每胎2～3羔。

4. 推广利用 20世纪80年代以来，广西壮族自治区、四川省简阳市、湖北省房县等先后从英国和澳大利亚等国引入努比亚山羊，用于改良当地山羊。

3.5.3 关中奶山羊

1. 产地与分布 关中奶山羊原产于陕西的关中盆地，现主要分布在富平、蒲城、泾阳、三原、扶风、千阳、宝鸡、渭南、临潼、蓝田等地。

2. 体型外貌 具有头、颈、躯干、四肢长的"四长"特征。公羊头大、额宽、眼大耳长、鼻直嘴齐、颈粗、胸部宽深、背腰平直、外形雄伟、尻部宽长、腹部紧凑；母羊乳房大且多呈圆形，质地柔软，乳头大小适中；公、母羊四肢结实，肢势端正，蹄质呈蜡黄色；毛短色白，皮肤粉红，部分个体耳、鼻、唇及乳房有大小不等的黑斑。

3. 生产性能 成年公羊体重65kg以上，成年母羊体重45kg以上；一胎产羔率平均130%，二胎以上产羔率平均174%；优良个体平均产奶量一胎450kg、二胎520kg、三胎600kg，高产个体甚至可达700kg以上，乳脂率约3.8%。

3.5.4 崂山奶山羊

1. 产地与分布 崂山奶山羊主要分布在山东东部、胶东半岛及鲁中南等地区。

2. 体型外貌 多无角、头长额宽、鼻直、眼大、嘴齐、耳薄；公羊颈粗短、母羊颈细长、胸部宽广、肋骨开张良好、背腰平直、尻略向下斜；毛细短纯白，皮肤呈粉红色，头部、耳及乳房皮肤多有淡黄色斑；母羊腹大不下垂、乳房附着良好、基部宽广、上方下圆，乳头大小适中。

3. 生产性能 成年公羊体高80～88cm、体重80.1kg，成年母羊相应为68～74cm和49.6kg；母羔在8月龄、体重30kg以上即可参加配种，平均产羔率180%，平均产奶量497kg。

3.5.5 延边奶山羊

1. 产地与分布 延边奶山羊主要分布在吉林省延边朝鲜族自治州，位于吉林省东部山区和半山区。

2. 体型外貌 母羊头颈躯干四肢长、胸部丰满、尻长而宽、乳房大且基部宽广、乳头大小适中；公羊高大雄健、头较宽、耳背粗圆、胸部宽深、背腰宽大。

3. 生产性能 成年公、母羊平均体重分别为69kg和55kg，羯羊平均屠宰率为49%，

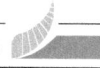

净肉率约为33%；泌乳期平均产奶量为597kg，头胎产奶量约418kg，乳脂率4.3%；经产产羔率约为198%。

3.6 普通山羊

我国普通山羊代表性品种包括西藏山羊、新疆山羊、建昌黑山羊、太行山羊等。

拓展阅读 3-5

3.6.1 西藏山羊

1. 产地与分布 西藏山羊是青藏高原古老的地方品种。主要分布于西藏自治区，四川省甘孜藏族自治州与阿坝藏族羌族自治州、青海省玉树和果洛藏族自治州等地。其中以西藏最多，约占总数的76%；四川次之，约占17%；青海大约占6%。此外，甘肃境内也有少量分布。

2. 体型外貌 西藏公、母山羊均有角、有髯，眼大有神，耳长而灵活，额部微突，鼻梁平直，有较长额毛；全身被毛分为两层，外层粗长而直，富有光泽，颜色较杂，黑色、青色居多，少数为白色。

3. 生产性能 成年公、母羊平均体重分别为26.6kg和20.2kg，平均产原绒量在地区及个体间差异较大，公、母羊分别为224g和208g，平均细度为15.24μm；年产1胎，产羔率为110%~135%。

3.6.2 新疆山羊

1. 产地与分布 新疆山羊主要分布在南疆的喀什、和田和塔里木河流域，北疆的阿勒泰、昌吉、哈密地区的荒漠草原与山地牧场。

2. 体型外貌 头中等大小，额平宽、耳小、半下垂、鼻梁平直或有下凹；公、母羊多有角，角形较直向上方直立，角尖端微向后弯，角基间着生的长毛下垂于额；颚下有须、背平直、体躯长深、四肢端正、蹄质结实、前躯与乳房发育较好、尾小而上卷；被毛以背线为界分向两侧，以白色为主，其次为黑、棕、青色。

3. 生产性能 北疆羊体格较大，成年公、母羊平均体重分别为50kg和38kg，平均产绒量分别为310g和220g，屠宰率均值41.3%；南疆羊体格较小，成年公、母羊平均体重分别为32.6kg和27.1kg，屠宰率37.2%，产绒量120~140g；产羔率110%~120%。

3.6.3 建昌黑山羊

1. 产地与分布 建昌黑山羊中心产区位于四川省凉山彝族自治州会理县，是云贵路山羊板皮的主要来源。

2. 体型外貌 头大小适中，呈三角形，大多数羊有角和髯，少数颈下有肉垂；体躯匀称紧凑、四肢强健、行动灵活，适应山区放牧饲养；被毛黑色富有光泽，约有一半羊只被毛内层长有稀而短的绒毛。

3. 生产性能 成年公、母羊平均体重分别为31.1kg和28.9kg，周岁羯羊屠宰率均值45.1%，净肉率均值32.9%，肉质细嫩脂；板皮厚薄均匀且富有弹性；羔皮被毛柔软，色黑有光泽，部分有波浪形花纹，常用于制作皮衣；繁殖力不高，平均产羔率116%。

3.6.4 太行山羊

1. 产地与分布 太行山羊主要分布在太行山东西两侧的晋、冀、豫三省接壤地区。包括晋东南、晋中、保定、石家庄、邢台、邯郸、安阳、新乡等地区。

2. 体型外貌 头大小适中、耳小前伸、颌下有髯、大部分有角；颈短粗、胸宽深、背腰平直、四肢强健、蹄质坚实；被毛由长粗毛和绒毛组成，以黑色为主，少数为褐色、青色、灰色、白色。

3. 生产性能 成年公、母羊平均体重分别为36.7kg和32.8kg，屠宰率52.8%，肉质细嫩，脂肪分布均匀；成年公、母羊平均抓绒量分别为275g和160g，绒纤维平均自然长度2.36cm，细度14.1～14.4μm；成年公、母羊平均粗毛产量分别为400g和350g，毛长9.5～11.2cm；6～7月龄性成熟，1.5岁配种，1年1胎，产羔率130%～143%。

3.6.5 长江三角洲白山羊

1. 产地与分布 长江三角洲白山羊原产于我国长江三角洲，是生产笔料毛的独特品种，主要分布于南通、苏州、扬州、镇江，浙江省的嘉兴、杭州、宁波、绍兴，以及上海市郊县。数量约400万只，其中82%在江苏，浙江和上海分别占12%和6%。

2. 体型外貌 体格中等偏小、有角和髯、头呈三角形、面微凹；被毛紧密，毛色洁白光泽，细直有峰，弹性好。

3. 生产性能 该品种羊毛是制笔的上等原料，笔料毛的产量和质量与羊只性别、年龄、体重、阉割及屠宰季节、饲养管理条件等均密切相关，以当年去势小公羊毛最好。成年公、母羊平均体重分别为28.58kg和18.43kg，周岁羊体重为15～16kg；周岁羊和成年羊屠宰率分别为49%和52%；板皮质地致密柔韧，呈方形，属汉口路；繁殖能力强，大多2年3胎，产羔率230%。

3.6.6 陕南白山羊

1. 产地与分布 陕南白山羊产于陕西省秦巴山区，分短毛型和长毛型两类。主要分布在安康、商洛、汉中三地区28个县，其中以镇巴、旬阳、紫阳、安康、白河、洛南、镇安、山阳和平利等地较为多见。

2. 体型外貌 体质结实，头大小适中，额微凸，鼻梁平直，耳灵活，有髯，部分有肉垂；白色个体占90%以上，黑色羊约占5%。

3. 生产性能 不同类型体重有一定差异，有角长毛型成年公、母羊平均体重分别为35.8kg和33.3kg，有角短毛型成年公、母羊体重分别为32.9kg和29.8kg，短毛型羊比长毛型羊生长发育较快，无角短毛样生长速度在周岁前特别突出；成年羊屠宰率在51.78%～53.84%之间，板皮质地致密、厚薄均匀、弹性好、拉力强，是制革业的首选原料；性成熟早，公羔

4～5月龄性成熟，但适配年龄应在周岁以后；母羊8～10月龄性成熟，全年发情，平均产羔率259%。

3.6.7 贵州白山羊

1. 产地与分布 贵州白山羊主产于贵州省遵义、铜仁两地区。

2. 体型外貌 多数有角，无角个体占8%以下；被毛较短，多数为白色，少数为麻、黑或杂色。

3. 生产性能 成年公、母羊平均体重分别为32.8kg和30.8kg，1岁羯羊平均屠宰率53.3%，成年羊为57.9%；板皮质地紧致、拉力强、板幅较大；母羊常年可发情，春、秋两季更集中，大多数2年3胎，平均产羔率273.6%。

3.6.8 雷州山羊

1. 产地与分布 雷州山羊是以产肉和板皮而著名的地方品种，肉纤维细嫩，脂肪分布均匀，肉味鲜美，膻味小。原产于我国广东省大陆最南端的雷州半岛一带，其中心产区为徐闻县。

2. 体型外貌 有角，角和蹄为黑褐色；被毛为黑色，亦有少数羊只被毛为麻或褐色；麻色羊除被毛黄色外，背线、尾部及四肢前端多为黑色或黑黄色。

3. 生产性能 成年公、母羊平均体重分别为49.1kg和43.2kg，平均屠宰率50%～60%；板皮轻便，弹性好，熟制后可染成各种颜色；4月龄性成熟，初配年龄在周岁，产羔率150%～200%；耐湿热、耐粗饲，是热带地区较好的肉用山羊品种。

3.6.9 福清山羊

1. 产地与分布 福清山羊是福建省地方品种，主要分布于福建省东南沿海各县，中心产区为福清市和平潭县。当地群众称之为高山羊或花生羊。

2. 体型外貌 体格较小、结构紧凑、头呈三角形、有髯；有角个体占77%～88%，公羊角粗长，向后向下，母羊角细，向后向上；颈长度适中，背腰微凹，尻矮斜，四肢健壮，善攀登；被毛有灰白、灰褐和深褐3种颜色，鼻梁至额部覆有三角形的黑毛区，或在眉间至颊部覆有两条黑毛带；鬐甲处黑毛带沿肩胛向上延伸，与背线相交呈"十"字形。

3. 生产性能 成年公羊平均体重为30kg，母羊26kg，8月龄羯羊经肥育后为23kg；成年公羊平均屠宰率（不剥皮）为55.84%，母羊为47.67%；性成熟早，全年发情，母羊3月龄出现发情表现，6月龄后可配种，平均产羔率236%。

3.6.10 成都麻羊

1. 产地与分布 成都麻羊主要分布于成都平原及邻近丘陵和低山地区。因毛被有棕黄而带黑麻的感觉，故称"麻羊"。

2. 体型外貌 大多有角，无角个体占约30%，部分个体有肉垂；公羊前躯发达呈长方形，母羊后躯深广，乳房发育良好；全身覆以棕黄色短毛，光泽好。单根纤维表现出3个颜色，毛尖呈沙黑色，中段为棕黄色，下段为黑灰色。

3. 生产性能 成年公、母羊平均体重分别为43.0kg和32.6kg，成年羯羊屠宰率约为54.34%，净肉率约37.95%；皮板致密，为优质皮革原料，兼具弹性好、强度大、质地柔软、耐磨损等特点；繁殖力较好，平均产羔率为210%。

3.6.11 隆林山羊

1. 产地与分布 隆林山羊主要产于广西壮族自治区隆林各族自治县。

2. 体型外貌 角呈半螺旋状弯曲，少数为螺旋状弯曲；体格健壮，体躯近似长方形，肋骨开张良好，后躯比前躯略高；被毛较杂，有白色、黑花色、褐色和黑色等。

3. 生产性能 成年公、母羊平均体重分别为52.5kg和40.29kg，个体间差异较大；8月龄公、母羊屠宰率分别为48.64%和46.13%，成年公、母羊分别为53.3%和46.64%；平均产羔率195%。

3.6.12 黎城大青羊

1. 产地与分布 黎城大青羊是产于山西省黎城县的地方品种，与黎城县相邻的河北省涉县、武安市等地也有饲养。

2. 体型外貌 头大小适中、有角、额宽、鼻梁稍凹、眼大微凸、耳向两侧展；前胸宽厚，背腰平直，肋骨开张好，臀部丰满稍斜，四肢粗壮；外层被毛为粗毛，长而亮，多呈青色、雪青色，内层绒毛色紫质优。

3. 生产性能 成年公、母羊平均体重分别为37.55kg和30.15kg，肉质好，膻味小；放牧条件下6月龄羯羊平均屠宰率与净肉率分别为48.1%和36.8%，成年羊分别为51.5%和42.0%；成年公羊平均产绒量和剪毛量分别为135g和250g，成年母羊分别为115g和220g；性成熟年龄4~5月龄，初配年龄1.5岁，年产1胎，繁殖率110%。

3.6.13 子午岭黑山羊

1. 产地与分布 子午岭黑山羊是我国历史悠久的地方品种，以盛产西路黑猾子皮和紫绒而著称。分布于陕西省榆林、延安和甘肃省庆阳地区，两省原分别称其为陕北黑山羊和陇东黑山羊，但由于体形外貌和生产性能基本一致，后统称为子午岭黑山羊。

2. 体型外貌 有角和髯、体格中等、体躯结实紧凑；黑色个体占77%，其余为青、白和杂色；被毛分内外两层，外层为粗长毛，内层为细绒毛。

3. 生产性能 成年公、母羊平均体重分别为34.63kg和24.01kg；在全年放牧条件下，羯羊平均屠宰率和净肉率分别为47.6%和42.5%；成年公、母羊平均产绒量分别为190g和185g，绒纤维平均伸直长度4.7cm，细度14.04μm；羔皮为黑色、光泽明亮、花案美观，为传统出口产品；6月龄性成熟，周岁可配种，1年1胎，产羔率102%~104%。

3.6.14 承德无角山羊

1. 产地与分布 承德无角山羊又叫燕山无角山羊,分布于河北省承德市燕山山脉的滦平、平泉和宽城等地。

2. 体型外貌 无角、有髯、体质健壮、背腰平直、四肢劲健、蹄质坚实;黑色羊占70%以上,其余为白色或杂色。

3. 生产性能 成年公羊体重45~65kg,成年母羊35~45kg,育肥后成年羯羊屠宰率为48%~53%;成年公羊产绒量为215~245g,成年母羊为100~140g,板皮质量好;5月龄性成熟,公羊初配年龄为1.5岁,母羊为1岁,年产1胎,产羔率110%。

3.6.15 槐山羊

1. 产地与分布 槐山羊分布在河南周口、驻马店、商丘、许昌、开封、安阳、新乡等地区。所产板皮多自沈丘县的"槐店镇"出口,故名槐山羊。

2. 体型外貌 公羊雄健、母羊清秀,部分羊颈下长有一对肉垂,蹄质坚硬,呈蜡黄色;分有角(占43.03%)和无角(占56.97%)两个类型,无角羊具有三长(即颈长、腿长、腰身长)的特征,有角羊体格相对较小;被毛短,全白个体占91.78%,其余为黑色、青色、浅棕色、花色。

3. 生产性能 槐山羊属于皮肉兼用品种,成年公、母羊平均体重分别为35.0kg和34.0kg。周岁羯羊平均屠宰率和净肉率分别为50%和40%;板皮质量好,拉力强而柔软,是制革的上等原料;初配月龄6~7月龄,全年均可发情配种,1年2胎或2年3胎。产单羔母羊占15.5%,双羔占45.3%,三羔占29.2%,四羔占10.0%。

3.6.16 板角山羊

1. 产地与分布 板角山羊主产于重庆市城口县、巫溪县、武隆区和四川省万源市等地,是皮肉兼用地方品种。

2. 体型外貌 有角,公羊角粗大,角宽而扁平,向后方弯曲延伸;背腰平直、肋骨开张良好、体躯呈圆桶状、四肢粗壮;被毛以白色为主,少量为黑色和杂色。

3. 生产性能 成年公、母羊平均体重分别为40.55kg和30.34kg,周岁公、母羊分别为24.64kg和21.00kg,成年羯羊平均屠宰率达55.6%;板皮质地致密,弹性好,皮板面积大;6~7月龄达性成熟,2年3胎,平均产羔率184%。

3.6.17 圭山山羊

1. 产地与分布 圭山山羊属于乳肉兼用地方山羊品种,主产于云南省圭山山脉一带,涉及路南、宜良、弥勒、泸西、陆良、师宗等地。

2. 体型外貌 头小、额宽、有角;颈扁浅、鬐甲高而略宽、胸宽长;背腰平直、尻部稍斜,体躯丰满,四肢坚实;黑色个体占70.21%,被毛粗短并富有光泽。

3. 生产性能 成年公、母羊平均体重分别为43.63kg和43.52kg，周岁公、母羊分别为28.28kg和28.42kg，屠宰率为40.6%～44.3%，平均产羔率达155.9%。

复习思考题

1. 简述山羊品种分类方法。
2. 试述我国主要地方优良山羊品种及其特征特性。
3. 简述努比亚山羊特点及其在我国养羊业的应用。
4. 简述我国引进的主要山羊品种及其产业贡献。
5. 简述波尔山羊品种特点及其在我国的应用效果。
6. 简述萨能奶山羊品种特点及其在我国养羊业的应用。

第4章 绵羊的特性和重要品种

绵羊喜群居、性情温顺、适应性强，存栏量远多于山羊。我国绵羊品种资源十分丰富。本章主要讲述绵羊的行为特性、品种分类，以及代表性品种的主要特点和生产性能。其中，重点是绵羊的行为特性、品种分类方法；难点是代表性品种的主要特点和生产性能。

4.1 绵羊的特性和品种分类

4.1.1 绵羊的特性

熟悉绵羊生物学特性和行为习性，有利于改进饲养管理技术。绵羊的主要特性如下所示。

1. 合群性强 绵羊都是成群采食，不离群远走。羊群的管理关键是头羊，行走时头羊前进，其他羊跟随，一有惊吓或驱赶会立刻集中。因此，放牧时为了较好地采食可尽量让羊群散开，需集中时可用声音、牧羊犬或投掷东西来驱赶。

2. 适应性强 绵羊耐粗饲、耐渴、耐寒、抗病、易抓膘等。绵羊耐渴，夏秋季缺水时能在黎明沿牧场快速移动，舔饮牧草叶上的露珠。在野百合、野葱、野韭和大叶棘豆等牧草较多的牧场可数日不饮水。

3. 抗病能力强 绵羊感染体内寄生虫病和腐蹄病较少，并且粗毛羊的抗病能力较细毛羊及其杂种为强。

4. 喜洁 绵羊喜欢干燥、卫生、凉爽的环境。潮湿环境下易发生腐蹄病、寄生虫病和传染病，同时羊毛品质下降、脱毛加重。放牧时需根据草场面积和羊群数量进行轮放，舍饲时应要在羊舍内设置水槽、食槽和草料架。不同品种对气候的适应性不同，细毛羊喜欢温暖、干（半）旱的气候，肉用或肉毛兼用羊则喜欢温暖、湿润、温差较小的气候。

5. 食性广 绵羊具有很强的觅食能力，能采食大家畜不能利用的牧草，对粗纤维含量高的秸秆利用率可达70%，尤其喜爱多汁、柔嫩、低矮、略带咸味或苦味的植物。绵羊不能像山羊那样依靠后肢站立，只能采食地面上低矮的杂草与枝叶，因此混群放牧时，一般让绵羊吃在前，山羊吃在后。

6. 嗅觉灵敏 绵羊的嗅觉比视觉和听觉灵敏，具体表现为：①母羊靠嗅觉识别羔羊；②能依据气味区别植物，从而选择含蛋白质多、粗纤维少、没有异味的牧草进行采食；③能靠嗅觉辨别饮水洁净度，对污水、脏水等拒绝饮用。

7. 等级分明 羊群中存在着明显的等级位次，公羊统治着整个母羊群，年龄较大的母羊等级较为靠前。等级位次往往体现在采食区的控制上，高等级母羊常把次等母羊挤开。

8. 敏感机警 绵羊警惕性强，但胆小、自卫能力弱、反应迟钝。一有异响，即表现出抬头、竖耳、定睛。

4.1.2 品种分类

我国绵羊品种资源丰富，有绵羊地方品种44个，培育品种及配套系32个，引入品种及配套系13个（见表4-1）。绵羊品种有多种分类方法，如可根据尾型进行分类。尾形由尾部脂肪沿尾椎沉积的程度和外形来决定，常分为以下5类。

（1）短瘦尾羊：如西藏羊。
（2）长瘦尾羊：如澳洲美利奴羊、新疆细毛羊、中国美利奴羊等。
（3）短脂尾羊：如湖羊、小尾寒羊等。
（4）长脂尾羊：如大尾寒羊、同羊等。
（5）脂臀羊：如哈萨克羊、阿勒泰羊等。根据尾型对绵羊品种分类，有助于表明绵羊的系统起源，瘦尾羊可归为藏系绵羊，脂尾羊可归为蒙系绵羊，脂臀羊是疆系绵羊品种。

表4-1 绵羊品种[1]

地方品种	1. 阿勒泰羊；2. 巴尔楚克羊；3. 巴什拜羊；4. 巴音布鲁克羊；5. 策勒黑羊；6. 大尾寒羊；7. 迪庆绵羊；8. 多浪羊；9. 广灵大尾羊；10. 贵德黑裘皮羊；11. 哈萨克羊；12. 汉中绵羊；13. 和田羊；14. 呼伦贝尔羊；15. 湖羊；16. 晋中绵羊；17. 柯尔克孜羊；18. 兰坪乌骨绵羊；19. 兰州大尾羊；20. 鲁中山地绵羊；21. 罗布羊；22. 蒙古羊；23. 岷县黑裘皮羊；24. 宁蒗黑绵羊；25. 石屏青绵羊；26. 泗水裘皮羊；27. 苏尼特羊；28. 塔什库尔干羊；29. 太行裘皮羊；30. 滩羊；31. 腾冲绵羊；32. 同羊；33. 吐鲁番黑羊；34. 洼地绵羊；35. 威宁绵羊；36. 乌冉克羊；37. 乌珠穆沁羊；38. 西藏羊；39. 小尾寒羊；40. 叶城羊；41. 豫西脂尾羊；42. 昭通绵羊；43. 欧拉羊；44. 扎尔加羊
培育品种及配套系	1. 新疆细毛羊；2. 东北细毛羊；3. 内蒙古细毛羊；4. 甘肃高山细毛羊；5. 敖汉细毛羊；6. 中国卡拉库尔羊；7. 中国美利奴羊；8. 云南半细毛羊；9. 新吉细毛羊；10. 巴美肉羊；11. 彭波半细毛羊；12. 凉山半细毛羊；13. 青海毛肉兼用细毛羊；14. 青海高原毛肉兼用细毛羊；15. 鄂尔多斯细毛羊；16. 呼伦贝尔细毛羊；17. 科尔沁细毛羊；18. 乌兰察布细毛羊；19. 兴安毛肉兼用细毛羊；20. 内蒙古半细毛羊；21. 陕北细毛羊；22. 昭乌达肉羊；23. 简州大耳羊；24. 察哈尔羊；25. 苏博美利奴羊；26. 高山美利奴羊；27. 象雄半细毛羊；28. 鲁西黑头羊；29. 乾华肉用美丽羊；30. 戈壁短尾羊；31. 草原短尾羊；32. 黄淮肉羊
引入品种及配套系	1. 夏洛莱羊；2. 考力代羊；3. 澳洲美利奴羊；4. 德国肉用美利奴羊；5. 萨福克羊；6. 无角陶赛特羊；7. 特克赛尔羊；8. 杜泊羊；9. 白萨福克羊；10. 南非肉用美利奴羊；11. 澳洲白羊；12. 东佛里生羊；13. 南丘羊

为便于研究和应用，畜牧学家常将同一生产方向或相似经济价值的品种归为一类。按照这一方法，可将绵羊品种划分为肉用羊、细毛羊、半细毛羊、羔（裘）皮羊、乳用羊。

1. 肉用羊 肉用羊的毛被类型为半细毛，如萨福克羊、无角陶赛特羊、夏洛莱羊等；肉脂兼用羊均为粗毛羊品种，产肉性能好、善于贮存脂肪、具有肥大的尾部，如大尾寒羊、小尾寒羊、同羊、兰州大尾羊、乌珠穆沁羊和阿勒泰羊。我国粗毛羊所占比重大且分布广，但产毛量低，所产粗毛往往用作粗呢、地毯和擀毡之用。

2. 细毛羊 细毛羊又分为毛用细毛羊、毛肉兼用细毛羊和肉毛兼用细毛羊三个类型。

---

[1] 中华人民共和国农业农村部. 关于公布《国家畜禽遗传资源品种名录（2021年版）》的通知：畜资委办〔2021〕1号. 2021-1-13.

毛用细毛羊体格略小，除颈部与身体其他部位均有皱褶，单位体重产毛量高，每公斤体重能产净毛65g。代表品种有澳洲美利奴羊、中国美利奴羊、新吉细毛羊等。毛肉兼用细毛羊体格大小中等，只颈部皮肤有1～3个皱褶，单位体重产毛量中等，每公斤体重净毛产量为40～50g。代表品种有新疆细毛羊、东北细毛羊等。肉毛兼用细毛羊体格大，颈部皮肤皱褶少或无皱褶，单位体重产毛量低，每公斤体重净毛产量为30～40g。代表品种有德国美利奴羊、南非美利奴羊等。

3. 半细毛羊 半细毛羊有长毛种和短毛种之分。按其体型结构和产品的侧重点，又分为毛肉兼用半细毛羊和肉毛兼用半细毛羊两大类，前者的代表品种是茨盖羊，后者的代表品种有边区莱斯特羊、考力代羊等。半细毛羊的共同特点是被毛由同一纤维类型的细毛或两型毛组成。毛纤维的细度为32～58支，长度不一，愈粗则愈长。根据被毛的长度，中国培育的半细毛羊品种和品种群有青海高原半细毛羊、凉山半细毛羊、内蒙古半细毛羊、威宁半细毛羊和云南半细毛羊等。

4. 羔（裘）皮羊 从流产或出生后几天内的绵羔羊上所剥取的皮称为羔皮，具有美丽的毛卷或花纹，图案非常美观。中国羔皮绵羊品种有湖羊和卡拉库尔羊。从1月龄左右的绵羊上所剥取的皮称为裘皮，又称二毛皮。此皮毛股紧密、毛穗美观、色泽光润、被毛不擀毡、皮板良好。中国裘皮绵羊品种有滩羊、贵德黑裘皮羊和岷县黑裘皮羊。

5. 乳用羊 乳用绵羊产奶性能好，如东佛里生羊。

4.2 肉 用 羊

4.2.1 湖羊

湖羊以生长快，成熟早，四季发情，多胎多产，羔皮花纹美观而著称。其羔皮洁白光润、皮板轻柔、花纹呈波浪形，在国际市场上有"软宝石"之称。

1. 产地与分布 湖羊是我国特有的羔皮用绵羊品种，也是世界上少有的白色羔皮品种，主要分布在浙江吴兴、嘉兴、桐乡、余杭、杭州，江苏的吴江等地，以及上海部分郊区县。

2. 体型外貌 头狭长、鼻梁隆起、眼大突出、无角、耳大下垂（部分地区湖羊耳小）；颈细长、胸狭窄、背平直、四肢纤细；短脂尾，尾大呈扁圆形，尾尖上翘；全身白色，少数个体的眼圈及四肢有黑、褐色斑点。

4.2.2 小尾寒羊

小尾寒羊是中国著名的地方优良绵羊品种之一，具有生长发育快、性成熟早、常年发情、繁殖力高、产肉性能好，以及适应农区舍饲或小群放牧等特点。

1. 产地与分布 原产于河北南部、河南东部和东北部、山东南部及皖北、苏北一带，现全国各地都有分布。据考证，小尾寒羊培育于宋朝中期，当时北方少数民族向内地迁移时将蒙古羊带到黄河流域，经群众长期培育，形成该品种。

2. 体型外貌 被毛为白色，少数羊只头部、四肢有黑色斑点、斑块；公羊前胸较深、鬐甲高、背腰平直、体躯高大、侧视呈长方形、四肢粗壮；尾略呈椭圆形，下端有纵沟，尾长在飞节以上。

3. 生产性能 成年公羊平均体重为113.3kg，平均体高99.6cm；成年母羊平均体重为65.9kg，平均体高82.4cm；周岁公羊平均体重为72.8kg，平均胴体重40.5kg，屠宰率可达55.6%，净肉率42.5%；2.5～5月龄是日增重最快、饲料报酬最高的时期，平均日增重194.6g，料重比为2.9∶1；成年公、母羊平均剪毛量分别为2.8kg和1.9kg；小尾寒羊性成熟早，母羊5～6月龄即可发情，公羊7～8月龄可用于配种；平均产羔率251.3%，其中初产羊产羔率229.5%，经产羊产羔率267.8%。

4.2.3 滩羊

滩羊属名贵裘皮用绵羊品种。二毛皮是滩羊主要产品，其特点是毛股长（8cm）而紧实，具有美丽的波浪形弯曲，毛纤维细而柔软、花穗不松散、不毡结、毛色洁白、光泽悦目、皮板厚而致密、重量轻而结实。此外，滩羊肉质细嫩、膻味轻，是品质最好的羊肉之一，尤其是剥取二毛皮的羔羊肉备受人们青睐。

1. 产地与分布 主要分布在宁夏惠农、平罗、陶乐队、吴忠市、中宁、中卫、灵武、盐池、同心、贺兰、永宁等地。其中以惠农、平罗、贺兰等地所产滩羊二毛皮品质最好。

2. 体型外貌 公羊有大角呈螺旋状外展，母羊有小角或无角；体格中等、体质结实、头清秀、鼻梁隆起、背腰平直、狭窄、脂尾；尾根部宽，向下逐渐变小呈三角形，四肢结实，体躯毛白色，头多为黑色、褐色或黑、褐、白相间。

3. 生产性能 成年公、母羊平均体重分别为47.0kg与35.0kg；成年羯羊屠宰前平均体重、胴体重与屠宰率分别为44.0kg、18.7kg与42.5%；成年母羊宰前平均体重、胴体重与屠宰率分别为41.9kg、16.04kg与38.3%；1月龄羔羊平均活重7.1kg，屠宰率49%；成年公、母羊平均剪毛量分别为1.6～2.7kg和0.7～2.0kg，净毛率65%左右；毛纤维富有弹性，是织制提花毛毯的优质原料，其有髓毛、两型毛、无髓毛分别占7%、15%和77%；滩羊7～8月龄性成熟，母羊初配年龄为1.5岁，每年8～9月为配种旺季，双羔率1%～2%，繁殖成活率89%～98%。

4.2.4 乌珠穆沁羊

乌珠穆沁羊属肉脂用短脂尾粗毛羊，以体大、尾大、肉脂多、羔羊生长发育快而著称，但产毛量低、毛质差。

1. 产地与分布 乌珠穆沁羊产于内蒙古自治区锡林郭勒盟东部乌珠穆沁草原，故得名。主要分布在东乌珠穆沁旗和西乌珠穆沁旗，毗邻的锡林浩特市、阿巴嘎旗部分地区也有分布。

2. 体型外貌 公羊有角或无角，母羊无角，头中等大、额稍宽、头深与额宽接近、鼻深微拱；体格大、体质结实、颈中等长、胸宽深、肋骨开张好、背腰宽平、后躯发育好；尾肥大呈四方形，膘好的羊尾中部有一纵沟，将尾分成左右两半；毛色以黑头居多，约占62%，全身白色者约占10%，体躯花色者约占11%。

3. 生产性能 生长发育较快，生长高峰为2月龄，日增重可达300g以上，个别羊可达400g，6月龄平均日增重200～300g；2～3月龄公、母羊平均体重分别为29.5kg和24.9kg，6月龄的公、母羊可分别长至39.6kg和35.9kg；在不加任何补饲的条件下，成年羊秋季的屠宰率可达50%以上。成年羯羊秋季屠宰前平均活重、胴体重、屠宰率、净肉率和脂重（内脂肪及尾脂）可分别达到60.13kg、32.3kg、53.8%、37.42%和5.87kg；成年公、母羊平均年剪毛量分别为1.9kg和1.4kg；母性强、泌乳性能好、平均产羔率100.69%。

4.2.5 同羊

同羊又名同州羊，据考证已有1200多年的历史。同羊肉肥嫩多汁、瘦肉绯红，陕西关中独特地方风味的"羊肉泡馍""腊羊肉"等食品皆以同羊肉为上选。羔皮颜色洁白，具有珍珠样卷曲，花案美观悦目，即所谓"珍珠皮"。

1. 产地与分布 同羊主要分布在陕西渭北的东部和中部。

2. 体型外貌 同羊有"角小如栗""耳薄如茧""肋细如箸""尾大如扇""体形如瓶"五大外貌特征；公、母羊均无角，颈较长、胸部宽深、公羊背部微凹、母羊短直较宽、腹部圆大；全身被毛洁白，腹毛着生不良，多由刺毛覆盖。

3. 生产性能 成年公、母羊平均体重分别为44kg和39kg，成年羯羊屠宰率为57.6%；在中心产区有50%的个体具有同质或基本同质的毛被，成年公、母羊平均剪毛量分别为1.4kg和1kg，净毛率55.4%；常年发情，2年3胎，双羔率低。

4.2.6 大尾寒羊

1. 产地与分布 原产于河北、河南和山东三省交界的地区。据考证，大尾寒羊可能来源于古代中亚、近东及阿拉伯一带的脂尾羊，由西方伊斯兰教徒沿"丝绸之路"带入我国。

2. 体型外貌 山东、河北产区的羊均无角，河南的羊有角；鼻梁隆起、耳大下垂、前躯发育较差、后躯比前躯高；因脂尾庞大肥硕下垂，而使尻部倾斜，臀端不明显；四肢粗壮、蹄质坚实，公、母羊的尾都超过飞节，有明显尾沟；被毛多为白色，杂色斑点少。

3. 生产性能 生长发育快、成熟早、产肉性能好，成年公、母羊平均体重分别为72kg和52kg；成年公、母平均羊剪毛量分别为3.30kg和2.70kg，每年剪毛2～3次，净毛率45%～63%；繁殖率高，年产2胎或2年3胎，平均产羔率为185%～196%。

4.2.7 巴美肉羊

巴美肉羊是用林肯羊、边区莱斯特羊、罗姆尼羊和强毛型澳洲美利奴羊的公羊，对本地蒙古羊进行杂交改良。并在选育的基础上，引入德国美利奴羊公羊作父本，采取级进杂交育种方法于2006年育成的肉羊新品种。在遗传结构中，含蒙古羊血统6.25%，细毛羊、半细毛羊血统18.75%，德国肉用美利奴羊血统75%。

1. 产地与分布 主要分布在内蒙古自治区巴彦淖尔市。

2. 体型外貌 无角，头部毛覆盖至两眼连线；体格大、体质结实、结构匀称、前肢至腕关节、后肢至飞节；胸部宽而深、背腰平直，肉用体型明显，呈圆桶状；被毛同质白色，闭合良好，密度适中，细度均匀。

3. 生产性能 生长发育快、早熟、肉用性能突出、耐粗饲，具有较强的抗逆性和适应性；公、母羔平均初生重分别为4.7kg和4.3kg，6月龄羔羊日增重230g以上，胴体重24.95kg，育成公、母羊平均体重分别为71kg和50.8kg，成年公、母羊平均体重分别为101kg和60.5kg；成年公、母羊平均产毛量分别为6.85kg和4.05kg，平均净毛率为48.42%；经产母羊可2年3胎，平均产羔率151.7%。

4.2.8 蒙古羊

1. 产地与分布 蒙古羊是我国分布最广的一个古老的粗毛、脂尾绵羊品种，原产蒙古高原，主要分布在内蒙古自治区，也广泛分布于华北、华东、东北和西北等地区。

2. 体型外貌 各产区羊只体型外貌差别较大。基本特征是体质结实、骨骼健壮、头型略显狭长、鼻梁隆起、背腰平直；被毛白色居多，头、颈、四肢、眼圈、嘴有黑、黄褐色斑块；公羊多数有螺旋角，母羊无角或有小角，角与毛色的整齐程度；耳大下垂、颈长短适中，胸深、肋骨不够开张；短脂尾形状不一，尾长大于尾宽，尾部因贮存脂肪故秋冬肥大。

3. 生产性能 各产区羊只体重差异较大。其共同特点是肉质好、净肉率高，成年羊满膘时屠宰率47%~52%，净肉率35%以上；蒙古羊被毛异质，一年剪两次毛，剪毛量成年公、母羊分别为1.5~2kg和1.0~1.8kg，羊毛绝对强度和伸度较大；羔皮轻薄、保暖性强、结实耐用；繁殖力较低，1年1胎，每胎1羔，双羔率仅3%~5%。

4.2.9 西藏羊

西藏羊是我国著名的三大粗毛羊品种之一，被毛中两型毛含量高、毛辫长、弹性大、光泽好，是织造地毯、提花毛毯的上等原料。

1. 产地与分布 主要分布在青藏高原，适应性强，由于产区间自然条件差异大，西藏羊又分为多种类型，如高原型、雅鲁藏布型、三江型、山谷型和欧拉型等，其中以高原型为代表。

2. 体型外貌 体格大、有角，头颈黑色，体躯白色为主。

3. 生产性能 成年公、母羊体重分别为44.03~58.38kg和38.53~47.75kg，剪毛量分别为1.18~1.62kg和0.75~1.64kg；净肉率43.0%~47.5%，净毛率70%左右；被毛纤维中无髓毛、两型毛和有髓毛分别占53.59%、30.57%和15.03%，毛细度分别为20~22μm、40~45μm和70~90μm；繁殖力低，1年1羔，双羔率极低。

4.2.10 阿勒泰羊

1. 产地与分布 主要分布在新疆北部阿勒泰地区的福海、富蕴、青河、布尔津、吉木乃和哈巴河6个县。

2. 体型外貌 头中等大、耳大下垂、超半数个体有角、公羊鼻梁隆起；颈中等长，胸宽深、鬐甲平宽、背平直、肌肉发达；四肢高而结实、股部肌肉丰满、肢势端正、蹄小坚实，沉积在尾根附近的脂肪形成方圆的臀部。

3. 生产性能 属肉脂用的粗毛羊品种，体格大、早熟；成年公、母羊品种分别为

85.6kg 和 67.4kg，肉用性能好，屠宰率 50.9%～53%；成年公、母羊平均剪毛量分别为 2.04kg 和 1.63kg，净毛率 71.2%；产羔率约为 110%。

4.2.11 兰州大尾羊

1. 产地与分布 兰州大尾羊主要分布于兰州市及其郊区县。系清同治年间从陕西大荔县一带引进同羊与本地绵羊杂交选育而成。

2. 体型外貌 头大小中等、无角；脂尾肥大、方圆平展、尾中有沟、尾尖外翻；被毛纯白、异质。

3. 生产性能 肉用性能好，成年公、母羊平均体重分别为 57.89kg 和 44.35kg，成年羯羊平均胴体重、净肉重、尾脂重、屠宰率、胴体净肉率和尾脂重占体重比率分别为 30.52kg、22.37kg、4.29kg、62.66%、83.72% 和 13.23%；被毛纯白色，异质，成年公、母羊平均剪毛量分别为 2.5kg 和 1.3kg；常年发情配种，但繁殖力低，产羔率约 117.0%。

4.2.12 哈萨克羊

1. 产地与分布 哈萨克羊主要分布在新疆境内，在甘肃、青海和新疆交界的地区亦有少量分布，是我国著名的三大粗毛羊品种之一。产区恶劣的自然环境使该品种具备适应性强、四肢高、善于攀爬和脂肪迅速积聚的能力。

2. 体型外貌 公羊具有螺旋形角，母羊少数有小角，鼻梁明显隆起，耳大下垂；背腰平直、四肢高大结实，脂肪沉积于尾根而形成椭圆形脂臀；被毛异质，腹毛稀短，全身毛色以棕褐色为主；除头、四肢、腹部被毛颜色终生不变外，体躯毛色随年龄增长而变浅。

3. 生产性能 周岁公、母羊平均体重分别为 42.95kg 和 35.80kg，成年公、母羊分别为 60.34kg 和 44.90kg，后躯发育好，产肉性能高，屠宰率约为 47.63%；成年公、母羊平均剪毛量分别为 2.03kg 和 1.88kg，净毛率分别为 57.8% 和 68.9%；双羔率低，平均产羔率为 102%。

4.2.13 巴音布鲁克羊

巴音布鲁克羊又称茶腾羊，属肉脂用的粗毛羊品种。

1. 产地与分布 主要分布在新疆和静县的巴音布鲁克区。

2. 体型外貌 公羊多有螺旋形角，部分母羊有角，体格中等、头较窄长、耳大下垂、后躯发达、肢长而结实、体质坚硬；毛色以头颈黑色、体躯白色者为主，被毛异质；尾部脂肪沉积形状可分为 W 型、U 型和倒梨型。

3. 生产性能 成年公、母羊平均体重分别为 69.5kg 和 43kg，平均剪毛量分别为 2.1kg 和 1.48kg；屠宰率为 43%～46%，尾脂占胴体重的 9.4%～9.7%；产羔率 102%～103%。

4.2.14 多浪羊

多浪羊是新疆的一个优良肉脂用型绵羊品种，因中心产区在麦盖提县，又称麦盖提羊。

1. 产地与分布 主要分布在塔克拉玛干沙漠的西南边缘，叶尔羌河流域的麦盖提、巴楚、岳普湖和莎车等县。

2. 体型外貌 头较长、鼻梁隆起、耳大下垂、眼大有神，公羊无角或有小角，母羊无角；颈窄而细长、胸宽深、肩宽、肋骨滚圆、背腰平直、躯干长、四肢高、蹄质结实；后肢肌肉发达、尾大不下垂、尾沟深；初生羔羊全身被毛多为褐色或棕黄色，剪毛后体躯毛色多变为灰白色或白色，头部与四肢终生保持初生时毛色；被毛分为粗毛型和半粗毛型两种，半粗毛型两型毛含量多、干毛少，是较优良的地毯用毛。

3. 生产性能 肉用性能好，周岁公、母羊平均体重分别为63.3kg和45kg，成年公、母羊分别为105.9kg和58.8kg；繁殖性能好，母羊舍饲条件下常年发情，初配年龄为8月龄，大部分2年3产，产羔率200%以上，双羔率可达50%～60%，三羔率2%～5%，有产四羔者。

4.2.15 和田羊

和田羊属短脂尾异质地毯毛羊，荒漠和半荒漠草原的生存环境造就其具有独特的耐干旱、耐炎热和耐低营养的特点。

1. 产地与分布 主要分布在新疆和田地区。

2. 体型外貌 公羊多数有螺旋形角，母羊无角，头清秀、鼻梁隆起、颈细长、耳大下垂、胸窄、四肢长、肢势端正、蹄质结实；其短脂尾尾形有"砍土曼"尾、"三角"尾、"萝卜"尾和"S"尾等几种类型；毛色杂，全白占21.86%，体白而头肢杂色的占55.54%，全黑或体躯有色的占22.60%。

3. 生产性能 被毛呈毛辫结构，毛辫细长，具有明显的波状弯曲，上下披叠、层次分明，是制造地毯的优良原料；净毛率70%，成年公、母羊平均剪毛量分别为1.62kg和1.22kg，被毛中无髓毛、两型毛与粗毛分别占47%～53%、31%～35%、6%～15%；成年公、母羊平均体重分别为38.95kg和33.76kg，屠宰率37.2%～42.0%；产羔率约为102.52%。

4.3 细 毛 羊

4.3.1 新疆细毛羊

新疆细毛羊是我国培育的第一个细毛羊新品种。以引进的高加索羊和泊列考斯细毛羊为父本，与当地的哈萨克羊和蒙古羊进行杂交选育而成。

1. 产地与分布 新疆细毛羊中心产区为伊犁哈萨克自治州，主要育成于新源县境内的巩乃斯羊场，分布于新疆各地。

2. 体型外貌 体质结实、结构匀称、体躯深长、胸宽深、背平直、后躯丰满、四肢结实；皮肤宽松，颈部有1～2个横褶皱；被毛同质白色，呈毛丛结构，头毛着生至两眼连线，后肢达飞节或飞节以下，腹毛着生良好。

3. 生产性能 周岁公、母羊平均体重分别为45kg和37.6kg，成年公、母羊分别为93kg和46kg；成年公、母羊平均剪毛量分别为12kg和5.5kg，净毛率为49.8%～54.0%。羊毛细度以64支为主，含脂率为12.57%；经夏季放牧的2.5岁羯羊宰前重为65.5kg，屠宰率49.5%，净肉率40.8%；季节性发情，8月龄性成熟，1.5岁公、母羊初配，以产冬羔和春羔为主，产羔率约为139%。

4.3.2 中国美利奴羊

中国美利奴羊是我国于1972~1985年间利用从澳大利亚引进的中毛型澳洲美利奴公羊对本地羊进行杂交改良而选育出的新品种。

1. 产地与分布 目前主要分布在我国北方各省（直辖市、自治区）。

2. 体型外貌 大部分公羊有螺旋形角，母羊无角，头毛密长，外形似帽状；体形长方、鬐甲宽平、胸深宽、背腰长直、后躯丰满、肢势端正；公羊颈部有1~2个横皱褶或发达的纵皱褶，母羊有发达的纵皱褶；被毛白色呈毛丛结构、闭合性好、密度大、腹毛着生良好。

3. 生产性能 中国美利奴羊的产羔率为117%~128%。根据1985年5月鉴定时统计，4个育种场特级母羊的剪毛后平均体重、剪毛量、体侧净毛率、净毛量和平均毛长分别为45.85kg、7.21kg、60.87%、4.39kg和10.48cm。一级母羊则分别为40.9kg、6.41kg、60.84%、3.9kg和10.2cm。

4.3.3 东北细毛羊

东北细毛羊是采取联合育种方法，用斯塔夫罗波尔羊、苏联美利奴羊、高加索羊、阿斯卡尼羊等公羊与东北改良羊（兰布列美利奴羊与蒙古羊杂交的杂种羊）进行杂交选育而成。1974年起，又先后导入澳洲美利奴羊和中国美利奴羊血统，使毛品质获得较大改进。

1. 产地与分布 原产于辽宁、吉林、黑龙江3省的西北部平原和部分丘陵地区。目前已分布到全国大部分省（自治区、直辖市），尤以北方各省（自治区、直辖市）较多。

2. 体型外貌 公羊有螺旋形角，母羊无角；颈部有1~2个完全或2个不完全的横皱褶以及发达的纵皱褶，体躯无皱褶；被毛白色，毛丛结构呈闭合型，毛密度大，弯曲正常，油汗适中；羊毛覆盖头部至两眼连线，前肢达腕关节，后肢达飞节。

3. 生产性能 育成公、母羊平均体重分别为43kg和37.81kg，成年公、母羊分别为83.7kg和45.4kg；成年公羊的平均屠宰率和净肉率分别为43.6%和34.0%，母羊分别为52.4%和40.8%；成年公、母羊平均剪毛量分别为13.4kg和6.1kg，毛丛长度分别为9.3cm和7.4cm，净毛率35%~40%，羊毛细度60~64支；油汗白色、乳白色、淡黄色及黄色分别占10.2%、23.8%、55.1%和10.8%；初产母羊产羔率约为111%，经产母羊为125%。

4.3.4 内蒙古细毛羊

内蒙古细毛羊属毛肉兼用细毛羊，是以蒙古羊为母本，苏联美利奴羊、高加索羊、新疆细毛羊为父本，采用育成杂交方法培育而成。该品种从1952年开始育种，1976年育种完成。

1. 产地与分布 目前已分布到全国大部分省（自治区、直辖市），尤以北方较多。主要分布在内蒙古自治区锡林郭勒盟正蓝旗、太仆寺旗、多伦县、镶黄旗及正镶白旗等地。

2. 体型外貌 公羊大部分有螺旋形角，颈部有1~2个完全或不完全的横皱褶，母羊无角；体格大、体质结实、结构匀称、皮肤宽松、体躯无褶皱、背腰平直、后躯丰满、四肢端正；被毛闭合性良好，头部毛着生至两眼连线。

3. 生产性能 被毛纯白，密度好，细度与长度均匀，弯曲正常，油汗适中，为白色或乳白色；成年公、母羊平均剪毛量分别为11kg和5.5kg，净毛率为38.0%~50.0%，成年公羊毛长度平均为10.0cm，母羊为8.5cm；羊毛细度60~70支，以64和66支为主；内蒙古细毛羊有较高的产肉性能，肉质好，肉脂分布均匀适度，呈大理石状；成年公、母羊平均体重分别为91.4kg和45.9kg；1.5岁羯羊屠平均宰前体重、胴体重和屠宰率分别为50kg、22.45kg和44.9%，成年羯羊分别为80.87kg、44.48kg和55.25%；繁殖性能好，6~8月龄即可发情，18月龄参加配种，配种季节为8~11月份，产羔率120%。

4.3.5 敖汉细毛羊

敖汉细毛羊是1981育成的毛肉兼用细毛羊品种，耐粗饲、耐酷暑、抗风沙、抓膘快、抗病力强，是以苏联美利奴羊、高加索羊、斯塔夫罗波尔羊和萨尔羊等细毛羊品种为父本，与当地蒙古羊及一些不明血统的低代杂种母羊为母本进行杂交选育，而后又引进波尔华斯羊和澳洲美利奴羊进行导入杂交而育成的。

1. 产地与分布 该品种羊主要分布在内蒙古赤峰市的敖汉旗、翁牛特旗、宁城县及喀喇沁旗等旗县，中心产区为敖汉旗。

2. 体型外貌 多数公羊有螺旋形角，母羊无角，公、母羊颈部均有宽松的纵皱褶，公羊还有1~2个完全或不完全的横皱褶；体质结实、结构匀称、骨骼坚实有力、体躯深长、四肢端正；被毛呈闭合型，长细度均匀，腹毛着生良好，呈毛丛结构，无环状弯曲。

3. 生产性能 成年公、母羊平均剪毛量分别为10.7kg和6.9kg，平均毛丛长度分别为9.8cm和7.5cm；净毛率为36%~42%，羊毛细度以64支为主；剪毛后成年公、母羊平均体重为91kg和50kg，成年羯羊平均宰前活重、胴体重和屠宰率分别为34kg、14.16kg、41.4%；性成熟时间为6~7月龄，初配年龄18月龄，一般8~9月份配种，经产母羊平均产羔率为133%。

4.3.6 甘肃高山细毛羊

甘肃高山细毛羊以新疆细毛羊、高加索细毛羊为父本，蒙古羊、西藏羊和蒙藏混血羊为母本，采用多亲本育成杂交方法于1980年育成。其对海拔2600m以上的高寒山区适应性良好。该品种羊产肉和沉淀脂肪能力良好，肉质鲜嫩，膻味较轻。

1. 产地与分布 甘肃高山细毛羊培育于甘肃西部祁连山脉冷龙岭北麓的皇城滩和冷龙岭分支乌鞘岭东麓的松山滩高山草原。目前主要分布于甘肃省牧区、半农半牧区和农区。

2. 体型外貌 公羊有螺旋形大角，颈部有1~2个横皱褶，母羊无角或有小角，颈部有发达的纵垂皮；体格中等、体质结实、结构匀称、体躯长、胸宽深、后躯丰满；被毛闭合良好、密度中等，头毛着生至两眼连线，前肢至腕关节，后肢至飞节。

3. 生产性能 成年公、母羊平均剪毛量分别为7.5kg和4.3kg，平均羊毛长度分别为8.20cm和7.58cm，羊毛细度60~64支；成年公、母羊平均体重分别为75kg和40kg，成年羯羊平均宰前活重、胴体重、屠宰率分别为57.6kg、25.9kg、45.0%；经产母羊的产羔率为110%。

4.3.7 青海细毛羊

青海细毛羊又称"青海毛肉兼用细毛羊",是以新疆细毛羊、高加索细毛羊、萨尔细毛羊为父本,西藏羊为母本,于1976年经杂交选育而成。该品种对低温低氧有较强的适应力。

1. 产地与分布 育成地是青海省三角城种羊场,目前在青海省及邻近省、自治区的高海拔地区均有饲养。

2. 体型外貌 公羊有螺旋形大角,颈部有1~2个完全或不完全的横皱褶,母羊无角,少数有小角,颈部有发达的纵垂皮;体质结实、结构匀称、背腰平直、四肢端正、蹄质致密;被毛纯白色,呈毛丛结构,闭合性良好,密度中等以上,细毛着生头部到两眼连线,前肢到腕关节,后肢到飞节。

3. 生产性能 成年公、母羊平均体重分别为80.81kg和47.98kg,屠宰率44.41%;成年公、母羊平均剪毛量分别为8.6kg和4.96kg,平均长度分别为9.62cm和8.67cm,净毛率47.28%,羊毛细度60~64支;产羔率102%~107%。

4.3.8 鄂尔多斯细毛羊

鄂尔多斯细毛羊是以新疆细毛羊为主要父本,当地蒙古羊为母本杂交选育而成。在培育过程中曾先后导入波尔华斯羊和澳洲美利奴羊血统。该品种羊具有耐干旱、耐粗饲、善行走、抓膘快和抗病力强等特点,在5、6级风的条件下仍可照常出牧。

1. 产地与分布 主要分布于内蒙古自治区鄂尔多斯市毛乌素地区。

2. 体型外貌 公羊多数有螺旋形角,颈部有1~2个完整或不完整的横皱褶,母羊无角,颈部有纵皱褶或宽松的皮肤,身躯皮肤宽松;体质结实、结构匀称、胸深而宽、背腰平直、四肢坚实、肢势端正;被毛闭合性良好,密度大,腹毛着生良好,呈毛丛结构。

3. 生产性能 成年公、母羊平均体重分别为76kg和38kg;成年公、母羊平均剪毛量分别为11.4kg和5.6kg,平均长度分别为9.62cm和8.67cm,净毛率38.0%,羊毛细度均匀,油汗适中,呈白色,以66支为主;产羔率为105%~110%。

4.3.9 军垦细毛羊

军垦细毛羊是用引进的阿尔泰细毛羊、波尔华斯细毛羊与哈萨克羊经过多元杂交育成的,具备了阿尔泰细毛羊体大、产毛量高,波尔华斯羊羊毛长、毛品质好,哈萨克羊耐粗饲、爬山抓膘性能强的特点。

1. 产地与分布 主要分布在新疆天山以北新疆生产建设兵团的各个农业师的农牧团场。

2. 体型外貌 体质结实、结构匀称、体格中等、头平直、背腰宽平、胸宽而深;体躯有小皱褶,多数羊毛着生至两眼连线,前肢毛至膝关节以下,后肢至飞节以下,被毛闭合良好。

3. 生产性能 成年公、母羊平均体重分别为126.8kg和53kg,平均剪毛量分别为17.9kg和5.49kg,平均羊毛长度分别为8.3cm和7.8cm,净毛率分别为45.59%和48.44%,羊毛主体细度为64支。

4.3.10 河北细毛羊

河北细毛羊是利用蒙古羊与苏联美利奴羊、斯大夫细毛羊、高加索细毛羊杂交而培育成的外形一致、遗传性稳定、产毛产肉性能较好的细毛羊品种。

1. 产地与分布 主要分布在河北省坝上及接坝地区的张北、康保、沽源、尚义、丰宁满族自治县等县。

2. 体型外貌 公羊有角呈螺旋形，母羊无角或有角痕，头大小适中、鼻梁隆起、颈粗而短；胸深而宽、四肢粗壮、背腰平直；被毛白色、全闭合型、头部绒毛生至两眼连线，额前似绒球，前肢被毛生至腕关节，后肢生至飞节，腹毛较短。

3. 生产性能 被毛同质、弯曲正常、密度大、毛质细、油汗适中，呈白色或淡黄色，富有光泽；成年公、母羊平均剪毛量分别为9.5kg和5.6kg，羊毛细度64支，毛丛无干死毛及两型毛；成年公、母羊平均体重分别为76kg和47kg，屠宰率约46.7%；产羔率110%。

4.3.11 山西细毛羊

山西细毛羊是用高加索细毛羊公羊、波尔华斯羊公羊和德国美利奴羊公羊与蒙古羊母羊杂交，于1983年育成的细毛羊品种。

1. 产地与分布 原产于晋中的介休羊场和寿阳县，以及晋东南地区的襄垣县，现主要分布于山西中、北和东南部各县。

2. 体型外貌 公羊多数有角，颈部有1～2个完全或不完全横皱褶，母羊无角，颈部有明显纵皱褶，母羊鼻梁平直公羊微拱；头宽长、胸部宽深、背直而宽、腹线平直、体躯长深、四肢结实；被毛闭合性好，头部细毛着生于两眼连线，前肢到腕关节，后肢达飞节。

3. 生产性能 成年公、母羊平均剪毛量分别为10.23kg和6.64kg，平均净毛率分别为40.5%和39.2%，平均羊毛长度分别为8.97cm和8.68cm，羊毛细度60～64支，以64支为主；周岁公、母羊剪毛后体重分别为（80.25±5.30）kg和（50.73±5.12）kg，成年公、母羊剪毛后体重分别为（94.7±10.36）kg和（54.37±7.43）kg；产羔率102%～103%。

4.3.12 新吉细毛羊

新吉细毛羊是利用引进的细毛型美利奴羊品种，采用扩繁选育和级进杂交等育种技术，于2002年培育而成的细毛型细毛羊新品种。

1. 产地与分布 主要分布在新疆和吉林。

2. 体型外貌 公羊有螺旋形角，母羊无角，公、母羊颈部有纵褶或群褶，皮肤宽松但无明显皱褶体质结实；面部光洁、胸宽深、背腰平直、尻宽而平、后躯丰满、四肢结实，体侧呈长方形，头毛着生至两眼连线。

3. 生产性能 成年公、母羊平均净毛产量分别为6.71kg和4.12kg，平均毛长分别为9.98cm和8.77cm，平均羊毛细度分别为18.49μm和20.25μm，平均剪毛后体重分别为80kg和47kg；产羔率110%～125%。

4.3.13 澳洲美利奴羊

澳洲美利奴羊是澳大利亚利用引进的西班牙美利奴羊、德国萨克逊美利奴羊，以及美、法国的兰布列羊进行杂交，经过100多年有计划的育种工作培育而成。1972年后引入我国，极大地提高了国内羊毛品质和产量。

1. 产地与分布 原产澳大利亚，现已分布于世界各大洲许多国家。

2. 体型外貌 体形长方、腿短、体宽、背部平直、后肢丰满；公羊颈部有1~3个发育完全或不完全的横皱褶，母羊有发达的纵皱褶；被毛结构良好、毛密度大、细度均匀、油汗白色、均匀弯曲、光泽良好；羊毛覆盖头部至两眼连线，前肢达腕关节，后肢达飞节。

3. 生产性能 根据体重、羊毛长度和细度等指标的不同，澳洲美利奴羊分为超细型、细毛型、中毛型和强毛型4种类型，而在中毛型和强毛型中又分为有角系和无角系两种。不同类型羊的生产性能见表4-2。

表4-2 澳洲美利奴羊的生产性能

类型	体重/kg 公	体重/kg 母	产毛量/kg 公	产毛量/kg 母	细度/支	净毛率/%	毛长/cm
超细型	50~60	34~40	7~8	4~4.5	70	65~70	7.0~8.7
细毛型	60~70	34~42	7.5~8	4.5~5	64~66	63~68	8.5
中毛型	65~90	40~44	8~12	5~6	60~64	62~65	9.0
强毛型	70~100	42~48	8~14	5~6.3	58~60	60~65	10.0

4.3.14 波尔华斯羊

波尔华斯羊是澳大利亚自1880年起用林肯公羊和澳洲美利奴母羊杂交选育而成，包含3/4美利奴羊血统和1/4林肯羊血统。

1. 产地与分布 原产澳大利亚维多利亚州的西部地区，现已分布到亚洲地区，包括我国黑龙江、吉林、辽宁、内蒙古、新疆等地区。

2. 体型外貌 体质结实，结构良好，有美利奴羊的特征，但是，皮肤皱褶不发达；颈平整、无皱褶，头毛较好；公羊中有少数个体有角，母羊无角；大多数个体在鼻端、眼眶和唇部有色斑，体躯比较好，属于长毛型细毛羊。

3. 生产性能 成年公羊体重为58~77kg，母羊45~56kg；剪毛量公羊为5.5~9.5kg，母羊3.6~5.5kg，净毛率为65%~70%，羊毛细度56~64支，长度10~15cm；产羔率120%以上。

4.3.15 斯塔夫罗波尔细毛羊

斯塔夫罗波尔细毛羊是苏联用新高加索羊、美国兰布列羊与澳洲美利奴公羊进行杂交选育，于1950年育成，对于干旱的草原地区具有良好的适应性。1952年引入我国后，在各地饲养繁殖和进行杂交效果都比较好。

1. 产地与分布　　主要分布在俄罗斯斯塔夫罗波尔。

2. 体型外貌　　公羊有角，母羊无角；体格硕大、体质结实，颈部有1~3个皱褶或发达的垂皮。

3. 生产性能　　种公羊体重为105~110kg，成年母羊50~55kg；毛长10~13cm，羊毛细度为64~70支，净毛率为41%~42%；产羔率120%~135%、泌乳性好。

4.3.16　高加索细毛羊

高加索细毛羊是苏联用美国兰布列公羊与新高加索母羊杂交，在改善饲养管理的条件下，通过选种选配培育而成。该品种具有适应恶劣自然条件的能力，我国新疆细毛羊的育成，高加索细毛羊起了主要作用。

1. 产地与分布　　原产于俄罗斯北高加索干旱地区和伏尔加格勒等地。引进国内后，现已分布于吉林、黑龙江、河北、山西、甘肃、浙江、云南及内蒙古等省（自治区）。

2. 体型外貌　　结构良好，公羊有角、母羊无角，颈部有1~3个皱褶，剪毛后在体躯上可明显看到很多小皱褶；体格较大、体质结实、骨骼健壮、体躯宽大、四肢端正、蹄质致密；头、腹、四肢毛着生良好，被毛均为白色，仅上耳、口缘间有褐色小斑。

3. 生产性能　　成年公羊体重90~100kg，母羊55~60kg；剪毛量公羊10~11kg，母羊5.8~6.5kg，毛长7~8cm，细度为64~70支，净毛率为38%~42%；繁殖率为106%~125%。

4.3.17　苏联美利奴羊

苏联美利奴羊是马扎也夫羊、新高加索羊和其他几个繁育于北高加索的羊和乌克兰细毛羊品种杂交育成的，我国从20世纪50年代初开始引入。

1. 产地与分布　　苏联美利奴羊曾是苏联分布最广的一个毛肉兼用细毛羊品种，引进国内后，主要分布在黑龙江、吉林、辽宁、内蒙古、河北、安徽、山东、四川、西藏、陕西等省（自治区）。

2. 体型外貌　　公羊有螺旋形大角，颈部有1~3个完全或不完全的褶皱，母羊无角，颈部有纵皱褶，大小适中、胸宽深、体躯较长、皮肤宽松；细毛着生头部稍过两眼中间连线，四肢至腕关节和飞节，腹毛长密呈毛丛结构，被毛闭合性良好，密度中等。

3. 生产性能　　成年公、母羊平均体重分别为86.3kg和53.1kg，平均剪毛量分别为16.1kg和10.8kg，平均毛长分别为10.0cm和9.4cm。

4.3.18　罗姆尼羊

罗姆尼羊是以英格兰肯特郡当地羊为母本，莱斯特公羊为父本杂交，经长期精心选择和培育而成。该品种是我国育成青海高原半细毛羊和云南半细毛羊的主要父本之一。

1. 产地与分布　　原产于英国东南部肯特郡的罗姆尼沼泽地，目前广泛分布于新西兰、阿根廷、澳大利亚、加拿大、美国等国。引进国内后，在云南、湖北、安徽和江苏等省的繁育效果较好，不太适合在海拔高、气候冷、干旱地区饲养。

2. 体型外貌　　无角、额颈短、体躯宽深、背部较长，前躯和胸部丰满、后躯发达；

被毛白色、光泽好、羊毛中等弯曲、匀度好；蹄为黑色，鼻和唇为暗色，四肢下部皮肤有素色斑点和小黑点。

3. 生产性能 罗姆尼羊具有早熟、生长发育快、放牧性强和被毛品质好的特性。成年公、母羊体重分别为90~110kg和80~90kg，平均胴体重分别为70kg和40kg，剪毛量分别为4~6kg和3~5kg，净毛率约65%，毛长11~15cm，细度40~48支；产羔率约120%。

4.3.19 考力代羊

考力代羊是新西兰用林肯公羊与美利奴母羊杂交育成的毛肉兼用半细毛羊，是我国培育东北半细毛羊、贵州半细毛羊，以及陕西陵川半细毛羊的主要父本之一。

1. 产地与分布 原产于新西兰，现主要分布在美洲、亚洲和南非。我国于1946年由新西兰引入900多只，饲养在江苏、浙江、山东、河北、甘肃等地。

2. 体型外貌 无角、颈短宽、背宽深平直、后躯丰满、四肢结实、长度中等、全身被毛白色。

3. 生产性能 成年公羊体重100~115kg，剪毛量11~12kg，成年母羊体重60~65kg，剪毛量5~6kg；羊毛长度12~14cm，细度50~56支，净毛率60%~65%；产羔率125%~130%。

4.3.20 边区莱斯特羊

边区莱斯特羊是苏格兰用莱斯特羊与山地雪维特品种母羊杂交培育而成，为与莱斯特羊相区别，命名为"边区莱斯特羊"，是我国培育凉山半细毛羊新品种的主要父本之一。

1. 产地与分布 原产英国，现广泛地分布于北美、欧洲、澳大利亚和新西兰等地区。引入国内后，在四川、云南等省繁育效果比较好。

2. 体型外貌 无角、鼻梁隆起、两耳竖立、体质结、体躯长、背宽平、头部及四肢无羊毛覆盖。

3. 生产性能 成年公、母羊体重分别为70~85kg和55~65kg，剪毛量分别为5~9kg和3~5kg，净毛率65%~68%，毛长20~25cm，细度44~48支；该羊早熟性能好，4~5月龄羔羊的胴体重20~22kg；母性强，产羔率150%~180%。

4.3.21 萨福克羊

萨福克羊属大型肉羊品种，以南丘羊为父本，体型较大、瘦肉率高的黑头有角诺福克羊为母本进行杂交培育而成。

1. 产地与分布 原产英格兰萨福克、诺福克、剑桥和艾塞克斯等地。现分布于北美、北欧、澳大利亚、新西兰、俄罗斯等地区。引入国内后，主要分布在新疆、内蒙古、北京、宁夏、吉林、河北、山东和甘肃等省（直辖市、自治区）。

2. 体型外貌 无角，体躯白色，头和四肢黑色，体质结实，结构匀称，鼻梁隆起，耳大，颈长而宽厚，鬐甲宽平，胸宽，背腰宽广平直，腹大紧凑，肋骨开张良好，四肢健壮，蹄质结实，体躯肌肉丰满，呈长桶状；前、后躯发达。

3. 生产性能 成年公、母羊体重分别为113~159kg和81~113kg，剪毛量分别为

5～6kg和2.25～3.6kg，毛长7～8cm，细度50～58支，净毛率50%～62%；产肉性能好，经肥育的4月龄公、母羔平均胴体重分别为24kg和19.7kg；产羔率141.7%～157.7%。

4.3.22 无角陶赛特羊

无角陶赛特羊是澳大利亚率先以雷兰羊和有角陶赛特羊为母本，考力代羊为父本进行杂交，再与有角陶赛特公羊回交，最后选择无角后代培育而成。

1. 产地与分布　　原产大洋洲的澳大利亚和新西兰，现分布于各大洲。我国河北、新疆、内蒙古、北京、江苏、甘肃和山西等地也先后引入了该品种。

2. 体型外貌　　无角陶赛特体质结实，头短而宽，公、母羊均无角，颈短粗，胸宽深，背腰平直，后躯丰满，四肢粗短，整个躯体呈圆桶状，面部、四肢被毛为白色。

3. 生产性能　　成年公、母羊体重分别为80～100kg和56～80kg；产毛量2～4kg，毛长7.5～10.0cm，羊毛细度27～32μm，净毛率60%～65%；羊只生长发育快、早熟，经过肥育的4月龄公、母羔平均体重分别为22kg和19.7kg；全年发情配种，产羔率为120%～150%。

4.3.23 特克塞尔羊

特克塞尔羊属于中大型的肉羊品种，是荷兰利用林肯羊、莱斯特羊与老特克塞尔羊杂交选育而成。引入国内后，与湖羊、东北细毛羊和小尾寒羊等品种进行杂交，取得了较好效果。

1. 产地与分布　　原产于荷兰，现分布于北欧、澳大利亚、新西兰、美国、秘鲁、非洲和亚洲一些国家。

2. 体型外貌　　无角、头清秀、鼻梁平直、耳中等大小、眼大有神、口方；体质结实、颈肩宽深、鬐甲宽平、胸拱圆、背腰宽平、四肢健壮；全身毛白色，鼻镜、唇及蹄冠褐色。

3. 生产性能　　成年公、母羊体重分别为115～130kg和75～80kg，平均产毛量分别为5kg和4.5kg；屠宰率56%～60%，净毛率60%，羊毛长度10～15cm，羊毛细度48～50支；产羔率150%～160%。

4.3.24 夏洛莱羊

夏洛莱羊是法国利用莱斯特羊与当地羊杂交于1974年育成的，也是生产肥羔的优良品种。引入国内后除纯种繁殖外，还用于改良当地粗毛羊。

1. 产地与分布　　原产于法国中部的夏洛莱丘陵和谷地，目前在英国、德国、比利时、瑞士、西班牙、葡萄牙及东欧的一些国家都有饲养。国内引入后饲养在内蒙古、河北、河南、辽宁、山东等地。

2. 体型外貌　　头部无毛、脸部呈粉色、额宽、耳大；体躯长、胸宽深、背部平直，肌肉丰满、四肢较短，后躯宽大呈倒"U"字形；被毛同质，白色。

3. 生产性能　　成年公羊体重100～150kg，成年母羊体重75～95kg，胴体质量好、瘦肉多、脂肪少，屠宰率在55%以上；毛长7cm左右，细度50～60支；产羔率高，初产母羊约135.32%，经产母羊约182.37%。

4.3.25 杜泊羊

杜泊羊是南非利用有角陶赛特公羊与当地波斯黑头品种母羊杂交选育成的肉用绵羊品种。该品种能适应炎热、干旱、潮湿、寒冷等多种气候条件，采食性能良好。

1. 产地与分布 原产于南非，现分布于非洲、澳大利亚和美国等地。我国山东、河南、河北、北京、辽宁、宁夏、陕西等省（直辖市）先后引进该品种，并用于杂交改良本地羊。

2. 体型外貌 被毛由发毛和无髓毛组成，呈白色，有的头部黑色；毛稀、短，春秋季自动脱落，仅背部留有一片，不用剪毛。

3. 生产性能 生长快，成熟早，瘦肉多，胴体质量好，成年公羊体重100～110kg，成年母羊体重75～90kg；母羊繁殖力强，母性好，产羔率约140%。

4.3.26 德国美利奴羊

德国美利奴羊属于肉毛兼用细毛羊，是用泊列考斯羊和莱斯特公羊与德国地方美利奴羊杂交培育而成。我国在20世纪50～60年代开始引进该品种，参与内蒙古细毛羊、阿勒泰肉用细毛羊及巴美肉羊等品种的培育。

1. 产地与分布 原产于德国，在俄罗斯和东欧等地分布较多。引入国内后，饲养在辽宁、内蒙古、山西、河北、山东、安徽、江苏、河南、陕西、甘肃、青海和云南等省（自治区）。

2. 体型外貌 体格大、胸宽深、背腰平直、肌肉丰满、后躯发育良好、无角。

3. 生产性能 该品种耐粗饲、生长发育快，肉用性能好。成年公、母羊平均体重分别为90～100kg和60～65kg，剪毛量分别为10～11kg和4.5～17.5kg，毛长7.5～9.0cm，细度60～64支，净毛率45%～52%；产羔率140%～175%；6月羔羊体重可达40～45kg，胴体重19～23kg，屠宰率47%～51%。

4.3.27 南非肉用美利奴羊

南非肉用美利奴羊是南非利用引入的德国肉用美利奴羊于1971培育出的非洲品系。引入国内后，新疆农垦科学院用其与中国美利奴母羊杂交，经横交选育，培育出了中国美利奴羊肉用品系。

1. 产地与分布 原产于南非，现分布于澳大利亚、新西兰、美洲及亚洲一些国家。我国引进后主要饲养在新疆、内蒙古、北京、山西、辽宁和宁夏等省（自治区、直辖市）。

2. 体型外貌 无角、体大宽深、胸部开阔、臀部宽广、腿粗壮坚实。

3. 生产性能 该品种生长速度快，产肉性能好，100日龄羔羊体重可达35kg，成年公、母羊体重分别为100～110kg和70～80kg；成年公羊剪毛量约5kg，母羊约4kg，平均羊毛细度21μm；母羊9月龄性成熟，平均产羔率150%。

4.3.28 波德代羊

波德代羊是新西兰用边区莱斯特羊与考力代羊杂交，然后横交固定至4到5代，培育而成的肉毛兼用绵羊品种。具备耐干旱、耐粗饲、适应性强、早熟性好、羔羊成活率高等特点。

1. 产地与分布　　原产于新西兰,目前主要分布于新西兰和澳大利亚等国家。引入我国甘肃后适应性良好,与当地羊杂交后表现出良好的杂种优势,是改良西北地区本地绵羊的理想父本。

2. 体型外貌　　该品种肉毛兼用体型明显,头长短适中、额宽平、眼大有神、无角;颈肩结合好;颈短粗、胸深,肋骨开张好、背腰平直、后躯丰满、四肢健壮、肢势端正、蹄质坚实、步态稳健;全身被毛白色,但眼眶、鼻端、唇和蹄均为黑色。

3. 生产性能　　成年公、母羊平均体重分别为90kg和65kg;羊毛细度48~52支,毛长10cm以上,剪毛量4.5~6kg,净毛率72%;毛丛结构、毛密度、匀度、弯曲、光泽、油汗良好;繁殖率140%~150%。

4.4　半细毛羊

4.4.1　东北半细毛羊

东北半细毛羊是以纯种考力代羊为父本与本地绵羊及蒙古羊杂交培育而成,具有剪毛量高,肉用性能好,早熟,耐粗饲料,适应性强等特点。

1. 产地与分布　　该品种是吉林、辽宁、黑龙江三省联合培育的,主要分布在东北三省的西北部平原和部分丘陵地区。

2. 体型外貌　　无角,公羊颈部有1~2个完全或不完全的横皱褶,母羊颈部有发达的纵皱褶;体躯长无皱褶、后躯丰满、肢势端正;羊毛覆盖头至两眼连线,前肢达腕关节,后躯达飞节,腹毛呈毛丛结构。

3. 生产性能　　成年公、母羊平均体重分别为63kg和43kg,公羊屠宰率约42.7%,平均产毛量为5.4kg,平均毛长9.4cm,羊毛主体细度为56~58支;初产母羊产羔率约111%,经产母羊约125%。

4.4.2　青海高原半细毛羊

青海高原半细毛羊是以新疆细毛羊、茨盖羊与西藏羊杂交,并引入罗姆尼羊的血统,经横交固定后于1987年育成。该品种抗逆性好,能适应海拔3000m左右的青藏高原严酷环境。

1. 产地与分布　　主要分布于青海省海西蒙古族藏族自治州、海南藏族自治州、海北藏族自治州等地。

2. 体型外貌　　分为罗茨新藏和茨新藏两个类型。罗茨新藏型无角、头宽短、体躯粗深、四肢矮、黑蹄或黑白相间蹄;茨新藏型体躯较长、四肢较高、蹄壳乳白或黑白相间,公羊多有螺旋形角,母羊无角或有小角。

3. 生产性能　　成年公、母羊剪毛后平均体重分别为70.1kg和35kg,剪毛量分别为5.98kg和3.10kg,平均羊毛长度分别为11.7cm和10.01cm,净毛率60.8%,羊毛细度50~56支;羊毛弯曲呈明显或不明显的波状,油汗多为白色或乳黄色;1.5岁时初配,多为单羔。

4.4.3　内蒙古半细毛羊

内蒙古半细毛羊是在同质细毛羊和半细毛杂种母羊的基础上，引用茨盖羊、林肯羊、罗姆尼羊进行杂交，经过培育而形成的半细毛羊新品种。

1. 产地与分布　　主要分布在内蒙古中部，中心区为达尔罕茂明安联合旗、四子王旗、察右中旗、察右后旗和武川县等地。

2. 体型外貌　　部分公羊有角，母羊无角；结构匀称、胸宽深、背平直、肋骨开张良好、尻宽平、体躯呈桶形、四肢端正、坚实有力；皮肤厚而紧密，无皱褶，头毛着生至两眼连线，肢毛达腕关节和飞节；全身纯白，部分羊只眼缘、鼻端、唇、耳及四肢下端有色斑或零星点状花斑，腹毛着生良好。

3. 生产性能　　成年公、母羊平均剪毛量分别为6.21kg和3.3kg，剪毛后平均体重分别为62.60kg和40.09kg，平均毛长10.55cm，净毛率50%～55%；被毛由无髓毛和两型毛组成，细度均匀，羊毛细度56～58支，油汗呈白色或乳白色，含量适中，具有正常弯曲或浅弯曲；产肉性能良好，成年羯羊屠宰率约47.45%；经产母羊产羔率约111%。

4.4.4　云南半细毛羊

云南半细毛羊是用长毛种羊（罗姆尼羊、林肯羊等）为父本，当地粗毛羊为母本，进行杂交选择并横交固定后于1996年培育而成的。

1. 产地与分布　　主要分布在云南昭通地区的永善、巧家两县。

2. 体型外貌　　无角、头大小适中、颈短、前胸宽深、背腰平直、体躯呈圆桶状、四肢粗壮；羊毛覆盖头部至两眼连线，四肢过腕关节和飞节，腹毛着生良好。

3. 生产性能　　成年公、母羊平均体重分别为65kg和47kg，平均剪毛量分别为6.6kg和4.8kg，平均净毛率分别为70%和66%，毛丛长度14～16cm，羊毛细度48～50支；羊毛长细均匀，中弯或大弯，油汗白色、乳白色或浅黄色；母羊集中在春秋季发情，产羔率约115%。

4.4.5　凉山半细毛羊

凉山半细毛羊是以四川省山谷型藏羊、新疆细毛羊等细毛公羊、边区莱斯特公羊、林肯羊通过杂交选育于1997年育成的半细毛羊新品种。该品种对气压低、温差大、夏秋潮湿、冬春寒冷的气候环境具有较强适应性。

1. 产地与分布　　主要分布在四川省凉山彝族自治州昭觉、会东、金阳、美姑、越西和布拖等县。

2. 体型外貌　　无角、鼻梁微隆、体质结实、胸部宽深、背腰平直、尻部宽平、四肢坚实；全身被毛呈辫形毛，腹毛着生良好。

3. 生产性能　　成年公、母羊平均体重分别为85.3kg和48.1kg，平均毛长分别为17.3cm和14.2cm，平均剪毛量分别为6.6kg和4.1kg，主体细度分别为44～46支和48～50支，净毛率67.0%，半毛弯曲呈较大波浪形，光泽、匀度好，油汗白色或乳白色；育肥性能好，8月龄肥羔平均胴体重24.3kg，净肉重19.7kg，屠宰率51.0%；母羊适配年龄10～18月龄，产羔率约108%。

4.4.6 陵川半细毛羊

陵川半细毛羊于1971年开始以细杂母羊为母本，以罗姆尼羊和考力代羊为父本选育成的毛肉兼用半细毛羊。该品种产肉性能良好，瘦肉率高，肌纤维细，脂肪分布均匀，味美、鲜嫩、膻味小。

1. 产地与分布 原产于晋东南陵川县及邻近各县。

2. 体型外貌 无角、头部略短、颈短、嘴厚而宽，嘴端与耳部有黑色斑点，头部绒毛着生到两眼连线，前肢毛着生到腕关节，后肢到飞节；体躯宽深、背腰平直、后躯丰满、四肢端正；颈部皮肤松弛富有弹性，全身无皱褶，腹毛着生良好；被毛白色，呈毛丛结构。

3. 生产性能 成年公、母羊平均剪毛量分别为6.1kg和4kg，羊毛平均长度分别为12cm和8.7cm，羊毛支数为56~58支，净毛率约54.6%，羊毛弯曲大，油汗多为乳白色，少数呈浅黄色；成年公、母羊平均体重分别为60.1kg和40.1kg，成年羯羊屠宰率约45%，净肉率约38%；1.5~2岁初配，产羔率约125%。

4.5 羔（裘）皮羊

4.5.1 卡拉库尔羊

卡拉库尔羊是在贫瘠的荒漠、半荒漠草原饲养条件下，经过长期选育而成的羔皮与乳兼用的优良品种。卡拉库尔羊在我国适应性良好，杂交改良本地羊的效果显著，是育成中国卡拉库尔羊的父本。

1. 产地与分布 原产于中亚地区，目前饲养最多的是乌兹别克斯坦、塔吉克斯坦、土库曼斯坦、哈萨克斯坦、阿富汗、纳米比亚和南非等国。引入国内后，先后饲养在新疆、内蒙古、甘肃、宁夏和青海等省（自治区）。

2. 体型外貌 头稍长、鼻梁隆起、耳大下垂，公羊大多数有螺旋形角，前额两角间有卷曲的发毛，母羊无角；颈中等长、体躯深、臀部倾斜、四肢结实，尾基肥大，能贮积大量脂肪；被毛的颜色随年龄的增长而变化，如黑色羔羊到1.0~1.5岁时变白，后又转成灰白色，而头、四肢及尾部的毛色不变；被毛由无髓毛、两型毛和有髓毛组成，毛辫长度中等。

3. 生产性能 成年公、母羊体重分别为60~90kg和45~70kg，屠宰率约50%，剪毛量分别为3~3.5kg和2.5~3kg；产羔率105%~115%，产羔母羊每日可挤乳0.5~1kg。

4.5.2 中国卡拉库尔羊

中国卡拉库尔羊以卡拉库尔羊为父本，库车羊、哈萨克羊和蒙古羊为母本，用级进杂交方法于1982年育成。

1. 产地与分布 主要分布在新疆维吾尔自治区的库车市、新和县、尉犁县、沙雅县、轮台县、阿瓦提县、生产建设兵团南疆和北疆的团场；内蒙古自治区的鄂托克旗、准噶尔旗、阿拉善右旗、乌拉特后旗。

2. 体型外貌 公羊有螺旋形外展角，母羊无角，头稍长，耳大下垂；胸深宽，四肢结实；尾肥厚，基部宽大，尾尖呈"S"状弯曲，下垂至飞节；毛色99%为黑色。

3. 生产性能 成年公、母羊平均体重分别为71kg和45kg，平均剪毛量分别为3.0kg和2kg，屠宰率约51.0%，净毛率约65.0%；产羔率105%～115%。

4.5.3 贵德黑裘皮羊

贵德黑裘皮羊又称贵德黑紫羔羊，或称青海黑藏羊，以生产黑色二毛裘皮著称，1950年在青海贵南县建立了黑裘皮选育场，使贵德黑裘皮羊得到迅速发展，已列入《国家畜禽遗传资源品种名录》。

1. 产地与分布 主要分布在青海省海南藏族自治州的贵南、贵德和同德等县。

2. 体型外貌 体格较大、头长方、有角、鼻梁隆起、额宽、嘴尖瘦；胸宽深、肋骨开张好、背腰平直、骨骼粗壮、四肢高长、蹄质坚实、尾短小；成年羊全身覆盖辫状毛被，头颈下缘和腹部毛着生稀短。

3. 生产性能 成年公、母羊平均体重分别为56kg和43kg，平均剪毛量分别为1.83kg和1.56kg，净毛率70%。屠宰率43%～46%；所产二毛皮毛股长4～7cm，每厘米平均1.73个弯曲，毛黑色，光泽悦目，图案美观，皮板致密，保暖性强；产羔率约101.0%。

4.5.4 岷县黑裘皮羊

岷县黑裘皮羊又称岷县黑紫羔羊，以生产黑色二毛裘皮著称。

1. 产地与分布 主要分布在甘肃省岷县境内洮河两岸及其毗邻县区。

2. 体型外貌 体质细致、头清秀、公羊有角、母羊少数有小角、背平直、背毛黑色。

3. 生产性能 成年公羊体重（31.1±0.8）kg，成年母羊体重为（27.5±0.3）kg，平均剪毛量0.75kg，屠宰率约44.23%；每年产羔1次，每胎多为单羔；所产二毛皮毛长大于7cm，毛股明显呈花穗，尖端呈环形或半环形，有3～5个弯曲，被毛全黑，光泽悦目，皮板较好。

4.6 乳 用 羊

奶绵羊产业是传统特色小众产业，地中海沿岸和中东地区是奶绵羊产业的传统优势产区。世界上各种产奶性能优异的奶绵羊都是经过不断选育或杂交育种形成的，我国奶绵羊产业起步迟，尚没有自主品种。发展中国奶绵羊产业，可丰富我国乳品结构，实现羊产业的转型升级和提质增效。因此，培育出适合我国产业特点的奶绵羊新品种势在必行。

拓展阅读 4-5

4.6.1 东佛里生羊

东佛里生羊是经过长期人工选择培育而成的早熟乳肉兼用品种，是目前世界绵羊品种中

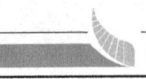

产奶量最高的品种，对温带气候条件有良好的适应性。

1. 产地与分布 原产于荷兰和德国西北部。引入国内后，主要饲养在辽宁、北京、内蒙古和河北等地，用于杂交改良本地绵羊的泌乳性能。

2. 体型外貌 体格大、无角、体躯宽长、腰部结实、肋骨拱圆、臀部略倾斜、长瘦尾；被毛白色、无绒毛；乳房宽广、乳头良好。

3. 生产性能 成年公、母羊平均体重分别为90~120kg和70~90kg，剪毛量分别为5~6kg和3.5~4.5kg，羊毛长度分别为20cm和16~20cm，羊毛细度46~56支，净毛率60%~70%；成年母羊260~300d产奶量为550~810kg，乳脂率6%~6.5%；繁殖性能较好，产羔率200%~230%。

4.6.2 拉考恩羊

拉考恩羊是法国高产奶绵羊品种。自1992年以来，已引入17个国家，用作纯种繁育或杂交并提高了地方品种奶产量。较之其他奶绵羊品种，拉考恩羊胆大、性情不温顺。

1. 产地与分布 原产于法国塔恩省、阿韦龙省和周边地区，该区域统称为"羊乳干酪区"，是法国罗克福尔干酪原料奶的主要供应品种。

2. 体型外貌 头细长、无角、鼻子稍圆、耳朵向下倾斜；大部分都裸露无毛，仅背部和大腿上部有白色毛覆盖。

3. 生产性能 成年公、母羊体重分别为70~100kg和50~70kg；经产母羊产羔率170%~180%；泌乳期的泌乳量约为300kg，乳脂率7%~8%，乳蛋白5%~6%。

4.6.3 阿瓦西奶绵羊

阿瓦西奶绵羊是西南亚数量最多、分布最广的绵羊品种，对地中海亚热带及沙漠干旱气候环境具有良好的适应性。分为肉用、毛用和奶用品种，突出特点是抗逆性强，缺点是大脂尾，这对产奶性状不利。

1. 产地与分布 主要分布在伊拉克、叙利亚、黎巴嫩、以色列、沙特阿拉伯和土耳其等国，现已被引入全世界30多个国家。

2. 体型外貌 公羊有角，母羊一般无角，头长而窄，耳朵下垂，颈部细长；体型中等、腿长、蹄结实，具有中等大小的脂尾；毛大部分为乳白色，颈部和头部位有棕色或黑色毛。

3. 生产性能 成年公、母羊体重分别为60~90kg和45~55kg，平均产毛量分别为2.25kg和1.75kg，系地毯用毛；在以色列经过系统选育的阿瓦西奶绵羊泌乳期泌乳量约300kg，高强度选育的品系可达750kg以上，乳蛋白率5%~7%，乳脂肪率6%~8%。

4.6.4 阿萨夫奶绵羊

阿萨夫奶绵羊是以色列为提高阿瓦西奶绵羊的繁殖率而培育的杂交合成品种，含5/8阿瓦西奶绵羊血统和3/8东佛里生羊血统，因此兼具高繁殖力和高泌乳力。泌乳天数200~240d，泌乳期泌乳量为400~500kg，干物质含量20%以上，乳蛋白约6%，乳脂约

6.5%。常年发情，平均年产1.5胎，产羔率220%~250%。

现已出口到葡萄牙、西班牙、智利和秘鲁等国。在西班牙，经引入后选育而成的西班牙阿萨夫奶绵羊是其最重要的奶绵羊品种，95%的阿萨夫奶绵羊所产的奶用于加工高品质奶酪。

4.6.5 萨达奶绵羊

萨达奶绵羊是意大利奶绵羊产业当家品种，主要饲养在意大利南部撒丁岛地区。该地区有约300万只萨达奶绵羊，年总泌乳量约30万吨。所产绵羊奶是意大利著名的佩科里诺奶酪的原料奶。萨达羊从1927年开始进行良种选育登记，通过选育优秀个体组建核心群。1986年在核心群开始进行后裔测定、人工授精和优选优配，大约50%的萨达羊参与了选种选配，使泌乳性能遗传潜力大大增加。目前萨达羊的年泌乳量在300~500kg之间，乳脂率6%~8%，乳蛋白5%~6%。此外，萨达羊是粗毛羊，可生产地毯毛。

4.6.6 希俄斯奶绵羊

希俄斯奶绵羊是在希腊占主导地位的奶绵羊品种。希腊成立了希俄斯奶绵羊育种协作组织，专门进行品种遗传改良。希俄斯奶绵羊的确切起源尚不清楚，一般认为是希腊希俄斯岛本地绵羊与土耳其安纳托利亚羊杂交的结果。该品种躯体白色，腿和头部黑色，偶尔有棕色。眼睛、耳朵、鼻子、腹部和腿上周围有斑点。希俄斯奶绵羊属于半脂肪尾型，泌乳量120~350kg，乳脂率7%~9%，乳蛋白6%~7%。产奶高低主要取决于管理和饲养条件。最高纪录为一个泌乳期的泌乳量597.4kg，泌乳时间为272d。希俄斯奶绵羊所产的奶用于生产希腊著名奶酪菲达。

4.6.7 英国奶绵羊

英国奶绵羊在英国培育而成，使用东佛里生羊作为主要的育种材料，同时还含有蓝脸莱斯特羊、无角陶赛特羊和利恩羊的血统。英国奶绵羊中等体型，无角，面部和腿部白色无毛；繁殖率很高，头胎产羔率可达221%，两岁以上可达263%~307%；泌乳性能非常好，泌乳期210d，泌乳量约450kg，300d泌乳量可达690~900kg，乳中干物质含量很高；屠宰后胴体体型大，瘦肉率高。

4.6.8 比利时奶绵羊

比利时奶绵羊在比利时的14个登记绵羊品种中数量比较少，登记数量约500只。比利时奶绵羊属于欧洲西北海岸沼泽绵羊的一种，尾巴细而无毛，具有显著的鼠尾特征。该品种是佛拉芒羊的后裔，外貌与东佛里生羊非常相像，腿长体高、体型丰满、呈楔形；头部覆盖较细的白毛，腹部有毛但比较稀疏；乳房发育好，泌乳量高，奶香味浓郁；繁殖率高。

4.6.9 新西兰和澳大利亚的奶绵羊品种

近年来新西兰和澳大利亚的奶绵羊产业在不断发展。新西兰用东佛里生羊、拉考恩羊、阿瓦西奶绵羊和新西兰陶波湖附近的本地品种绵羊杂交培育的南十字星奶绵羊品种，一个泌乳期的泌乳量可达300～500kg。澳大利亚在20世纪90年代开始以东佛里生羊为主要育种材料和澳大利亚地方品种杂交培育的澳大利亚奶绵羊，泌乳量在300kg左右。

复习思考题

1. 简述绵羊品种分类方法。
2. 试述我国主要地方优良绵羊品种及其特征特性。
3. 简述美利奴羊特点及其在我国养羊业的应用。
4. 简述近几年来我国引进的主要肉用绵羊品种及其产业贡献。
5. 简述杜泊羊品种特点及其在我国应用效果。
6. 简述湖羊品种特点及其在我国养羊业的应用。

第5章 羊遗传育种和改良

育种是通过创造遗传变异及改良遗传特性以培育优良新品种，对发展畜牧业有重要的意义。本章主要讲述羊主要经济性状遗传规律和特点，选种选配方法，以及繁育和改良方法。其中，重点是羊的杂交改良；难点是羊的选种技术。

5.1 羊主要性状遗传特点

5.1.1 遗传的物质基础

基因是遗传的功能单位，包括三方面内容：在控制遗传性状发育上，它是作用单位；在产生变异上，它是突变单位；在杂交遗传上，它是重组和交换单位。因此，基因是性状的分子基础。基因型是指从亲代继承下来决定性状发育的基因组合，基因型具有相对稳定的特点，是个体表型的内在基础；表型是指能观察、测量或评价的个体特征，即看得见、摸得到或测得出。当子一代获得了某种基因型，亲子代之间就建立起了直接遗传联系。但父母的基因型是不能遗传的，因为亲代基因型要重新组合才能构成下一代的基因型，这就是亲子间既相似又有差异的原因。

5.1.2 遗传与环境

在数量性状遗传上，基因型与表现型既有关联又不完全一致，如具有优良基因型的羊饲养在恶劣的环境中，或具有较差基因型的个体生活在优越的条件下，其表型可能都是中等的。这说明表型由基因型与环境共同决定，如羊群体中的个体差异一部分是来自遗传差异，另一部分则是由所处环境决定。遗传力是群体特征，羊群作为一个整体，在有利的发育环境中，基因型的多样性可使性状发育得很好，表现出高生产力；当外界环境对羊群发育不利时，生产力的基因型变异就不能充分发挥出来。现已证明，当外界环境条件变动大时，遗传力估计值要比在稳定环境条件下饲养的羊性状遗传力估计值小。

5.1.3 性状的分类

从遗传学的角度可将羊性状分为质量性状、数量性状和阈性状（threshold trait）。
1. 质量性状 质量性状表型界限分明，变异不连续，可以用简单的计数方法测定，如羊角、耳型、毛色、羊尾型、肉垂的有无、母羊奶头数及某些遗传缺陷等。质量性状只受一对或少数几对基因控制，这些性状的基因表现呈非加性的，也就是说，给基因型增加一个基因并不会使表现型增加一个相等的量。这种非加性基因的作用机制，主要表现为等位基因间的显性、隐性、不完全显性、超显性，以及任何非等位基因间的非线性相互作用等。

2. 数量性状 大多数为具有经济价值的性状，所以称为经济性状，其特点是性状之间变异呈连续性，界限不清，无法用简单的计数方法测量。例如，羊体重、毛长度、毛纤维细度、产奶量、产毛量、产绒量等。数量性状一般受多对加性基因控制，在两个极端表型之间存在着许多中间等级。加性基因的特点是不存在显性或隐性，每个基因都在相应的数量性状上添加一些贡献。

3. 阈性状 为一类介于质量性状与数量性状之间，又不同于质量性状或数量性状，表型呈非连续性变异，与质量性状相似，但又不服从孟德尔遗传定律，其遗传基础为多基因控制，与数量性状类似的一类性状，如羊的抗病力、产羔性状等。

从生产和育种学的角度可将羊性状划分为生物学性状和经济性状。

1. 生物学性状 生物学性状是赋予羊群识别特征的性状，如体表特征、体型、体质、行为，以及血型等。

2. 经济性状 经济性状是指具备经济价值的性状，如产毛量、产绒量、产肉量、产奶量和产羔数等，经济性状与养羊业生产的经济效益关系最为密切[1]。

5.1.4 质量性状遗传

在遗传上，质量性状受一对或几对基因控制，从表现型就可明显地区别出它们的基因型，大多数遵循孟德尔遗传规律。因此了解质量性状的特性及遗传规律，在选种、育种、预测杂交效果等方面具有重要意义。

一、绵羊质量性状

1. 毛色遗传 绵羊毛色主要有白色、黑色、褐色、灰色等16种类型。绵羊毛色常有两种构成方式：一是由不同颜色的羊毛纤维混合在一起，二是由具有不同颜色的毛分布在羊身不同区域。1988年绵羊和山羊遗传学命名委员会提出了毛色命名、基因座、等位基因数及基因效应等。目前认为绵羊毛色由多基因位点上的复等位基因位控制，包含11个基因座。澳洲美利奴羊中毛色基因W为显性（白色基因），w为隐性（黑色基因），全白个体的基因型为WW或Ww，黑色个体为ww，花斑则是由隐性花斑基因sp决定的。毛色也受外界环境、年龄等因素影响，如初生的卡拉库尔羔羊为黑色，年龄稍大后可变为黑棕色或棕褐色。

2. 角型遗传 有角、无角是绵羊品种的一个特征。细毛羊要求公羊有螺旋形角，母羊无角。绵羊角遗传受3个复等位基因控制，即无角基因P、有角基因P'、在雄性激素作用

---

[1] Peter K, Zhou S, Zhou Y, et al. Genetics of the phenotypic evolution in sheep: A molecular look at diversity-driving genes. Genetics, Selection, Evolution, 2022, 54: 61.

下表现为有角基因p。PP基因型的公、母羊都无角；P'P'基因型公、母羊都有角；pp基因型的公羊有角，母羊无角。在杂合时，P对P'和p呈不完全显性，P'对p呈不完全显性。根据显性法则按照角的有无：有角母羊基因型为P'P'、P'p；无角母羊基因型为PP、PP'、Pp、pp；有角公羊基因型为P'P'、P'p、pp；无角公羊基因型为PP、PP'、Pp。基因型为PP、PP'和Pp的公、母羊均表现无角；基因型P'P'和P'p的公、母羊均表现有角。

3. 多羔遗传 产羔性状，即每胎产羔数，影响着绵羊的繁殖效率和绵羊养殖的经济效益。骨形态发生蛋白受体（BMPR-IB）是影响绵羊多羔性的主基因，位于6号染色体上，它的编码区第746位置上发生了A→G突变导致第249位的谷氨酸变为精氨酸，这个突变被称为FecB（fecundity Booroola）突变。FecB是一个显性基因突变，分为3种基因型。每个基因效应可增加卵子数1.65个，故BB型产羔数或多胎率要高于B+和++型。与产羔率相关的其他基因的分子标记效果均没有FecB基因明显，如骨桥蛋白（OPN）、雌激素受体（ESR）、视黄醇结合蛋白（RBP4）、卵泡刺激素β（FSHβ）和催乳素受体（PRLR）等。此外，FecX1是控制罗姆尼羊产羔性状的主效基因，位于X染色体。FecX1杂合型排卵数增加约1个，每胎增加0.6只羔羊。

二、山羊质量性状

1. 毛色遗传 毛色是山羊重要的经济性状，也是识别个体、品种归属遗传标志之一。在育种工作中，对毛色选择的目的是保持有经济价值的毛色，消除影响产品经济效益的毛色。已利用不同的毛色基因培育出珍贵的羔皮羊品种。山羊毛色主要有白色、黑色、灰色、褐色、棕色等，对欧洲、西亚和东南亚山羊群体的研究证实4个基因座控制了山羊毛色的变异：①野生型座位（A座位）；②稀释毛色因子（D座位）；③"上位白"（I座位）；④白斑座位（S座位）。

2. 角型遗传 山羊角性状由一对等位基因控制，无角对有角为显性。山羊无角常常与一些遗传缺陷性状相连锁。

3. 肉垂、须与耳型遗传 山羊肉垂性状由常染色体显性基因W控制，但表型有变异。不同品种的基因频率差别很大。有肉垂（WW或Ww）母羊多产性比无肉垂母羊（ww）约高7%。山羊胡须呈显性的性连锁遗传。山羊耳有正常耳、短耳和无耳3种类型。正常耳为显性，无耳是隐性。该性状可能由常染色体上的基因控制。

5.1.5 数量性状遗传

数量性状遗传比质量性状遗传要复杂，受许多对基因控制，这些基因除了以加性方式外，有些还以非加性，或加性与非加性二者兼备的方式影响表型。例如，胴体品质和重量主要受基因加性作用影响，繁殖率和存活率主要受非加性作用影响，断奶重则受加性和非加性共同影响。目前认为几乎所有数量性状都可能兼受加性和非加性基因的共同影响，只是表现程度不同而已。

在杂交改良和育种过程中，由于所应用的选择方式和选配程序的不同，受多对基因控制的数量性状在其表型表现上所受加性基因作用、非加性基因作用，以及二者兼备的基因作用的类型是不同的，所以预先知道目标性状受哪一种基因类型影响是重要的。影响数量性状的基因作用类型如表5-1所示。

表 5-1　影响数量性状的基因作用类型

特性	基因作用类型		
	加性	非加性	兼有加性和非加性
遗传力	高	低	中
杂种优势	没有	相当大	有些
近交衰退	没有	相当大	有些
性别差异	大	小	很小

表 5-1 表明，遗传力高及性别差异大的数量性状受加性基因作用大，而非加性基因作用较小。也就是说，加性基因作用影响大的经济性状是高度可遗传的，很少或没有杂种优势和近交衰退；与杂种优势和近交衰退相关的数量性状，则受非加性基因的影响大，与单一加性基因无关，但在一定程度上还受加性和非加性二者兼备的基因的影响。

一、遗传力

数量性状表型值由遗传因素与环境因素共同决定，同时遗传因素中由基因显性效应和互作效应所引起的表型变量在传给后代时，由于基因的分离和重组很难固定，而能够固定的只是基因加性效应所造成的部分变量，即育种值变量。在实践中，把育种值变量（V_A）与表型值变量（V_p）的比率（V_A/V_p）定为遗传力。遗传力既反映了性状传递给后代的能力，又反映了表型值和育种值的一致程度。由于育种值变量不是直接变量，所以常用亲属间性状表型值的相似程度来间接地估计遗传力。方法有两种，即子亲相关法和半同胞相关法。

1. 子亲相关法　该方法利用公羊内母女相关估计遗传力，即以女儿对母亲在某一性状上的表型值相关系数（r）或回归系数（b）的 2 倍来估计该性状遗传力（h^2）。公式是：$h^2=2r$ 或 $h^2=2b$。所以，此法估计遗传力，必须估算母女对的相关系数或回归系数。其公式为

$$r=\frac{\sum\sum xy-\sum\sum-C_{xy}}{\sqrt{(\sum\sum y^2-\sum C_y)(\sum\sum x^2-\sum C_x)}}$$

式中，r 为母女对的相关系数；x 为母亲该性状表型值；y 为女儿同一性状表型值；C_y 为 $(\sum y)^2/n$；C_x 为 $(\sum x)^2/n$；C_{xy} 为 $\sum x\times\sum y/n$；n 为公羊内母女对数。

在随机交配的羊群中，当母女两代性状表型变量和标准差基本相同时，则 $r=b$。为计算方便，可用母女回归代替母女相关，否则，还是以母女相关计算结果准确。母女回归计算的公式是

$$b_{xy}=\frac{\sum(x-\bar{x})(x-\bar{y})}{\sum(x-\bar{x})^2}$$

$$b_{yx}=\frac{n\sum xy-\sum x\sum y}{n\sum x^2-(\sum x)^2}$$

子亲相关法计算遗传力，方法比较简单，但母女两代处于不同年代，环境差异大，影响精确性。

2. 半同胞相关法 该方法利用同年度生的同父异母半同胞资料估计遗传力，即以某一性状的半同胞表型值资料计算出相关系数（r_{HS}），再乘以4，即为该性状遗传力（h^2）。公式是

$$h^2 = 4r_{HS}$$

$$r_{HS} = \frac{MS_B - MS_W}{MS_B + (n-1)MS_W}$$

$$MS_B（公羊间均方）= \frac{SS_B}{df_B}$$

$$MS_W（公羊内均方）= \frac{SS_W}{df_W}$$

式中，n 为各公羊加权平均女儿数。

注：

$$SS_B（公羊间平方和）= \sum C_y - \frac{\sum\sum y^2}{\sum n}$$

$$SS_W（公羊内平方和）= \sum\sum y^2 - \sum C_y$$

$$df_B（公羊间自由度）= 组数 - 1$$

$$df_W（公羊间自由度）= \sum n - 组数$$

$$n = \frac{1}{df_B}\left\{\sum n - \frac{\sum n^2}{\sum n}\right\}$$

用半同胞资料计算遗传力的过程较为复杂，但因半同胞数量较多，而且出生年度相同，环境差异较小，所以求得遗传力较为准确。

用以上方法估计遗传力值的特点：品种内性状遗传力值不是一个固定不变的常数，它受性状本身特性、群体遗传结构及环境等因素的影响而变化。但对同一环境条件的同一群体羊来讲，其性状遗传力值则是相对稳定的。从理论上讲，遗传力值在0~1之间变动，没有与环境无关的性状（$h^2=1$），也没有与遗传无关的性状（$h^2=0$）。当出现负值，则毫无意义，应检查试验设计是否正确，资料是否可靠。性状遗传值高低的区分界限是：0.4以上属高遗传力；0.2~0.4属中遗传力；0.2以下属低遗传力。绵羊主要经济性状遗传力值见表5-2。

二、重复力

重复力是指同一性状在个体一生的不同时期所表现的相似程度。重复力高的性状，可用一次度量值进行早期选择。羊数量性状，在其一生中往往要进行多次度量，衡量某一性状各次度量值之间的相关程度就要用重复力值。它可以作为判断遗传力值是否正确的参考，重复力是遗传力的上限，遗传力最高时等于重复力，若大于重复力，则表明遗传力估计有误。

表5-2 绵羊主要经济性状遗传力值[1][2]

性状	遗传力值	性状	遗传力值
生长类型		胴体等级	0.18
出生重	0.32	屠宰等级	0.23
断奶重	0.15	热胴体	0.26
4月龄重	0.18	屠宰率	0.25
6月龄重	0.20	超声波背膘厚	0.28
9月龄重	0.17	超声波肌肉深度	0.29
12月龄重	0.24	腰部脂肪厚度	0.23
18月龄重	0.39	腰部眼肌面积	0.48
断奶前日增重	0.16	肌肉大理石状	0.23
断奶后日增重	0.12	胴体含脂率	0.38
增重效率	0.23	胴体瘦肉率	0.33
采食量	0.26	羊毛性状	
剩余采食量	0.32	污毛重	0.48
饲料转化率	0.12	净毛重	0.36
体型	0.23	净毛量	0.54
繁殖性状		纤维长度	0.49
产羔率	0.04	纤维直径	0.58
断奶羔羊存活率	0.04	约3.3cm弯曲数	0.43
产羔数	0.07	面部盖毛	0.48
断奶羔羊数	0.05	颈部皱褶	0.28
出生总窝重	0.09	体躯皱褶	0.38
断奶总窝重	0.01	原毛量	0.48
阴囊周长	0.30	毛丛长度	0.43
多产性	0.09	其他性状	
胴体性状		眼睛黏膜颜色	0.26
胴体眼肌面积	0.31	红细胞压积	0.22
胴体眼肌深度	0.26	乳腺炎	0.07
胴体眼肌宽度	0.33	腐蹄病	0.15
胴体皮下脂肪深度	0.31	寿命	0.08
超声波眼肌面积	0.21	粪便虫卵数	0.29
超声波眼肌深度	0.30	甲烷排放	0.17
超声波皮下脂肪深度	0.26	体况评分	0.21
肌肉嫩度	0.33	会阴区粪便污染	0.30

---

[1] Medrado BD, Pedrosa VB, Pinto LFB. Meta-analysis of genetic parameters for economic traits in sheep. Livestock Science, 2021, 247: 104477.

[2] Mucha S, Tortereau F, Doeschl-Wilson A, et al. Animal board invited review: Meta-analysis of genetic parameters for resilience and efficiency traits in goats and sheep. Animal, 2022, 16 (3): 100456.

重复力（r_e）的计算方法是采用组内相关法进行计算，以组间变量在总变量中所占的比例来反映组内相关。所用公式为

$$r_e = \frac{\text{MS}_\text{B} - \text{MS}_\text{W}}{\text{MS}_\text{B} + (K_0 - 1)\text{MS}_\text{W}}$$

式中，MS_B为个体间均方（组间变量）；MS_W为个体内均方（组内变量）；K_0为每个个体度量次数，若各个体度量次数不等，则需用加权平均数。K_0的计算公式是

$$K_0 = \frac{1}{n-1}\left(\sum K - \frac{\sum K^2}{\sum K}\right)$$

式中，n为个体数；$\sum K$为各个体总度量次数；$\sum K^2$为每只羊度量次数平方和。

羊遗传性状重复力值的特点：受性状遗传特性、群体遗传结构及环境等因素的影响而变化，所以测定的重复力值只能代表被测羊群在其特定条件下的重复力，其值高低区分界限是：0.6以上是高重复力；0.3～0.6为中等重复力；0.3以下为低重复力。绵羊主要经济性状的重复力见表5-3。

表5-3 绵羊主要经济性状的重复力[1]

性状	重复力	性状	重复力
产羔率	0.05～0.10	面部盖毛	0.70～0.75
一胎产羔数	0.10～0.15	体躯皱褶	0.65～0.70
初生重	0.30～0.35	颈部皱褶	0.50～0.55
断奶重	0.20～0.25	净毛量	0.60～0.65
体型	0.30～0.35	原毛量	0.40～0.45
体况评分	0.25～0.30	毛丛长度	0.60～0.65
抗螨虫感染力	0.20～0.25		

三、遗传相关

羊许多性状之间是具有一定相关性的。例如，细毛羊品种内的相关性表现为：羊毛越细，则羊毛越短；体重越大，则产毛量越高；皱褶多的羊，羊毛长度差，净毛率低，产羔率低等。表型相关是由遗传相关和环境相关二者组成的。当性状遗传力高时，表型相关主要决定于遗传相关；反之，则决定于环境相关。在育种工作中，遗传相关是选择公羊的重要依据。

遗传相关是指两个性状间育种值的相关，也就是亲代某一性状的基因型与子代另一性状的基因型相关。例如，净毛量与原毛重呈正遗传相关，所以选择净毛量高的亲代，就可提高后代的净毛量；皮肤皱褶多少与产羔数量呈负遗传相关，所以选择皮肤皱褶少的亲代，就可提高后代产羔数。因此，遗传相关可用于间接选择，并可以间接估计选择效果。特别是只能在一个性别上度量的经济性状，如母羊产奶量、产羔数等，在选择公羊时，就要通过公羊亲代与这些性状遗传相关的计算结果进行选择。多采用半同胞关系计算性状间遗传

---

[1] 赵有璋. 羊生产学. 3版. 北京：中国农业出版社，2011.

相关（r_A）。公式是

$$r_{A(xy)} = \frac{\mathrm{MP}_{B(xy)} - \mathrm{MP}_{W(xy)}}{\sqrt{[\mathrm{MS}_{B(x)} - \mathrm{MS}_{W(x)}][\mathrm{MS}_{B(y)} - \mathrm{MS}_{W(y)}]}}$$

式中，$\mathrm{MP}_{B(xy)}$ 为组间 x、y 性状均积；$\mathrm{MP}_{W(xy)}$ 为组内 x、y 性状均积；$\mathrm{MS}_{B(x)}$、$\mathrm{MS}_{B(y)}$ 为 x、y 性状组间均方；$\mathrm{MS}_{W(x)}$、$\mathrm{MS}_{W(y)}$ 为 x、y 性状组内均方。

遗传相关高低的区分界限是：0.6以上是高遗传相关；0.4～0.6为中等遗传相关；0.2～0.4为低遗传相关；0.2以下为相关性很小。绵羊主要经济性状间遗传相关值见表5-4。

表5-4　绵羊主要经济性状间遗传相关[1]

性状	遗传相关
初生重-断奶重	0.34
初生重-初生至断奶时增重	0.30
初生重-120日龄重	0.33
断奶重-平均日增重	0.53
断奶重-每增重0.45kg饲料消耗量	0.55
断奶重-原毛量	0.06
断奶重-毛丛长度	−0.15
断奶重-毛被等级	−0.24
平均日增重-每磅增重饲料消耗量	−0.73
平均日增重-毛丛长度	−0.20
平均日增重-原毛量	0.17
平均日增重-毛被等级	0.16
胴体等级-活体脂肪厚度	0.31
胴体等级-腰部眼肌面积	−0.28

5.2　羊选种技术

选种就是把那些符合标准的个体从现有羊群中选出来，让它们组成新的繁育群，再繁殖下一代，或者从别的羊群中选择那些符合要求的个体加入现有的繁育群中。经过这样反复地、多个世代的选择工作，不断地选优去劣，最终的目标有两个：一是使羊群的整体生产水平持续提高；二是把羊群变成一个全新的群体或品种。

5.2.1　选种的方法

我国现阶段选种的主要性状多为有重要经济价值的数量性状和质量性状。例如，肉用羊体重、产肉量、屠宰率、胴体重、生长速度、繁殖力等；细毛羊体重、剪毛量、毛长度、细

---

[1] 赵有璋. 羊生产学. 3版. 北京：中国农业出版社，2011.

度等；绒山羊产绒量、绒纤维的长度、细度及绒的颜色等。选种从以下几个方面着手进行：①根据个体本身的表型表现——个体表型选择；②根据个体祖先的成绩——系谱选择；③根据旁系成绩——半同胞表型值选择；④根据后代品质——后裔测验成绩选择。另外，随着生物技术的发展，标记辅助选择和全基因组选择也逐步提上日程。上述几种选择方法并不是对立的，而是相辅相成的，应根据不同时期所掌握的资料合理利用，以提高选择的准确性。

一、根据个体表型选择

个体表型值的高低，主要通过个体品质鉴定和生产性能测定的结果来衡量。因此，首先要掌握个体品质鉴定的方法和生产性能测定的方法，尤其当缺少育种记载和后代品质资料时，个体表型选择是选择羊只的基本依据。表型选择的效果，则取决于表型与基因型的相关程度，以及被选性状遗传力的高低。

1. 鉴定内容 基本原则是以重要经济性状为主要依据进行鉴定。肉用羊以肉用性状为主，细毛羊以毛用性状为主，毛绒山羊则以毛绒产量和质量为主，羔、裘皮羊以羔、裘皮品质为主，乳用羊以产奶性状为主。应按各自品种的鉴定分级标准和鉴定方法组织实施。

2. 鉴定时间 当目标性状已充分表现即可鉴定。肉用羊在断奶、6月龄、周岁和成年（2岁）时进行鉴定；细毛羊及其杂种羊常是在1.5岁龄春季剪毛前进行；绒毛山羊品种是在1.5岁龄春季抓绒前进行；卡拉库尔羊、湖羊、济宁青山羊等羔皮品种是在羔羊出生后3日内进行；滩羊、中卫山羊等裘皮品种则在产后1月龄左右，毛股长度7～7.5cm时进行。

3. 鉴定对象 个体鉴定的羊只包括种公羊、特级、一级母羊及其所生育成羊，以及后裔测验的母羊及其羔羊。

4. 鉴定方法 鉴定前要准备好鉴定圈，圈内装备可活动的围栏，以便能够根据羊群数量调整场地面积。在圈的出口处应设鉴定台，鉴定开始前，鉴定人员要熟悉掌握品种标准，并对要鉴定羊群情况有一个全面了解，包括羊群来源和现状、饲养管理情况、选种选配情况、以往羊群鉴定等级比例和育种工作中存在的问题等，以便在鉴定中进行针对性考察。鉴定开始时，要先看羊只整体结构是否匀称，外形有无严重缺陷，被毛有无花斑或杂色毛，行动是否正常，待羊接近后，再看公羊是否为单睾、隐睾，母羊乳房是否正常等，以确定是否有进行个体鉴定的价值。凡应进行个体鉴定的羊只，要按规定的鉴定项目和顺序严格进行。随着羊群质量的提高，育种工作的深入，为了选择出更优秀的个体，提高表型选择的效果，可考虑采用以下选择指标。

（1）性状率（T）。性状率是指个体某一性状的表型值（P_X）与其所在羊群群体同一性状平均表型值（$\bar{P}_X$）的百分比：

$$T = \frac{P_X}{\bar{P}_X} \times 100\%$$

性状率可用以比较不同环境或同一环境中种羊个体间的差别。例如，有3只后备公羊，其中两只来自特殊培育群，一只来自大群管理群，试比较其优劣。特殊培育群平均剪毛量4.5kg，被选个体甲、乙分别为8.0kg和10.0kg；大群平均剪毛量5.0kg，被选个体丙剪毛量6.5kg，这样，甲、乙、丙三只羊性状率为

$$T_甲(\%) = 8.0/6.5 \times 100\% = 123.1\%$$
$$T_乙(\%) = 10.0/6.5 \times 100\% = 153.8\%$$
$$T_丙(\%) = 6.5/5.0 \times 100\% = 130.0\%$$

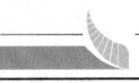

根据性状率，三只公羊顺序是乙＞丙＞甲。所以认为特殊培育的公羊均比大群管理的好并不准确。这里环境效应对表型值的影响很大，上例中甲、丙二者相比，丙性状率高于甲，尽管毛量相差1.5kg，但如果丙羊在高营养水平下，其毛量很可能超过甲。

（2）育种值（$\hat{A}_X$）是根据被选个体的性状表型值与同群羊在相同时期的平均表型值和性状遗传力值进行估算。其公式是

$$\hat{A}_X=(P_X-\bar{P})h^2+\bar{P}$$

式中，$\hat{A}_X$ 为被选个体X性状的估计育种值；P_X 为被选个体X性状的表型值；$\bar{P}$ 为同群羊群X性状的平均表型值；h^2 为X性状遗传力。

可见，个体表型值超过群体表型值越多，以及被选性状遗传力值越高，则个体估计育种值越高，育种值同样可用以比较不同环境或同一环境中种羊个体之间的差别。

二、根据系谱选择

系谱是反映个体祖先生产性能的重要资料。在生产实践中，常常通过系谱审查来掌握被选个体的育种价值。如果被选个体本身好，并且相关经济性状与亲代具有共同点，则证明其遗传性稳定，可以考虑留种。当个体本身还没有表型资料时，则可用系谱中的祖先资料来估计被选个体的育种值，从而进行早期选择，其公式是

$$\hat{A}_X=\left[\frac{1}{2}(P_F+P_M)-\bar{P}\right]h^2+\bar{P}$$

式中，$\hat{A}_X$ 为个体X性状的估计育种值；P_F 为个体父亲X性状的表型值；P_M 为个体母亲X性状的表型值；$\bar{P}$ 为与父母同期羊群X性状的平均表型值；h^2 为X性状遗传力。

根据系谱选择，主要考虑父母代的影响，随血缘关系越远，对子代的影响越小。因此，在生产实践中，对祖父母代以上的祖先资料很少考虑。

三、根据半同胞表型值选择

根据个体半同胞表型值进行选择，是利用同父异母的半同胞表型值资料来估算被选个体的育种值。由于人工授精技术的广泛应用，同期所生的半同胞样本量大，而且由于同年所生，环境影响相同，所以结果也较准确可靠。可以进行早期选择，在被选个体无后代时即可进行。根据半同胞资料估计个体育种值的公式是

$$\hat{A}_X=(\bar{P}_{HS}-\bar{P})h^2_{HS}+\bar{P}$$

式中，$\hat{A}_X$ 为个体X性状的估计育种值；$\bar{P}_{HS}$ 为个体半同胞X性状的表型值；$\bar{P}$ 为与个体同期羊群X性状的平均表型值；h^2_{HS} 为个体半同胞X性状遗传力。

因所选个体的半同胞数量不等，而对遗传力需作加权处理，其公式是

$$h^2_{HS}=\frac{0.25Kh^2}{1+(K-1)0.25h^2}$$

式中，K 为半同胞只数；0.25为半同胞间遗传相关系数；h^2 为X性状遗传力。

四、根据后裔测验成绩选择

选种的最终目的是获得优良后代，因此通过后代表型值来评定亲代种羊的育种价值是最直接的选种方法。后裔测验方法的不足之处是耗时较长，如肉用羊需等后代生长到6～8月龄，细毛羊、绒山羊要等后代长到周岁龄。

1. 后裔测验应遵循的基本原则 待测羊须经表型选择、系谱审查后，认定为优秀并计划大量使用的公羊，年龄1.5~2岁；与配母羊品质整齐、优良，最好是一级母羊，年龄2~4岁；不同品种有特定的配种数量要求且配种时间应尽可能一致，肉用羊、羔裘皮羊配30~50只母羊；细毛羊与绒山羊需配60~70只；后代出生后应与母羊同群饲养，不同公羊后代也应尽可能在相似的环境中饲养，以排除环境因素造成的差异。

2. 后裔测验结果的评定方法

（1）母女对比法。有母女同年龄成绩对比和母女同期成绩对比两种。前者有年度差异，特别是饲养管理水平年度波动大时；后者虽无年度差异，饲养管理条件相同，但需校正年龄差异。母女对比时有以下两种指标：①母女直接对比：以母女同一性状的差（$D-M$）进行比较，不能反映女儿的生产性能。②公羊指数对比：公羊指数等于女儿性状值与母女同一性状值差之和，此值越大，表明该公羊后代平均值超过母代之值越大，公羊种用价值越高。计算公式为$F=2D-M$。式中，F为公羊指数；D为女儿性状值；M为母亲的性状值。

（2）同期同龄后代对比法。由于公羊女儿数不等，采用算术平均数比较，难免出现偏差。为此，多采用某公羊女儿数（n_1）和被测公羊总女儿数（n_2）加权平均后的有效女儿数（W）计算被测公羊相对育种值来评定其优劣，相对育种值的计算公式是

$$A_x = \frac{DW+\bar{X}}{X} \times 100\%$$

式中，A_x为相对育种值；D为某公羊女儿某性状平均表型值（X）与被测公羊总女儿数的同一性状平均表型值（$\bar{X}$）之差（$X-\bar{X}$）；W为有效女儿数，其计算公式：$W=n_1 \times (n_2-n_1)$。相对育种值越大，公羊越好。以100%为界，超过100%的为初步合格的公羊。用母女对比和同期同龄后代对比两种方法评定后裔测验，所得结果可能会出现某些差异，需要进行资料的进一步分析处理。

在养羊业中，对公羊进行后裔测验较为广泛，但也不能忽视母羊对后代的影响。当母羊与不同公羊交配，都能生产优良羔羊，就认为该母羊遗传素质优良；若与不同公羊交配，连续两次都生产劣质羔羊，该母羊就应由育种群转移到生产群中去。当其他条件相同时，应优先选择多胎母羊留种。

五、标记辅助选择

标记辅助选择是通过提高分子标记在育种群体中的基因频率来提高全群遗传水平，与传统选择方法相比，有以下优点：一是除利用了传统选择用到的表型、系谱信息外，还利用了遗传标记的信息，具有更大的信息量；二是不受环境影响，没有性别年龄限制，允许进行早期选种，缩短世代间隔，从而提高选择强度和选种准确性；三是对于低遗传力性状和难以测量的性状，优越性更明显。

羊的标记辅助选择已进入初步应用阶段，但由于可利用标记相对缺乏。刘守仁院士等引入南非肉用美利奴公羊与中国美利奴多胎品系母羊杂交，从一代横交后代中选出肉用性能好、带多胎基因标记（Fec[B]）的纯合子公羊与纯合子母羊、杂合子母羊进行横交，培育出中国美利奴羊多胎肉用品系。王金文等引入杜泊公羊与我国多胎品种小尾寒羊杂交，逐代选留带多胎基因标记（Fec[B]）的纯合子或杂合子公、母羊组建育种核心群，精准地保证了育成品种遗传性状，成功培育出了优质肉用的鲁西黑头羊。

六、全基因组选择

2001年提出的全基因组选择（genomic selection，GS）是一种利用覆盖全基因组的高密度分子标记进行选择育种的方法，可通过构建预测模型，根据基因组估计育种值（genomic estimated breeding value，GEBV）进行早期个体的预测和选择，从而缩短世代间隔，加快育种进程，节约大量成本。统计模型是全基因组选择的核心，极大地影响了预测的准确度和效率。根据统计模型的不同，主要有以下几类。

1. BLUB系列（BLUP alphabet） 又称为直接法，是通过单核苷酸多态性（SNP）构建个体间关系矩阵，将关系矩阵放入混合模型方程组（mixed model equations，MME）直接获得个体的基因组估计育种值。直接法常用的估计方法包括：①利用标记构建个体间关系矩阵 G 的基因组最佳线性无偏估计法（genome best linear unbiased prediction，GBLUP）；②将系谱矩阵 A 和基因组关系矩阵 G 构建为 H 矩阵的一步法（single-step BLUP，ssBLUP）。

2. 贝叶斯系列（Bayesian alphabet） 又称为间接法，此方法首先在参考群体中估计标记效应，然后结合候选群体的基因型信息将标记效应进行累加，最后获得候选群体的个体估计育种值；根据预先假定基因的数量和基因效应值分布的不同，可以建立不同的贝叶斯模型，如BayesA、BayesB、BayesC、BayesCπ、Bayes LASSO、BayesR等。

澳大利亚开展的GS效果显著，胴体性状和肉质性状的GEBV准确性估计提高到0.05～0.10，产肉指数在25年中增长32%。Pickering等构建了4237只罗姆尼羊的参考群和候选群，其繁殖性状和存活率GEBV的估计准确性范围是0.16～0.52[1]。Bolormaa等对美利奴羊及其杂交羊共3种羊毛质量性状进行GS分析，发现BayesR和GBLUP算法的平均GEBV精确度相似，约为0.22[2]。

5.2.2 选种时应注意的问题

一、体质

个体选择时应当注意选择体质结实的羊，结实的体质是保证羊只健康，充分发挥品种所固有的生产性能和抵抗不良环境条件的基础。片面追求生产性能或某些性状指标而忽视了体质，就有可能导致不良的后果。在羊杂交育种过程中，随着杂交代数的增加，如果不注意选种选配和相应地改善饲养管理条件，再加上不适当的亲缘繁殖，都有可能造成杂种后代的体质纤弱、生产性能低和适应性差。

二、性状遗传力的高低

性状遗传力是个相对值，最高为1，最低为0。遗传力接近1，表明该性状的个体间表型

---

[1] Pickering NK, Dodds KG, Auvray B, et al. The impact of genomic selection on genetic gain in the New Zealand sheep dual purpose selection index. Proc Adv Anim Breed Genet, 2013, 20: 175-178.

[2] Bolormaa S, Brown DJ, Swan AA, et al. Genomic prediction of reproduction traits for Merino sheep. Animal genetics, 2017, 48（3）: 338-348.

值的差别几乎全部是遗传潜力造成的,对这类性状,选择表型优秀的个体,就等于把遗传上优秀的个体找了出来,表型选择就有效。遗传力低的性状,表示该性状的个体间表型值的差异受环境影响大,这类性状只靠表型值选择无效,采用系谱选择法才能提高。

三、选择差的大小

选择差是指留种群某一性状的平均表型值与全群同一性状平均表型值之差。选择差的大小直接影响选择效果。选择差又直接受留种比例和所选性状标准(即羊群该性状的整齐程度)的制约。留种比例越大,选择差也就越小;性状标准差越大,则选择差也随之增大。留种比例也直接关系到选择强度,留种比例越大,选择强度则越小(表5-5)。

表5-5 不同留种比例的选择差与选择强度

留种比例/%	选择差(S)	选择强度(i)
100	0.00	0.00
90	$0.195\delta_p$	0.195
80	$0.350\delta_p$	0.350
70	$0.497\delta_p$	0.497
60	$0.644\delta_p$	0.644
50	$0.798\delta_p$	0.798
40	$0.966\delta_p$	0.966
30	$1.158\delta_p$	1.158
20	$1.400\delta_p$	1.400
10	$1.755\delta_p$	1.755
5	$2.063\delta_p$	2.063
4	$2.154\delta_p$	2.154
3	$2.268\delta_p$	2.268
2	$2.421\delta_p$	2.421
1	$2.665\delta_p$	2.665

注:δ_p为性状标准差。

选择强度就是标准差化的选择差。它们之间的关系如下:
$$R=Sh^2,\ S=i\delta_p,\ i=S/\delta_p,\ R=i\delta_p h$$
式中,R为选择效应;S为选择差;i为选择强度;δ_p为性状标准差。

可见,在性状遗传力水平相同的情况下,选择差越大,后代提高的幅度就越大。所以在生产实践中,为了加快选择遗传进展,应尽可能增加淘汰数量,降低留种比例,以加大选择差。

四、世代间隔的长短

世代间隔是指羔羊出生时双亲的平均年龄,或者说是从上代到下代所经历的时间。计算公式为

$$L_0 = P + \frac{(T-1)}{2}C$$

式中，L_0 为世代间隔；P 为初产年龄；T 为产羔次数；C 为产羔间距。

世代间隔长短是影响选择性状遗传进展的因素之一。在一个世代里，每年遗传进展量取决于性状选择差、性状遗传力及世代间隔的长短，如下公式所示：

$$\Delta G = Sh^2/L_0$$

式中，ΔG 为每年遗传进展量；L_0 为世代间隔的时间。

可见，世代间隔越长，遗传进展就越慢。因此，在遗传改良和育种工作中，应当尽可能地缩短世代间隔，其主要的办法有以下几种：①公、母羊应尽可能早地用于繁殖，初次配种年龄常以1~1.5岁为宜，饲养在生态经济条件较好的某些品种还可适当提早。②缩短利用年限，淘汰老龄羊，公、母羊利用年限越长，到下一代出生时双亲的平均年龄就越大，世代间隔就越长。③缩短产羔间距，季节性发情的羊通常是1年1胎，对全年发情的品种，可在有条件的地区实行2年产3胎或3年产5胎的办法，以缩短产羔间距。

5.3　羊选配方法

选配就是在选种的基础上，根据母羊特性，为其选择合适的公羊，以期获得理想的后代。因此，选配是选种工作的继续，它同选种一起构成羊遗传改良工作中两个不可分割的重要环节。选配的作用在于巩固选种效果，固定优良性状，或创造必要的变异。同时，把分散在双亲个体上的不同优良性状结合起来传给下一代，把细微的优良性状累积起来传给下一代，对不良性状、缺陷性状给予削弱或淘汰。

5.3.1　选配的类型

选配可分为表型选配和亲缘选配两种类型。表型选配是以与配公、母羊个体本身的表型特征作为选配的依据，亲缘选配则是根据双方的血缘关系进行选配。

一、表型选配

1. 同质选配　　指具有同样优良性状和特点的公、母羊之间的交配，以便使相同特点能够在后代身上得以巩固和继续提高，也可理解为"以优配优"。特级羊和一级羊之间的交配即具有同质选配的性质。当羊群中出现优秀公羊时，选用同羊群中具有同样优点的母羊交配，这也属于同质选配。例如，体大毛长的母羊选用体大毛长的公羊相配，以便使后代的体格和羊毛长度上得以继承和发展。

2. 异质选配　　让各自具备不同优良性状的公、母羊进行交配，从而使不同的优良性状在后代身上结合，创造一个新的类型；或者是用公羊优点纠正或克服与配母羊缺点或不足。用特级公羊、一级公羊配二级以下母羊即具有异质选配的性质。在异质选配中，必须使母羊的有益品质借助于公羊优势得以补充和强化，使其缺陷和不足得以纠正和克服，这也是"公优于母"的选配原则。

要指出的是，选配虽然分为同质选配和异质选配两种，但育种实践中同质和异质往往是相对的，并非绝对的。例如，特级公羊与二级母羊选配按毛长和体大是异质的，但对于羊毛密度则又是同质的，在实践中应根据改良育种工作的需要，分清主次，结合应用。在培育新品种的初期阶段多采用异质选配，以获得集中亲本的优良性状的理想型；当进入横交固定阶段后多采用亲缘的同质选配，以纯合基因型，稳定遗传性。

二、亲缘选配

亲缘选配是指具有一定血缘关系的公、母羊之间的交配。按交配双方血缘关系的远近可分近交和远交两种。近交是指亲缘关系近的个体间的交配。凡所生子代的近交系数大于0.78%者，或交配双方到其共同祖先的代数总和不超过6代者，为近交，反之则为远交。在生产中，若采用亲缘选配方法，要科学地、正确地掌握和应用近交的问题。

1. 近交的作用　　在品种形成的初期阶段，群体遗传结构比较混杂，但只要通过持续地、定向地选种选配，就可以提高群体内顺向选择性状的基因频率，降低反向选择性状的基因频率，从而使羊群的群体遗传结构朝着既定的选择方向发展。在实际生产中，选配时常常要采用近交办法，主要作用有以下几点。

（1）固定优良性状，保持优良血统。近交可以纯合优良性状基因型，并且稳定地遗传给后代，这是近交固定优良性状的基本效应。因此在培育新品种、建立新品系过程中，当羊群出现符合理想的优良性状以及特别优秀的个体后，必然要采用同质选配加近交的办法，用以纯合和固定这些优良性状，增加纯合个体的比例。数量性状受多对基因控制，其近交纯合速度不如受一对或几对基因控制的质量性状快。

（2）暴露有害隐性基因。近交使有害隐性基因纯合配对的机会增加。有害的隐性基因常为有益的显性等位基因掩盖而很少暴露，单从个体表型特征上是很难发现的。通过近交可以形成隐性基因纯合体，进而可以有效剔除群体中有害隐性基因，提高羊群的整体遗传素质。不过，不适当的近亲繁殖会导致品种或群体退化，表现为生活力、繁殖力、生长发育和生产性能降低，畸形率增加。

2. 近交系数的计算和应用　　近交系数是代表与配公、母羊间存在的亲缘关系在其子代中造成相同等位基因的机会，是表示纯合基因来自共同祖先的一个大致百分数。计算近交系数的公式如下：

$$F_X = \sum \left[\left(\frac{1}{2} \right)^{n_1+n_2+1} (1+F_n) \right] \text{ 或 } F_X = \sum \left[\left(\frac{1}{2} \right)^n (1+F_n) \right]$$

式中，F_X为个体X的近交系数；$\sum$表示总和，即把个体到其共同祖先的所有通路（通径链）累加起来；$\frac{1}{2}$为常数，表示两世代配子间的通径系数；n_1+n_2为通过共同祖先把个体X的父亲和母亲连接起来的通径链上所有的个体数；F_n为共同祖先的近交系数，计算方法与计算F_X相同。如果共同祖先不是近交个体，则计算近交系数的公式变为

$$F_X = \sum \left(\frac{1}{2} \right)^{n_1+n_2} \text{ 或 } F_X = \sum \left(\frac{1}{2} \right)^{n_1+n_2+1}$$

在养羊业生产实践中应用亲缘选配时要注意：选配双方要进行严格选择，必须是体质结实，健康状况良好，生产性能高，没有缺陷的公、母羊才能进行亲缘选配；要为选配双方及其后代提供较其他羊群更丰富的营养条件；对所生后代必须进行仔细的鉴定，凡生活力衰

退、繁殖力降低、生产性能下降，以及有缺陷的个体要严格淘汰（表5-6）。

表5-6 不同亲缘关系与近交系数

近交程度	近交类型	罗马字标记法	近交系数（%）
嫡亲	亲子	I - II	25.0
	全同胞	I I I I - II II	25.0
	半同胞	II - II	12.5
	祖孙	I - III	12.5
	叔侄	I I I I - III III	2.5
近亲	堂兄妹	III III - III III	6.25
	半叔侄	II - III	6.25
	曾祖孙	I - IV	6.25
	半堂兄妹	III - III	3.125
	半堂祖孙	II - IV	3.125
中亲	半堂叔侄	III - IV	1.562
	半堂曾祖孙	III - V	1.562
远亲	远堂兄妹	IV - IV	0.781
	其他	II - VI	0.781

5.3.2 选配应遵循的原则

（1）为母羊选配的公羊，在综合品质和等级方面必须优于母羊。

（2）为具有某些方面缺点和不足的母羊选配公羊时，必须选择在这方面有突出优点的公羊与之配种，决不可用具有相反缺点的公羊与之配种。

（3）采用亲缘选配时应当特别谨慎，切忌滥用。

（4）及时总结选配效果，如果效果良好，可按原方案再次进行选配；否则，应修正原选配方案，另换公羊进行选配。

5.4 羊纯种繁育

纯种繁育是指同一品种内公、母羊之间的选育过程。当品种经长期选育，已具有优良特性，并符合育种目标时，即应采用纯种繁育。目的一是增加品种内羊只数量，二是继续提高品种质量。因此，纯种繁育仍承担着选育提高的任务。实施纯种繁育时，为了进一步提高品种质量，在保持品种固有特性、不改变品种生产方向的前提下，可视需要采用下列方法。

5.4.1 品系繁育法

品系是品种内具有共同特点，彼此有亲缘关系的个体组成遗传性稳定的群体。1个品种至少应当有5个品系才能保证品种整体质量的持续提高。品系繁育就是根据一定的育种制度，充分利用卓越种公羊及其优秀后代，建立优质高产和遗传性稳定的畜群的一种方法。品种繁育过程中同时考虑的性状越多，各性状遗传进展就越慢，但若分别建立几个不同性状的品系，然后通过品系间杂交，把这几个性状结合起来，遗传进展就快得多。因此，在现代育种中常常都要采用品系繁育。品系繁育的过程，基本上包括4个阶段，即选择优秀种公羊阶段、建立品系基础群阶段、闭锁繁育阶段和品系间杂交阶段。

一、选择优秀种公羊阶段

系祖的选择与创造，是建立品系最重要的第一步。系祖应是羊群中最优秀的个体，不但生产性能要达到本品种水平，而且需具有独特优点。理想型系祖最主要是通过有意识选种选配，加强定向培育等产生。凡准备选作系祖的公羊，都必须通过综合评定，即本身性能、系谱审查和后裔测验，证明能将本身优良特性遗传给后代的种公羊，才能作为系祖使用。

二、建立品系基础群阶段

建立品系基础群是进行品系繁育的第二步。根据羊群的现状特点和育种工作的需要，确定要建立哪些品系，如在肉用羊育种中可考虑建立早熟体大系、肉质特优系、肉毛高产系、高繁殖力系等。然后采用以下2种方式组建品系基础群。

1. 按血缘关系组群　　首先要分析羊群的系谱资料，查明各配种公羊及其后代的主要特点，将具有拟建品系突出特点的公羊及其后代挑选出来，组成基础群。遗传力低的性状，如产羔数、体况评分、肉品质等，按血缘关系组群效果好。当公羊配种数量大，其亲缘后代数量多时采用此法为好。

2. 按表型特征组群　　即不考虑血缘关系，而是将具有拟建品系所要求的相同表型特征的羊只挑选出来组建为基础群。对绵羊来讲，由于其经济性状遗传力大多较高，加之按血缘关系组群往往受到后代数值的限制，故在绵羊育种和生产实践中，在进行品系繁育时，常常是根据表型特征组建基础群。

三、闭锁繁育阶段

基础群组建起来以后，不能再从群外引入公羊，而只能进行群内公、母羊"自群繁育"。目的是通过一定时间的闭锁繁育，使基础群所具备的品系特点得到进一步的巩固和发展，从而达到品系的逐步完善和成熟。在具体实施时，要坚持以下原则。

1. 尽早扩大系祖利用率　　按血缘关系组建的品系基础群，要尽量扩大群内品系性状特点，突出并证明其遗传性稳定的优秀公羊（系祖）的利用率，并从该公羊后代中选择和培育系祖的继承者；按表型特征组建的基础群，从一开始就要通过后裔测验发现和培养系祖。

2. 坚持不断地选择和淘汰　　要将不符合品系要求的个体坚决地从品系群中淘汰出去。

3. 有计划地控制近亲繁殖　　为使基因纯合，巩固品系优良特性，此阶段近亲繁殖是不可缺少的。但要有目的、有计划地控制近亲繁殖。开始时可采用嫡亲交配，以后逐代疏远；或者连续采用3、4代近亲或中亲交配，最后控制近交系数不超过20%为宜。

4. 采用群体选配办法　　由于品系基础群内个体基本是同质的。因此不必用个体选配，但最优秀的公羊可多配一些母羊。如果闭锁繁育阶段是采用随机交配的办法，则应利用公羊数来控制近交程度。其近似计算公式被称为"逐代增量估计法"：

$$\Delta F = \frac{1}{8N}$$

式中，ΔF 为每代近交系数的增量；N 为群内配种公羊数。

上式得出的是每代近交系数的增量，再乘以繁殖世代数就可以获得该群羊近交系数。例如，一个封闭的羊群连续5代没有从外面引入公羊，并始终保持4头配种公羊，假设该羊群开始时近交系数为0，那么该群羊现在的近交系数是

$$F = 5 \times \Delta F = 5 \times 1/(8 \times 4) = 15.625\%$$

5. 确保良好的饲养管理条件 由于系祖遗传性仅仅是一种可能性，能否实现还要看是否具备适宜的外界环境条件。因此，创造适宜于珍贵性状发育的饲养管理条件，是品系繁育的重要保障。

四、品系间杂交阶段

当品系完善成熟以后，可按育种需要组织品系间的杂交，目的在于结合不同品系的优点。由于这时的品系都已经过较长期的同质选配或近交，遗传性比较稳定，所以品系间杂交目的容易达到。例如，甲品系早熟体大，乙品系繁殖力高，二者杂交其后代就会结合它们的优点于一身。在进行品系间杂交后，应根据杂交后羊群的新特点和育种工作的需要再创建新的品系。周而复始，以期持续提高品种水平。

5.4.2 血液更新法

血液更新是指从外地引入同品种的优质公羊来更新原羊群中所使用的公羊。当出现下列情况时，可采用此法：①当羊群小，长期封闭繁殖，已出现由于亲缘繁殖而产生近交危害时。②当群体生产性能达到一定水平，性状选择差变小，靠本群的公羊难以再提高时。③当羊群在生产性能或体质外形等方面出现某些退化时。

5.4.3 本品种选育法

本品种选育是地方优良品种的一种繁育方式，它是通过品种内的选择、淘汰，加之合理的选配和科学的饲养培育，达到提高品种整体质量的目的。凡地方优良品种都具有某一突出的生产性能，并且往往没有合适的品种与之杂交。此外，地方品种内个体或地区间性状表型差异较大，因此选择提高的潜力较大。本品种选育的做法，可从以下方面考虑。

1. 摸清品种现状，制定品种标准 首先要全面调查品种分布的区域及自然条件、品种内羊只数量及质量的区域分布特点、羊群饲养管理和生产特点，以及存在的主要问题等。

2. 科学制定鉴定方法和分级标准 选育工作应以品种的中心产区为基地，以被选品种的代表性产品为基础，制定科学的鉴定方法和鉴定分级标准。

3. 严格品种选育方案 应分阶段（如5年为一阶段）制定合理的选育目标和任务。再制定适于不同阶段的选育方案。包括：种羊选择标准和选留方法、羔羊培育方法、羊群饲养管理制度、生产经营制度、及选育区内地区间的协作办法、种羊调剂办法等。

4. 组建选育核心群（场） 组建核心群（场）的规模，要根据品种现状和选育工作需要来定。选入核心群（场）的必须是品种中最优秀的个体。核心群（场）的基本任务是为本

品种选育工作培育和提供优质种羊，主要是种公羊。要严格淘汰劣质个体，一旦发现特别优秀并证明遗传性稳定的种公羊，应采用人工授精等繁殖技术，尽可能地扩大其利用率。

5. 调动群众选育积极性　　可考虑成立品种协会或品种选育工作辅导站，组织和辅导选育工作，负责品种良种登记。并通过组织赛羊会、产品展销会、交易会等形式，引入市场竞争机制，积极调动良种羊产品流通，这对推动本品种选育工作具有极为重要的实际意义。

5.5　羊杂交改良和杂交育种

杂交就是2个或者2个以上不同品种或品系间公、母羊交配。利用杂交可改良生产性能低的品种，创建新品种。杂交是引进外来优良基因的唯一方法，是克服近交衰退的主要技术手段。杂交还能将多品种的优良特性结合在一起，创造出亲本所不具备的新特性，增强后代的生活力。我国大多数培育品种都使用了杂交。常用的杂交方法有如下几种。

5.5.1　级进杂交及其应用

当一个品种生产性能很低，又无特殊经济价值，需要从根本上改造时，可引用另一优良品种与其进行级进杂交。例如，将粗毛羊改变为专门化肉用羊，应用级进杂交是比较有效的方法。

级进杂交是以某一优良品种公羊连续同被改良品种母羊及其各代杂种母羊交配。杂交进行到4~5代时，杂种羊才接近或达到改良品种的特性及其生产性能指标，但这并不意味着将被改良品种完全变成改良品种的复制品（图5-1）。在进行级进杂交时，应刻意保留被改良品种的一些特性，如对当地环境的适应力。因此，级进杂交要根据杂交后代的具体表现和杂交效果，当基本上达到预期目的时就应停止。

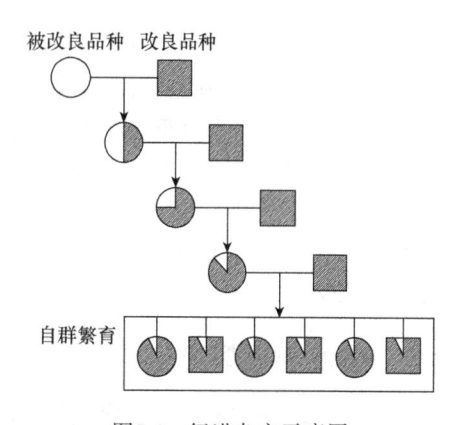

图5-1　级进杂交示意图

在组织级进杂交时，要注意改良品种的选择。当改良品种能适应当地生态条件时容易达到级进杂交的预期目的。否则，应考虑更换改良品种。其次，当级进到第3~4代以后，同代杂种羊性能并不完全一致，因此对不同杂种个体来讲所需的杂交代数也不同。

凡是大范围的长期进行级进杂交改良的地区，杂交改良历史在15年以上，杂种羊4代以上，并且杂种羊数量庞大，可根据需要上报主管部门，申请进行杂种羊品种归属工作。例如，新疆维吾尔自治区用新疆细毛羊与当地粗毛羊进行杂交改良已有数十年，同质细毛杂种羊达数百万只。不少个体在类型、羊毛品质、生产性能和遗传特性等方面已达到纯种新疆细毛羊要求，将这类羊只归属为纯种新疆细毛羊。

5.5.2　育成杂交及其应用

当原有品种不能满足市场经济发展需要时，则利用2个或2个以上品种进行杂交，最终

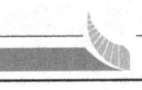

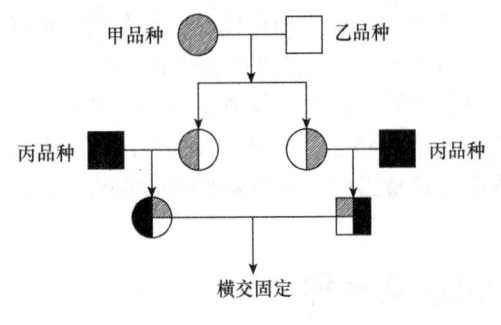

图5-2 复杂育成杂交示意图

育成一个新品种。用2个品种杂交育成新品种，称为简单育成杂交；用3个或3个以上品种杂交育成新品种，称为复杂育成杂交（图5-2）。在复杂育成杂交中，各品种在育成新品种时的作用并非相等，其所占比重和作用必然有主次之分。育成杂交就是要把参与杂交品种的优良特性集中在杂种后代身上，缺点得以克服，从而创造出新品种。应用育成杂交创造新品种时要经历三个阶段，即杂交改良阶段、横交固定阶段和发展提高阶段。当然这三个阶段有时是交错进行的，很难截然分开。

一、杂交改良阶段

这一阶段的主要任务是以培育新品种为目标，选择参与育种的品种和个体，大规模地开展杂交工作，以便获得大量的杂种个体。在杂交起始阶段，选择较好的基础母羊，可以缩短杂交过程。

二、横交固定阶段（自群繁育阶段）

这一阶段的主要任务是选择理想型杂种公、母羊相互交配，即通过杂种羊自群繁育，固定理想特性。此阶段的关键在于发现和培育优秀的理想型杂种公羊，个别杰出的公羊在品种的形成过程中起着十分重要的作用，这在国内外羊育种史上已不乏先例。横交固定初期，后代性状分离比较大，凡不符合育种要求的个体，则应归到杂交改良群里继续用纯种公羊或理想型杂种公羊配种。有严重缺陷的个体，则应淘汰出育种群。横交固定时间的长短，应根据育种方向和横交后代的效果而定。为了尽快固定杂种优良特性，可以采用同质交配或一定程度的亲缘交配。

三、发展提高阶段

这一阶段的主要任务是建立品种内结构。杂种羊经横交固定后，遗传性已较稳定，并已形成独特的品种类型，只是在数量、产品品质和品种结构上还不完全符合品种标准，此阶段可根据具体情况组织品系繁育，以丰富品种结构，增加新品种羊数量，提高新品种羊品质和扩大新品种分布区。

2006年农业部发布的《畜禽新品种配套系审定和畜禽遗传资源鉴定办法》中已明确规定了新品种申报应具备的条件。

1. 基本条件

（1）血统来源基本相同，有明确育种方案，至少经4个世代连续选育，有系谱记录。
（2）体型、外貌基本一致，遗传性比较一致和稳定。
（3）经中间试验增产效果明显或品质、繁殖力和抗病力等有一项或多项突出性状。
（4）提供由具有法定资质的畜禽质量检验机构最近两年内出具的检测结果。
（5）健康水平符合有关规定。

2. 群体数量条件 15 000只以上，其中2～5岁的繁殖母羊10 000只，特、一级羊占繁殖母羊70%以上。

3. 有外貌特征和性能指标描述

（1）外貌特征描述：毛色、角型、尾型及肉用体型与作为本品种特殊标志的特征。

（2）性能指标描述：初生、断奶、周岁和成年体重，周岁和成年体尺，毛（绒）量，毛（绒）长度，毛（绒）纤维直径，净毛（绒）率，6月龄和成年公（羯）羊体重、净肉重、净肉率，屠宰率，骨肉比，眼肌面积，肉品质，泌乳量，乳脂率，产羔率等。

5.5.3 导入杂交及其应用

当一个品种基本上符合市场经济发展的需要，但还存在某些个别缺点，用纯种繁育又不易克服时；或者用纯种繁育难以提高品种质量时，可采用导入杂交的方法。

导入杂交是用所选择的导入品种公羊配原品种母羊，所产杂种一代母羊与原品种公羊交配，一代公羊中的优秀者也可配原品种母羊，所得含有 1/4 导入品种血统的第二代，就可进行横交固定；或者用第二代的公、母羊与原品种继续交配，获得含导入品种公羊1/8 血的杂种个体，再进行横交固定（图5-3）。因此导入杂交的结果在原品种中外血含量为 1/4 到 1/8。

导入杂交时，要求所用导入品种必须与被导品种是同一生产方向。导入杂交的效果在很大程度上取决于导入品种及个体的选择、杂交中的选配及幼羔培育条件等因素。

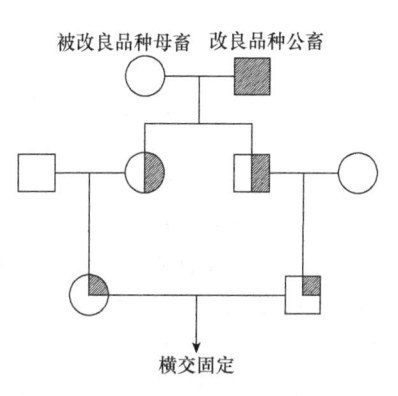

图5-3 导入杂交示意图

5.5.4 经济杂交及其应用

经济杂交目的在于生产更多更好的肉、毛、奶等养羊业产品。它是利用不同品种杂交，以获得第一代杂种为目的。即利用第一代杂种所具有的生活力强、生长发育快、饲料报酬高、产品率高等优势，在商品养羊业中被普遍采用。经济杂交效果的好坏也要通过不同品种杂交组合试验来确定，以选出最佳组合。

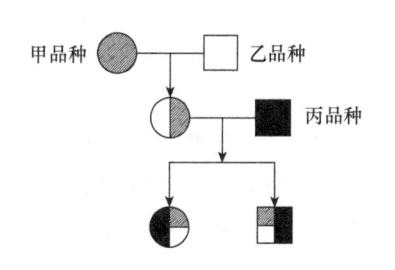

图5-4 三元经济杂交示意图

国外为提高羊肉生产效率，发现用3个品种或4个品种的交替杂交或轮回杂交效果更好（图5-4）。美国马里兰州贝茨维尔动物研究中心，用汉普夏羊、施罗普夏羊、南丘羊和美利奴羊4个品种进行杂交试验，在断奶羔羊在体重方面，两品种杂交的杂种优势比纯种高13%；三品种杂交超过两品种25%；四品种杂交又超过三品种18%。所以在商品性肥羔生产中，三品种或四品种的杂交更有利于经营效果。

经济杂交过程中，如何度量"杂种优势"是十分重要的。有人认为，最好的度量是杂种一代超过其较高水平亲代的数量，而另一些人认为，杂种优势最好是通过杂种一代平均数和双亲平均数的比较来度量，所用公式为

$$杂种优势 = \frac{F_1 代 X 性状平均数 - 双亲 X 性状平均数}{双亲 X 性状平均数} \times 100\%$$

经济杂交过程中，杂种优势的产生源于非加性基因作用，包括显性、不完全显性、超显性和上位等因素。实践证明，采用具有杂种优势的个体交配来固定杂种优势的做法都未见成功。因此利用大量各自独立的种群进行杂交，才能不断地获得具有杂种优势的杂种一代。还须指出，所有经济性状并不是以同样程度受杂种优势的影响，个体生命早期的性状如断奶存活率、幼龄期生长速度等受的影响较大；近亲繁殖时受有害影响较大的性状，杂种优势的表现程度相应也较大；同时，杂种优势的程度还决定于进行杂交时亲代遗传多样性的程度。

5.5.5 远缘杂交及其应用

远缘杂交是指动物学上不同种、属，甚至不同科动物间的一种繁育方式。由于种、属间差别较品种为大，其杂交后代常表现出有较强的生活力。这种动物如果具有正常的繁殖能力，也可创造出新品种。远缘杂交虽然有育种价值，但由于交配双方在遗传上、生理上和在生殖系统构造上的巨大差异，也并非任何种间动物都能进行杂交，即使能杂交，其后代也未必都具有正常的生殖能力。

远缘杂交在养羊业中的运用有成功的例子。1983年叶尔夏提·马力克等用乌鲁木齐动物园中的野山羊公羊分别与新疆山羊和辽宁绒山羊×新疆山羊（简称辽×新）的杂种母山羊杂交30只，产羔23只，成活7只；1985年在配种季节，将新疆母山羊20只置野山羊出没的高山地带放牧约一个月，新疆母山羊在野外与野山羊公羊自然交配，产羔11只，成活4只。1984年和1985年，利用野山羊×新疆山羊杂种一代公羊与辽宁绒山羊及辽×新杂种母山羊配种，分别产羔5只和17只，全部成活。1986年用含有25%野山羊血液的公山羊分别与辽×新各代杂种母山羊进行杂交，到1989年含有野山羊血液的杂种羊达到2700多只，表现出良好的生产力。

近年来，郎侠等将分布于甘南藏族自治州的欧拉羊，导入1/4野生盘羊血液，形成遗传性能稳定、外貌特征一致、体格高大、生长发育快、放牧性能强、耐粗饲、抗逆性强的盘欧羊新品种群体，群体规模达6000余只，繁殖率为115%。

5.6 我国羊遗传改良计划

种业是现代羊产业发展的基石，近年来，我国羊遗传改良工作积极推进，开启了羊种业发展的新局面。当前，我国羊产业正处于关键转型阶段，即由以分散、粗放经营为主向以规模化、标准化为主转变，规模化舍饲比重不断增大。为适应产业发展新形势，制定羊遗传改良计划，对于解决我国羊种业基础工作薄弱、育种基础设施和装备较差、选育手段落后、性能测定遗传评估不系统、地方品种选育目标不明确、企业育种力量弱、联合育种机制不完善，以及自主创新能力弱等问题有现实意义。我国2015年发布《全国肉羊遗传改良计划（2015—2025年）》，2021年又发布了《全国羊遗传改良计划（2021—2035）》，均有力地促进了我国羊种业的发展。

5.6.1 思路与目标

一、总体思路

坚持本品种持续选育和新品种培育并重，立足自主创新，以提高生产性能和产品品质为主攻方向，构建以市场需求为导向、以企业为主体、产学研深度融合的创新机制，完善以国家羊核心育种场为主体的良种繁育体系，持续加强育种基础性工作，加大科技支撑力度，不断提升羊种业质量、效益和竞争力。

二、总体目标

到2035年，建设一批高水平的国家羊核心育种场，广泛应用表型精准性能测定、基因组选择等新技术，建成一流水平的羊遗传评估技术平台；现有品种主要生产性能显著提高，培育一批新品种、新品系，主导品种综合生产性能达到国际先进水平；打造具有国际竞争力的种羊企业，建立完善的繁育体系和以企业为主体的商业化育种体系，支撑和引领羊产业高质量发展。

三、核心指标

（1）主导肉羊品种肉用性能和繁殖性能分别提高20%及15%以上。
（2）重点选育的细毛羊、半细毛羊产毛量提高10%；绒山羊产绒量提高10%，羊绒细度16μm以下。
（3）重点选育的乳用羊产奶量提高20%以上。

5.6.2 技术路线

一、肉羊地方品种

重点对生长发育、繁殖和肉品质等性状开展选育。对规模较大、有一定选育基础的地方品种杂种群体，制订选育计划，开展新品种培育；对培育品种开展持续选育，重点提高繁殖性能、肉用性能和饲料转化率，持续提高种群供种能力和市场竞争力；对引进品种开展系统性联合育种，加快本土化选育和种群扩繁，大幅提升自主供种能力。

二、毛（绒）用羊

在细毛羊和半细毛羊选育上，重点提高羊毛产量、羊毛综合品质和群体整齐度，兼顾肉用性能和繁殖性能。持续开展联合育种，提高品种登记和性能测定信息化、智能化水平，增强供种能力；在绒山羊选育上，重点提升羊绒品质和羊绒产量，改善群体整齐度，完善品种登记和性能测定，保持和巩固绒山羊种业国际竞争优势。在地毯毛羊和裘皮羊等其他用途羊选育上，深入挖掘优良特性，加强本品种选育。

三、乳用羊

重点提高产奶量、乳品质和泌乳持久力，乳用绵羊兼顾肉用性能和繁殖性能，开展产奶性能测定，推进联合育种。

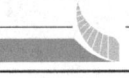

5.6.3 重点任务

一、加强育种体系建设

1. 主攻方向 组建高质量羊育种核心群，建立相对完善的商业化育种体系。

2. 主要内容 优化国家羊育种核心群结构和布局，采用企业申报、省级畜禽种业行政主管部门审核推荐的方式，遴选一批以地方品种、引进品种和培育品种为核心群的国家羊核心育种场。完善管理办法和遴选标准，加强管理。持续推进商业化育种，重点开展主导品种的联合育种，支持联合体、协作组、联盟等联合育种组织发展，推进建立联合育种创新实体。引导和培育一批技术实力强、运行管理规范的社会育种服务组织，为遗传改良工作提供支撑。

3. 预期目标 遴选国家羊核心育种场100家，形成基础母羊20万只的育种核心群；建成完善的联合育种机制，打造具有国际竞争力的羊种业企业3~5家，重点培育主导品种10个。

二、完善性能测定体系

1. 主攻方向 建立完善的性能测定体系，构建羊育种数据库。

2. 主要内容 完善种羊登记制度，修订种羊登记技术规范，在国家羊核心育种场全面开展品种登记；研发表型精准测定技术与装备，建立表型精准测定技术体系；建立健全种羊性能测定规范，完善生长发育、肉质、繁殖、毛绒、乳用等性状测定规范，建立饲料转化效率、抗逆等测定规范；培养专业的测定员队伍，实现规范管理，全面开展场内性能测定。

3. 预期目标 实现国家羊核心育种场种羊品种登记全覆盖，每年种羊性能测定数量达到40万只以上，大幅提升育种数据采集能力。

三、提升育种自主创新能力

1. 主攻方向 建设国家羊遗传评估中心和基因组选择技术平台。

2. 主要内容 建立国家羊遗传评估中心，构建遗传评估模型，定期发布遗传评估结果，指导企业实施精准选育；建立羊基因组选择育种平台，分类组建高质量参考群体，开发基因组评估方法，在国家羊核心育种场逐步推进基因组选择技术的应用。

3. 预期目标 建成国际一流水平的羊遗传评估技术平台，基因组选择等育种新技术在国家羊核心育种场得到普遍应用。

四、加强遗传资源开发利用

1. 主攻方向 羊重要性状关键基因挖掘和新种质创制。

2. 主要内容 根据羊优势产区布局和遗传资源现状，确定重点选育品种，制定选育方案，开展持续选育；系统挖掘地方羊优异性状关键基因，创制新种质；综合应用现代繁殖新技术，高效扩繁优异种质。

3. 预期目标 选育提升生产性能突出、推广潜力大的现有品种30个，满足多元化种源需求；挖掘一批重要性状关键基因，创制羊新种质资源。

五、加强羊种源垂直传播疫病净化

1. **主攻方向** 重点净化以布鲁氏菌病为主的羊种源传播疫病。
2. **主要内容** 完善国家羊核心育种场环境控制和管理配套技术，建立严格、规范的生物安全体系，提高疫病防控和净化能力；完善准入管理，将布鲁氏菌病等主要疫病监测结果作为国家羊核心育种场遴选和核验的考核标准；建立生物安全隔离区，加快推进国家羊核心育种场疫病净化，创建无疫区、无疫小区或净化示范场，加强核心种羊资源的保护。
3. **预期目标** 国家羊核心育种场率先达到农业农村部动物疫病防控的有关要求。

5.6.4 保障措施

一、强化组织管理

全国畜禽遗传改良计划领导小组办公室负责计划的组织实施。全国羊遗传改良计划专家委员会负责制修订相关标准和技术规范、评估遗传改良进展、开展育种技术指导等工作。省级畜禽种业主管部门负责本省内国家羊核心育种场的推荐和管理，全面落实遗传改良计划各项任务。鼓励优势产区制定实施本地区重点羊品种遗传改良计划。

二、加大政策支持

积极争取中央和地方财政对全国羊遗传改良计划的投入，逐步建立以政府资金为引导、以企业投入为主体、社会资本参与的多元化投融资机制。重点加大对生产性能测定、育种新技术应用、优良地方品种资源开发利用、疫病防控等方面的支持。现代种业提升工程等项目优先支持国家羊核心育种场建设。支持将长期致力于畜禽育种的技术人员纳入当地的人才计划，激发人才创新活力。

三、创新运行模式

加强本计划实施监督管理工作，完善运行管理机制。严格遴选并及时公布国家羊核心育种场名单，建立定期考核和随机抽查相结合的考核制度，通报考核结果，对考核不达标的及时取消资格。推动产学研深度融合，构建充分体现知识、技术等创新要素价值的收益分配机制。完善国家羊核心育种场专家联系制，进一步提高指导的针对性和有效性。

四、加强宣传培训

采取多种形式加强全国羊遗传改良计划的宣传，增强社会各界对羊种业自主创新的理解和支持。依托国家级、省级羊产业技术体系和畜牧技术推广体系，组织开展技术培训及指导，提高我国羊种业从业人员素质。利用种业大数据平台，促进信息交流和共享。在加强国内羊遗传改良工作的同时，积极引进国外优良种质资源和先进技术，鼓励育种企业加强国际交流与合作。

5.7 羊引种、利用和持续选育提高

5.7.1 羊引种与风土驯化

一、羊引种与风土驯化的概念

引种指从国外或外地引入优良品种、品系或类型群的种羊（含冻精或冷冻胚胎），用来直接改良当地品种。风土驯化则是指引入的羊种适应新环境条件的变化过程。引种和风土驯化成功的主要标准是：种羊被引到新的地方，在新的环境条件下不但能生存、繁殖和进行正常的生长发育，而且能保持其原有特征和遗传特性，甚至产生某些有益的变异。例如，辽宁绒山羊先后被引入内蒙古、吉林、河北、陕西、山西等省（自治区），其适应性、耐粗饲等主要优良特征表现突出，在产绒量及绒纤维品质方面大部分接近甚至超过原产地水平。

二、羊引种与风土驯化的意义

随着社会经济的发展，为了满足本地生产、市场对一些特殊遗传资源或基因的需要，迫切需要进行引种工作。例如，我国细毛羊、奶山羊及肉羊品种从无到有，无一例外采取了引种的技术手段。引入品种，必须要经过风土驯化才能稳定和保持其原有的特征、特性。因此引种是随社会经济条件的发展而产生的行为，风土驯化是引种的后续工作。

5.7.2 羊引种的基本原则

一、生态条件相似性原则

在引进和改良本地羊群时，要根据羊种的适应性和牧业气候相似理论进行，凡是按此理论引进的许多优良品种都会获得成功。反之，会给引种工作带来许多困难甚至招致失败。

二、社会、经济发展需要原则

任何引种都是为了满足当地生产的需要，以提高经济效益为最终目的。盲目引种势必造成引入品种无立足之地，难以推广。例如，在农区兴建超细毛羊种羊场，不符合当地农区以发展肉羊为主的经济发展主题，使种羊推广举步维艰。

5.7.3 羊引种的技术措施

一、引种前的准备工作

1. 制订引种计划 首先要研究引种的必要性，明确引种目的，然后组建引种小组，确定引进的品种名称、数量及公母比例，使选种、运输、接应等一系列引种环节落实到人。国外品种应从大型牧场或良种繁殖场引进，地方良种应从中心产区引进。

2. 修建羊舍 引种前应修建羊舍，羊舍要光线良好、通风透气、干燥卫生。羊舍建

成后要进行消毒，可选用生石灰、新洁尔灭、烧碱等。

3. 落实引种计划　　确定从某地引种后，在正式引种的前几天派引种小组人员赴该地，对所引品种的种质特性、繁殖、饲养管理方式、饲草料供应、疫病防治，以及种羊价格等情况进行全面了解，并寻找场地集中饲养等待接运，以便接运车辆随到随运。

4. 种羊选择　　要根据体型外貌来选择种羊，要查阅系谱。所选种羊应体质结实，体况良好、外形特征要符合品种要求。要特别注意公羊是否为单睾或隐睾，母羊要腰长腿高、乳房发育良好。此外，应向引种单位取得检疫证，一是可以了解疫病发生情况，以免引入病羊；二是在运输途中检查时，只有手续完备的品种才可通行。

二、正确选择引入品种

选择引入品种的主要依据有二：一是该品种的经济价值和种用价值；二是要有良好的适应性。高产是引种的必要性，适应是引种的可能性。为了确保成功，应做引种试验，先少量引种，研究观测引入个体对本地生态环境的反应，制订对策，然后再大量引种。

三、慎重选择引入个体

一个品种个体之间都有差异，因此引种时要认真选择引入个体。要注重引入个体的体质外形、生产力高低，同时要查系谱，了解引入个体性状遗传稳定性。引入个体间不应有亲缘关系，公羊最好来自不同家系，这样可使引入种群体遗传基础广，有利于后续选育。此外，幼年个体对新环境可塑性强，适应能力强，必要时也可以引进胚胎。

四、合理选择调运季节

为使引入个体在生活环境上的变化不太突然，使个体有个逐步适应过程，在调运种羊时应注意原产地与引入地的季节差异，尽量避免在炎热的夏季引种。同时，要有利于引种后的风土驯化，使引种羊尽快适应当地环境。从低海拔向高海拔地区引种，应安排在冬末春初季节；从高海拔向低海拔地区引种，应安排在秋末冬初季节，在此时间内两地的气候条件差异小，气温接近，过渡气温时间长。特别在秋末冬初引种还有一个更大的优点，就是此时羊只膘肥体壮，引进后在越冬前还能够放牧，只要适当补充草料，种羊就容易越冬。

五、严格检疫

我国通过引种曾引入很多新疫病，给生产带来巨大损失。因此，在引种时必须进行严格检疫，按《中华人民共和国进出境动植物检疫法》程序进行。在我国境内引种也要严格执行检疫隔离制度，确保安全后方可正常入群饲养。境外引种须在隔离场隔离观察45d，境内引种须隔离观察30d。

六、正确进行种羊运输

1. 运输前准备

（1）器械准备，要备好提水桶、兽用药械（如注射器等）、应急抢救药物（如镇静、消毒、强心等药物）、手电筒等。

（2）备足草料，要根据运输数量、行程的远近来备足运输途中所需的草料。

（3）接车准备，调运前要安排专人在引种到达地点负责接车验收。

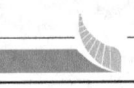

2. 运输 　运输途中羊只难免会遇到各种应激反应，要采取科学的护理方法，以减少不必要的损失。首先要根据车厢大小确定运输数量，装运时羊只不宜拥挤，起运前要喂足料水；其次要中速行车，减少车体剧烈颠簸，防止羊只因突然惯性而拥挤、踩压。

七、加强引入种群的选育

不同品种对引入地生态环境的适应性不同，同一品种内个体间也有差异。引种后应加强选种、选配和培育，使引入种群从遗传上适应新的生态环境。要对引入品种逐代扩群，并在选育到一定程度时开展品系繁育并扩大生产。

八、加强引入种羊饲养管理

要尽量创造与原产地接近的饲养环境，然后逐渐过渡到引入地的饲养管理条件。为防水土不服，还可带些原产地饲料，供途中和初到引入地时饲喂。此外，还应加强引入个体的锻炼，使之逐渐适应引入地的生活环境。

九、引种的注意事项

1. 引种要讲方法 　目前的引种方法有引进纯种个体、引进胚胎、引进精液。3种方法各有利弊。胚胎和精液便于携带和运输，但所需繁殖时间要长。直接引进纯种，虽然运输较困难，但可使利用时间大为提前。

2. 引种数量与资金要配套 　引种数量多少，应由引种资金的多少，以及引种单位的饲养管理能力所决定。例如，某羊场投资上百万元，从国外引进纯种进行养殖，前期投资积极有力，然而后期资金不到位，造成引种失败。

3. 对供种单位的信誉进行调研 　国内外在种羊中以假充真，以不合格种羊冒充合格产品的现象时有发生。因此选择有信誉的供种单位或中介单位十分重要。

4. 客观掌握品种的经济价值 　应避免被媒体的过分炒作或供种单位的过分夸大宣传而误导。盲目获取第三方信息，有时引进之后就会与所期望的品种相差甚远。

5. 引种要因地制宜 　北方饲草资源丰富，地域广阔而平坦，但气候寒冷，因此，以选择引进较耐寒的绵羊品种或绒山羊为宜；山区应选择山羊品种；半山区和丘陵地带如果气候条件适宜，则引进品种余地较大；而在南方，由于高温高湿不宜引入毛用羊。

5.7.4　羊引种失败原因分析

引进前应充分调查其所需自然环境条件、饲养管理条件，弄清其生产性能、常见疫病和寄生虫病。引入之后应在其需要的环境条件下进行科学饲养和繁殖。否则，往往多病多死，可能造成引种失败，失败原因主要有以下几点。

一、自然生态原因

小尾寒羊对我国绵羊品种的改良、新品种的培育、羊肉的规模生产起到了重要推动作用。20世纪90年代以来，河南、山东小尾寒羊主产区向全国推广小尾寒羊数百万只，但引入各地后失败的不少，各地失败的原因之一就是不了解小尾寒羊原产区的生态条件。引进之初突然改变其原产区的饲养管理方式和生活习性，从而遭遇失败。例如，小尾寒羊被引入牧区后，长距离的游牧,加上高海拔地的氧气含量少,导致心肺功能衰竭,最终造成引种失败。

二、饲养管理原因

仍以小尾寒羊引种为例,小尾寒羊饲料必须精粗料合理搭配,能量、蛋白质充足,矿物元素、维生素也不能缺乏。但一些地方认为只需要秸秆和草就可以了,导致小尾寒羊因营养不足而达不到其正常的生长体重和繁殖率,最后失败。在牧区,在草资源不好的草场上放牧,导致先疲后弱最后死亡,以这一原因失败的为最多。

三、区域经济原因

某些地区养羊没有形成市场氛围,如果在该地区引种发展养羊业,会导致商品羊不易销售或价格偏低,造成失败。

5.8 羊保种和利用

5.8.1 羊保种的概念及意义

一、羊保种的概念

羊遗传资源包括基因组、基因及其产物的器官、组织、细胞、血液等遗传材料及羊活体等。从畜牧学角度考虑,保种就是要尽量全面、妥善地保护现有的种群,使之免遭混杂和灭绝。目前认为若一个品种母羊在500只以下,或在500~1000之间,且数量在下降,或公羊少于20只,该品种即可归为濒临灭绝。从遗传学角度考虑,保种就是妥善保存现有羊的基因库,使其中所有的基因都不丢失,无论它目前是否有利。从社会学和生态学观点看,无论品种还是物种,都是遗传资源,是社会发展、生物进化和生态平衡所必不可少的,所以有人提出保种就是保存资源。

二、保种的意义

所谓保种就是保存种群,保存了有一定特性、特征的种群,也就保存了品种、性状、基因和资源[1]。单一品种长期闭锁繁育,迟早出现的育种"极限"。这种情况下可用保存的品种来增加变异。另一方面,人类的需求总是处于动态变化中,所以多保存一些遗传变异是有备无患的明智之举。此外,保存一些遗传资源,对于深入了解羊驯化、迁徙、进化、品种形成过程,以及其他一些生物学基础问题,是很有科学价值的。

三、保种的标准

(1)群体近交系数不上升或缓慢上升。
(2)性状遗传率保持稳定。

---

[1] 吴常信. 动物遗传资源保存的理论与技术:21世纪动物农业持续发展的种质基础. 云南大学学报:自然科学版,1999,(S3):4.

（3）种群优良基因不消失。
（4）生产力水平保持稳定。

四、保种原理

根据群体遗传学理论，一个群体要保持平衡状态，必须具有足够的数量，群内实行随机交配，且不受突变、选择、迁移和漂变等的影响。而实际上，任何一个品种群都达不到理想状态的群体数量，也不可能完全随机交配，特别是小群体，任何基因都有可能消失。导致基因消失的主要因素是遗传漂变和近交，而影响漂变和近交的主要因素有群体有效含量、留种方式和公、母比例。群体有效含量越少，近交越难免，漂变越严重；留种方式影响群体有效含量与近交系数，从而影响基因丢失的概率；性别比例对群体有效含量有严重影响（表5-7）。

表5-7 性别比例对群体有效含量的影响

公畜数	母畜数	群体有效含量
3	3	12
3	9	14.4
3	30	15.48
3	300	15.95

可见，保种群中应考虑适当的性别比例，否则遗传信息会从数量少的性别中流失。从近交角度考虑，保种应适当延长世代间隔，世代间隔短会加速遗传信息丢失。

五、保种原则

（1）保证纯种繁殖。
（2）保持羊遗传多样性和表型多样性。
（3）在相应的生态条件下，采用随机小群保种或同一品种有多个地方保种，即"群体分割，多点保护"。

六、保种方法

1. 原位保种 也称活体保种，是对需要保种的小群体进行活体保种与繁殖。要求尽量保持一个群体基因库的平衡，力争使每一个基因都不会丢失。濒危物种保种常用此法，其首要任务是扩大群体，保存现有遗传多样性和表型多样性。

2. 易位保种 包括冷冻保存配子、冷冻保存胚胎、冷冻保存体细胞、构建基因文库等方法，在遗传资源保护中得到越来越广泛的应用。

3. 系统保种 指根据系统科学的思想，把一定时空内某一羊品种所具有的全部基因种类和基因组的整体作为保存的对象。随着科学技术的发展，一个液氮罐就可以保存大量的细胞，待将来需要细胞时，我们就可以用生物技术把这些体细胞培育成相应的活的动物，如体细胞克隆。

七、保种的措施

1. 制定保种规划 保种规划应包括保种目的、保存年数、保种群大小、保种地点和繁育方法等。

2. **建立保种场**　　在某种羊原产地或主产区建立保种场，在场内开展系统选育。建立羊遗传资源保种场的条件要求为母羊250只以上，公羊25只以上，三代之内没有血缘关系的家系数不少于6个。

3. **建立保护区**　　资源保护区是指针对有代表性的羊品种的天然集中分布区，依法划出一定面积予以特殊保护和管理，分为国家级和省级两个等级。

4. **建立保种核心群**　　保种核心群的个体应是品质优良、符合品种条件的个体，个体间最好没有亲缘关系。从量上看，保种核心群应有一定的有效规模，并且为预防疾病及天灾等，保种核心群不应完全养在一个地方。

5. **各家系等数留种**　　在每一公羊后代中选一公羊，每一母羊后代中选一母羊，这样可利于扩大群体有效规模，利于保种。

6. **建立基因库、测定站**　　羊遗传资源保护是为了保存基因库。一个品种保存了一定数量的公、母个体作为保种群体，其余的个体则可以通过纯种繁育或通过与引进品种的杂交进行改良。同时要建立测定站对保种群体进行测定和评价。

7. **品种资源的利用**　　任何品种都有如下三种利用方式：用纯种进行商品生产；作杂交亲本产生商品杂种；作进一步改良或杂交育种的原材料。不过要保的品种常是经济效益不高、没人养的，否则无须保也不会丢。应该在保护该品种主要特性和性能不受损害的前提下，通过对品种遗传潜力的开发与合理管理，使群体数量与质量得以继续发展。

八、保种中存在的主要问题

1. **保种与选育的关系**　　在遗传资源保存中，保种的目的在于全面地维持群体遗传结构的稳定，它与品种选育提高是对立的。因此，必须设立单独封闭的保种群体，在群体内需要遵循群体遗传学理论的要求，避免选择、突变、迁移、近交等系统性因素的影响，同时要尽量降低遗传漂变的作用。要长期独立地维持一个较大的保种群，需要很大的资金投入。

2. **短期利益与长远利益的矛盾**　　目前最主要的是保存一些生产性能较低的地方品种，以备未来的需要。因此，从短期利益看，保种是一项缺乏经济效益的工作。但是人类为了长远地可持续利用自然资源，必须对现有的宝贵遗传资源进行有效的保存。

3. **保种任务的区域性不平衡**　　由于市场经济原因，大量性能较低的地方品种逐渐被少数生产性能优秀的培育品种所取代，但在经济相对落后的地区仍拥有相对丰富的遗传资源。这种区域的不平衡性，导致对遗传资源难以实施有效的保存。因此，迫切需要社会各方的共同努力，在技术上和资金方面大力支持。

5.8.2　畜禽遗传资源保种场保护区和基因库管理办法

摘编自《畜禽遗传资源保种场保护区和基因库管理办法》（2006年7月1日起施行）与羊保种有关的部分。

一、国家级畜禽遗传资源保种场应当具备下列条件

（1）场址在原产地或与原产地自然生态条件一致或相近的区域。

（2）场区布局合理。生产区与办公区、生活区隔离分开。办公区设技术室、资料档案室等。生产区设置饲养繁育场地、兽医室、隔离舍、畜禽无害化处理、粪污排放处理等场所，

配备相应的设施设备，防疫条件符合《中华人民共和国动物防疫法》等有关规定。

（3）有与保种规模相适应的畜牧兽医技术人员。主管生产的技术负责人具备大专以上相关专业学历或中级以上技术职称；直接从事保种工作的技术人员须经专业技术培训，掌握保护畜禽遗传资源的基本知识和技能。

（4）符合种用标准的单品种基础畜禽数量要求。羊：母羊250只以上，公羊25只以上，三代之内没有血缘关系的家系数不少于6个。抢救性保护品种及其他品种的基础畜禽数量要求由国家畜禽遗传资源委员会规定。

（5）有完善的管理制度和健全的饲养、繁育、免疫等技术规程。

二、国家级畜禽遗传资源保护区应当具备下列条件

（1）设在畜禽遗传资源的中心产区，范围界限明确。

（2）保护区内应有2个以上保种群，保种群之间的距离不小于3km。

（3）保护区具备一定的群体规模，单品种资源保护数量不少于保种场群体规模的5倍，所保护的畜禽品种质量符合品种标准。

三、国家级畜禽遗传资源基因库应当具备下列条件

（1）有固定的场所。所在地及附近地区无重大疫病发生史。

（2）功能区室配备完善。应有遗传材料保存库、质量检测室、技术研究室、资料档案室等；有畜禽遗传材料制作、保存、检测、运输等设备；具备防疫、防火、防盗、防震等安全设施；水源、电源、液氮供应充足。

（3）有从事遗传资源保护工作的专职技术人员。专业技术人员比例不低于70%，从事畜禽遗传材料制作和检测工作的人员须经专业培训，并取得相应的国家职业资格证书。

（4）保存单品种遗传材料数量和质量要求。冷冻精液保存3000剂以上，精液质量达到国家有关标准；公畜必须符合其品种标准，级别为特级，系谱清楚，无传染性疾病和遗传疾病，三代之内没有血缘关系的家系数不少于6个。冷冻胚胎保存200枚以上，胚胎质量为A级；胚胎供体必须符合其品种标准，系谱清楚，无传染性疾病和遗传疾病；供体公畜为特级，供体母畜为1级以上，三代之内没有血缘关系的家系数不少于6个。

（5）完善的管理制度。应有相应的保种计划和质量管理、出入库管理、安全管理、消毒防疫、重大突发事件应急预案等制度，以及遗传材料制作、保存和质量检测技术规程；有完整系统的技术档案资料。

（6）活体保种的基因库应当符合保种场条件。

5.9 羊生产和育种资料的记录与整理

生产和育种过程中的各种记录资料是羊群的重要档案。利用这些档案，生产中可随时了解羊群存在的问题，进行个体鉴定、选种选配和后裔测验及系谱审查，合理安排配种、产羔、剪毛、防疫驱虫、羊群的淘汰更新等。生产育种资料记录的种类较多，如种羊卡片、个体鉴定记录、种公羊精液品质检查及利用记录、羊配种记录、羊产羔记录、羔羊生长发育记录、体重及剪毛量（抓绒）记录、羊群补饲饲料消耗记录、羊群月变动记录、疫病防治记录和各种科学试

验现场记录等（见二维码附件内容）。不同性质的羊场、企业，不同羊群、不同生产目的的记录资料不尽相同，生产育种记录应力求准确、全面，并及时整理分析，有许多方面的工作都要依靠完整的记录资料。

随着计算机信息科学的发展，对生产中的各种信息和资料随时录入计算机系统，经过一些专门设计的计算机记录管理和分析软件处理、编辑后，建立相应的数据库，供查询和利用；有些需要长期保存的资料可在建成某种形式的数据库后，借助计算机外部存储设备或网络云盘行保存。有条件的单位可利用互联网，在养殖单位与科研院校之间，乃至国内外之间进行信息传递和交流，为适应市场迅速发展、建立电子商务系统打好基础。

复习思考题

1. 简述羊主要质量性状及其遗传。
2. 简述羊主要数量性状及其遗传。
3. 怎样才能选择出1只优秀的种公羊？
4. 试述羊选配方法及选配时应该遵循的原则。
5. 简述羊引种应遵循的基本原则。
6. 简述羊引种的主要技术措施。
7. 简述羊引种应该注意的事项。
8. 试述羊遗传资源多样性保护的意义和任务。
9. 简述保种的基本理论和方法。
10. 简述保种工作中应该注意的问题。
11. 简述养羊业中品系的概念及其创建品系的方法。
12. 在养羊业中血液更新方法及其应用。
13. 本品种选育方法及其在养羊业中的应用。
14. 在养羊业中级进杂交的应用及其注意要点。
15. 育成杂交的意义、方法及其应用。
16. 导入杂交的意义、方法及其应用。
17. 经济杂交及其在养羊业中的应用。
18. 远缘杂交及其在养羊业中的应用。
19. 在养羊业中的育种记录种类及其意义。

第6章 羊的繁殖技术

羊繁殖力决定养殖的经济效益,受遗传、年龄、季节、营养和光照等外界条件影响。本章主要讲述绵、山羊的繁殖规律,繁殖技术,以及繁殖管理措施。重点是羊的繁殖管理措施;难点是繁殖规律与技术。

6.1 羊繁殖特性和机理

6.1.1 性机能发育

羊性机能发育是指羊从出生后繁殖能力获得与衰退或停止的全过程。按时间顺序可分为初情期、性成熟期、体成熟期和繁殖能力衰退/停止期。

一、公羊性机能发育过程

公羊的初情期是指公羊第一次排出具有受精能力精子,并表现出完整性行为序列的时期。初情期与体重紧密相关,羊初情期的体重一般是成年体重的40%~60%。引进品种公羊初情期一般在7月龄左右,国内品种相对较早。初情期标志着公羊开始获得繁殖能力,但此时生殖器官和体况仍处于快速发育状态,繁殖力低,因此要注意营养供给。此外,公、母羊应分群饲养,防止偷配。

性成熟期是指公羊经初情期后,生殖器官和身体进一步发育,产生高品质精子,具备完全繁殖能力的时期。山羊性成熟比绵羊略早,群体中的母羊存在也会诱导性成熟提前。需注意的是,性成熟期公羊身体未完全发育成熟,不适宜安排配种任务。

体成熟期指公羊达到成年体重的年龄,绵羊和山羊的体成熟期一般在12~15月龄。生产中一般不必等到体成熟,而是在初配适龄,即公羊长至成年体重70%以上时,为其制定配种任务。

随着年龄增长,公羊的配种频率、精液品质和受胎率均会下降,进入繁殖能力衰退期。

二、母羊性机能发育过程

母羊的初情期是指第一次发情并排卵的时期,此时母羊下丘脑-垂体-卵巢轴功能尚未完全成熟,一般只排卵而不发情。品种、气候、营养是影响母羊初情期的主要因素,初情期越早的母羊繁殖力越高。

母羊性成熟期是指母羊在初情期后获得完整繁育能力,表现为规律发情周期的时期。但此时母羊身体发育仍未结束,不宜配种,需设定适配年龄。母羊适配年龄也设定为长至成年体重的70%以上。此基础上，商品羊场可适当提前，种羊场则应推后。母羊的体成熟期一般在12~15月龄。

与公羊不同的是，母羊会随着年龄的增长最终丧失繁殖能力，称为繁殖能力停止期。山羊繁殖年限一般为7~8年，绵羊为8~11年。应在母羊繁殖能力停止前，及时将其淘汰。

表6-1列举了我国常见品种羊初情期、性成熟期及适配年龄的详细参数。

表6-1 国内常见绵羊和山羊品种的初情期、性成熟期和适配年龄

品种	初情期/月	性成熟期/月	适配年龄/月
中国美利奴羊	6	公12，母10	18~19
新疆细毛羊	公5~6，母8	8	18
蒙古羊	4~6	5~8	18
乌珠穆沁羊	4~6	5~7	18
藏羊	8	8~10	18
哈萨克羊	公4，母4~6	4~6	12~18
阿勒泰羊	4	6	18
滩羊	8	8~10	12~18
大尾寒羊	4~6	公6~8，母5~7	8~12
小尾寒羊	5~6	6	8~12
湖羊	公3，母4	4~5	6~8
同羊	4~6	6~7	12~18
罗姆尼羊	公5~6，母4~6	8~10	12~18
内蒙古绒山羊	公4~5，母3~4	5~6	18
新疆山羊	3~5	5~6	18
西藏山羊	3~4	4~6	18~20
中卫山羊	公3~4，母5~6	5~6	15
辽宁绒山羊	4~5	5~6	18
济宁青山羊	公3，母2	4	公6，母5
大足黑山羊	公2~3，母3	公6~8，母5~6	8~10
陕南山羊	3	3~4	12~18
海门山羊	3	3~5	6~10
贵州白山羊	3~4	4~6	6~8
龙陵黄山羊	3~4	6	8~10
雷州山羊	3	3~5	6~8
南江黄羊	公4，母3	5~6	6~8
安哥拉山羊	公4~6，母4~5	6~8	9~10
马头山羊	3~4	4~6	10
萨能奶山羊	公3，母3~4	4~5	8~10
吐根堡山羊	3~4	4~6	7~8
关中奶山羊	公4，母4~5	4~5	7~8
波尔山羊	4	5~6	8~10

注：公表示公羊，母表示母羊。

6.1.2 发情和发情周期

一、发情

发情是指母羊在性成熟后,卵巢分泌的雌激素与孕酮协同作用于性中枢,进而引发的特殊求偶行为。发情母羊会表现出子宫蠕动增强,子宫颈口张开,阴道黏膜充血潮红,外阴部充血肿大,伴有大量黏液流出。母羊在行为方面表现为兴奋不安、鸣叫不止、食欲减退、举腰弓背和频繁排尿,并主动接近公羊,接受爬跨,出现静立反应并不停左右摆尾。

发情持续期是指从上述发情特征出现到消失所需的时间。绵羊一般为24~36h,山羊为26~48h,个别长达72h以上(表6-2)。发情持续期与品种、年龄、胎次和季节等有关,初发情母羊较短,经产羊相对较长。

二、发情周期

母羊初情期后,如果没有对其进行配种或在配种后没有受胎,则每间隔一段时间便会出现一次发情,如此周而复始,直至性机能完全停止活动。这种周期性的发情现象被称为发情周期。发情周期受品种、胎次、配种季节、饲养管理等因素影响,绵羊为15~18d,平均为17d;山羊为16~22d,平均为21d(表6-2)。

表6-2 常见绵羊和山羊品种的发情周期与发情持续期

羊品种	用途	发情周期/d	发情持续期/h
中国美利奴羊	毛用	16~21	29~34
新疆细毛羊	毛用	17	24~48
藏羊	毛用	17.84±2.74	—
杜泊羊	肉用	17	29~32
小尾寒羊	肉用	16.8	29.4
湖羊	皮用	17.5	48~72
滩羊	皮用	17~18	24~48
罗姆尼羊	肉毛兼用	19~21	34~38
辽宁绒山羊	绒用	17~20	24~48
内蒙古绒山羊	绒用	18~21	48
安哥拉山羊	毛用	17.9	44.7
波尔山羊	肉用	18~21	37.4
南江黄羊	肉用	19	33.83
济宁青山羊	羔皮用	17~18	36.7
中卫山羊	羔皮用	17	24~48
马头山羊	板皮用	17~21	48~86
关中奶山羊	乳用	20	30~48
萨能奶山羊	乳用	20	30

根据不同阶段母羊在生殖器官、黏液特征及性欲表现等层面所发生的变化,可将发情周期划分为发情前期、发情期、发情后期和间情期4个阶段。

1. 发情前期　　为发情准备的时期。在发情前期，黄体萎缩退化，新的卵泡开始生长发育，子宫腺略有增殖，子宫颈微开，阴道黏膜增生并出现轻微肿胀充血，无发情表现。

2. 发情期　　为母羊性欲达到高潮的时期，此期卵泡分泌大量雌激素刺激生殖道，使外阴部充血肿胀，子宫颈口开张并有大量黏液排出。同时雌激素作用于性中枢，使母羊愿意接受公羊爬跨。绵羊和山羊是自发性排卵动物，排卵时间分别为发情开始后的24～27h和24～36h。

3. 发情后期　　为发情特征逐渐消失的时期，发情状态由兴奋转为抑制，拒绝接受公羊的爬跨。排卵后，卵泡残迹逐渐形成黄体，所合成的孕酮使得生殖道蠕动减弱，充血消退，黏液分泌减少并变黏稠，子宫颈逐渐封闭。

4. 间情期　　又称发情间期或休情期，为黄体功能旺盛期，所合成的大量孕酮使母羊子宫孕向发育，精神状态恢复正常。

三、发情周期的季节性

季节性繁殖的特性是长期自然选择的结果，目的是确保分娩时所处的环境条件（光照、气温和食物）利于后代存活[1]。公羊在任何季节都能够进行配种，但夏季高温时会出现精液品质下降、性欲减弱或完全消失等现象。母羊则根据其发情行为是否具有季节性，分为季节性发情和非季节性发情两种类型，见表6-3。一般而言，季节性发情是放牧品种的特征，非季节性发情是舍饲品种的特征。

表6-3　国内常见绵羊和山羊品种的发情类型

发情类型	绵羊品种	山羊品种
季节性发情	蒙古羊、西藏羊、哈萨克羊、滩羊、阿勒泰羊、云南半细毛羊、乌珠穆沁羊等	内蒙古绒山羊、安哥拉山羊、中卫山羊、太行山羊等
非季节性发情	小尾寒羊、湖羊、同羊、洼地绵羊、杜泊羊、萨福克羊、无角陶赛特羊等	波尔山羊、济宁青山羊、马头山羊、大足黑山羊、辽宁绒山羊（多集中在10月下旬～12月中旬）等

1. 季节性发情　　我国北方地区的大部分绵羊和少部分山羊在日照逐渐变短的秋冬季节发情，其他季节卵巢处于静止状态，不发情排卵。

2. 非季节性发情　　在温暖、低海拔和牧草充沛地区饲养的大部分山羊、少部分绵羊品种四季均可发情配种。

四、影响母羊发情和发情周期的因素

1. 遗传因素　　遗传因素是导致羊发情周期差异的主要原因。绵羊的发情周期一般要短于山羊的发情周期。

2. 环境气候因素　　温度、光照、纬度、湿度等环境气候因素都能对母羊的发情和发情周期产生影响，其中影响较大的是光照和温度。缩短光照，有利于母羊发情，反之则抑制发情。高温能够抑制羊的发情，南方的高温高湿对母羊发情抑制作用更强烈。

---

[1] Forcada F, Lozano JM, Abecia JA, et al. Control of luteinizing hormone secretion in ewes by endogenous opioids and the dopaminergic system during short seasonal anoestrus: Rôle of plane of nutrition. Animal Science, 1997, 65 (2): 217-224.

3. 营养因素　适宜的营养水平有利于母羊发情排卵，营养水平过高或过低均不利于发情。母羊在配种前进行补饲，可有效促进发情排卵，增加产双羔概率。

4. 生殖激素　母羊的发情受激素的调控，雌激素对羊的发情发挥了主要调控作用。生产中可使用雌激素、促卵泡素（FSH）、马绒毛膜促性腺激素（PMSG）和三合激素对母羊进行诱导发情，也可用公羊分泌的外激素诱导母羊发情。

五、母羊异常发情

母羊的异常发情主要包括安静发情、短促发情、断续发情、持续发情和孕后发情5种类型。常发生于初情期后和性成熟前，以及发情季节刚开始的阶段。营养不良、泌乳过量、温度等环境条件突变会引起异常发情。

1. 安静发情　也称为隐性发情，指母羊没有明显的发情表现，但卵泡发育和排卵均正常。常见于青年后备母羊、季节性发情母羊的第一个发情周期、产后第一次发情的母羊。主要与雌激素分泌不足，或性中枢对雌激素敏感性不够有关。

2. 短促发情　指母羊发情持续期极短，不易观察，很容易错过配种时间，常见于青年后备母羊，可能与神经-激素内分泌系统调控不完善有关。

3. 断续发情　指母羊发情持续时间长，时断时续。主要与营养不良和气候有关。

4. 持续发情　指母羊发情持续时间非常长，发情表现强烈。与内分泌失调、卵巢或卵泡囊肿有关。

5. 孕后发情　指妊娠期母羊出现发情行为，绵羊孕后发情的比例可达30%。主要与激素分泌失调有关，具体为黄体分泌的孕酮含量不足，胎盘分泌的雌激素又过多。

六、发情鉴定的方法

1. 外部观察法　主要通过观察母羊的行为及外生殖器官进行判断。母羊发情时的表现主要有：兴奋不安、反刍停止、食欲减退、频频排尿、喜欢接近公羊并摇动尾巴；外阴部及阴道充血、肿胀、松弛、有黏液排出等；当被公羊爬跨时表现为站立不动。

2. 阴道检查法　主要是借助阴道开膣器来观察阴道黏膜、分泌物和子宫颈状态来判断是否发情。若观察到母羊阴道黏膜颜色潮红、充血、黏液增多、子宫颈松弛、子宫颈口打开等，可以判断母羊已发情。

3. 试情法　将试情公羊放入母羊群中，若母羊主动接近公羊、接受爬跨时，可判定为母羊已发情。

4. 其他　如B超检查法、生殖激素测定等方法。

生产中，常用试情法结合外部观察法来对母羊进行发情判定，发情表现不明显时，再辅助阴道检查法进行判定。

6.2　羊的配种方法

配种是使母畜受孕的繁殖技术，合适的配种时机是确保配种成功的关键。全年发情的羊，可按照一定的生产节律进行全年配种，但应避开夏季高温时段。而对于季节性发情的羊，配种时间主要根据产羔时间来定，产羔时间分为产春羔和产冬羔两种类型。产冬羔一般7～9月配

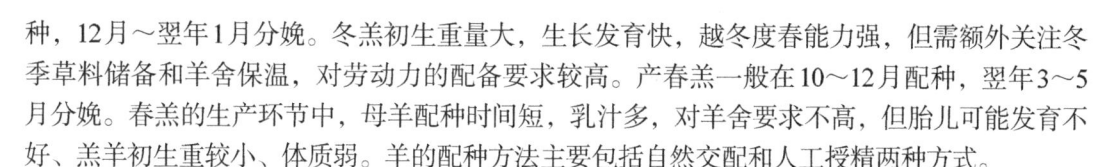

种，12月～翌年1月分娩。冬羔初生重量大，生长发育快，越冬度春能力强，但需额外关注冬季草料储备和羊舍保温，对劳动力的配备要求较高。产春羔一般在10～12月配种，翌年3～5月分娩。春羔的生产环节中，母羊配种时间短，乳汁多，对羊舍要求不高，但胎儿可能发育不好、羔羊初生重较小、体质弱。羊的配种方法主要包括自然交配和人工授精两种方式。

6.2.1 自然交配

让公羊与发情母羊自行交配的配种方式称为自然交配或本交，包括：自由交配、分群交配、圈栏交配和人工辅助交配4种类型。

一、自由交配

在放牧条件下，将公、母羊混群饲养，发情母畜可在任意时间与任意公畜进行交配。公羊和母羊的数量比例一般为1：（15～30）。这种配种方式对公羊需求量大，难以进行配种记录，易造成群体近交衰退。

二、分群交配

将母畜分成若干个小群，每个小群放入一头或几头经选择的公羊来进行自由交配。公羊和母羊的数量比例一般为1：（30～40）。这种方式可实现一定程度的选种选配，但仍然很难进行配种记录，一般适用于居住较为分散的小型家庭牧场。

三、圈栏交配

将公、母羊隔离饲养，在母羊发情时，才将母羊与特定公羊进行交配。这种配种方式可减少公羊保有量，提高公羊利用率，实现一定程度的选种选配，一般适用于圈舍养羊的小型家庭牧场。

四、人工辅助交配

将公、母羊隔离饲养，只有在母羊发情时，才按既定选种选配计划，使其与特定的公畜交配。此方法需在配种季节每天对母羊进行试情，然后把挑选出来的发情母羊与指定的公羊进行交配，对体型悬殊的公、母羊还需进行人工辅助。该方法优点在于可进行完整的配种记录，实现严格的选种选配，缺点是花费人力和物力较多，一般适用于种羊场。

6.2.2 人工授精

人工授精是指采集优良种公羊精液，稀释后按特定剂量人工输送到发情母羊生殖道内特定部位，使之受孕的配种方式。人工授精是目前我国养羊业中常用的配种方式之一。

一、人工授精的优越性

1. 扩大优良种公羊利用率 人工授精时公羊每次采精量可满足几只或几十只母羊的配种需求。因此，人工授精可以充分发挥优良种公羊遗传潜力，加速品种改良，减少公畜饲养量。

2. 控制疾病传播 人工授精可以避免自然交配过程中由于公羊和母羊直接接触所导致的传染性疾病和生殖器官疾病的传播。

3. 避免交配障碍 人工授精能够解决公、母羊因体型悬殊而出现的交配困难，并及时发现不孕症等生殖器官疾病，从而提高母畜受胎率。

4. 种质资源高效交流 人工授精时制备的冷冻精液可长期保存，更便于长途运输，可以代替活畜引种，大大降低引种费用。

二、人工授精前的组织和准备

1. 制定详细的配种计划 根据育种目标、生产方向或市场需求等因素，制定详细的配种计划，并进行详细的记录。

2. 人工授精站或采精场地的准备 人工授精站或采精场地的选址应选择母羊分布区域集中、地势平坦、背风向阳、排水良好、交通便利的地方。人工授精站主要由采精室、精液处理室、输精室、种公羊舍、试情公羊圈舍等组成。采精室、精液处理室和输精室要求宽敞、平坦、清洁安静、光线充足、空气清新，室温需保持在18～25℃。种公羊舍要求圈舍宽敞、地面干燥、光线充足、运动场地面积大。

3. 器械药品的准备及消毒 要提前准备好假阴道、集精杯、输精枪、吸管、玻璃棒和金属开膣器等器械，以及常用的兽药和消毒药品。人工授精所用器械，须提前进行清洗与消毒。

4. 台羊的准备 采精用的台羊分为假台羊和真（活）台羊两种。真台羊要选择体格健壮、健康无病、性情温顺、体型适中的活羊。一般选择发情的母羊或经训练的阉羊。假台羊是根据母羊体型大小，选用木材或钢管等刚性材料制成有支撑力的骨架，再覆以母羊皮或具有弹性人造织物革。

5. 种公羊的调教 正式使用前1.0～1.5个月，对种公羊的采精次数不少于15次，开始时每天采集1次，后期隔天采集1次，每次采集的精液都要进行精液品质检查。反复采精有助于刺激公羊产生活力高的新精子。采精的同时种公羊还需进行台畜爬跨训练，常见的训练方法如下：①把发情母羊尿液或阴道分泌物涂在假台畜或公羊鼻尖上，刺激公羊性欲；②让种公羊直接或戴上拴住阴茎的布兜与发情母羊交配几次；③让种公羊观摩别的公羊爬跨采精；④为种公羊注射丙酸睾丸素，1ml/次，隔天1次；⑤增加种公羊运动强度和时长，每天用温水清洗阴囊，由下到上按摩睾丸，早晚各一次。

6. 试情公羊的调教 利用试情公羊可准确及时地找出发情母羊。用作试情的公羊一般在2～5岁，健康无病、体质结实、性欲旺盛，数量一般为参配母羊的2%～4%。试情时公羊要戴上试情布或进行输精管结扎，以防止偷配。还可在试情布上安装一个特殊的打印器，凡被爬跨的母羊臀部均会留下印记。

7. 种母羊的准备与管理 参与人工授精的母羊需要单独组群，并在配种前5～7d进入待配母羊舍，配种前后要加强饲养管理，尤其注意蛋白质、矿物质和维生素等营养物质的补充。

三、人工授精的基本技术环节

人工授精主要包括采精、精液品质检查、精液稀释保存、母羊发情鉴定和输精等5个基本技术环节。

1. 采精 采精前需安装并调试好假阴道，采精时采精员右手握假阴道后端，靠在台羊臀部，假阴道和地面约呈45°角。当公羊爬跨伸出阴茎时，迅速向前用左手托着公羊包皮，将公羊阴茎自然地导入假阴道口内（切勿用手摩擦阴茎），公羊射精动作很快，发现公羊抬头、挺腰、前冲即表示射精完成。向后移走假阴道，并迅速将其竖直，保持集精杯端向下，取下集精杯并记录公羊号，送到精液室进行品质检查。

2. 精液品质检查 品质检查目的是评定精液优劣，为后续稀释、分装等过程提供依据，检查的项目及方法如下。

（1）射精量。绵羊的每次射精量一般为0.8~1.2ml，山羊的每次射精量一般为0.5~1.5ml。采精后可从有刻度的集精杯上直接读数。

（2）色泽。正常绵羊的精液为乳白色，山羊因品种不同而呈现灰白色至黄色。若精液呈浅青或浅灰色，则是精子密度低的表现，深黄色表示混有尿液，淡红表示混有血液，淡绿色表示有脓液。

（3）气味。刚采的精液略带腥味，当生殖道有脓液或出现病变时，会呈现腐臭味。

（4）云雾状。刚采集的新鲜精液，用肉眼可观察到由精子运动所引起的翻腾滚动的云雾现象，精子密度越大，活力越高，可观察到的云雾状越明显。

（5）pH和黏稠度。新鲜精液一般呈中性或略偏酸性，黏稠度相对较大。

（6）精子活力。精液中的精子一般呈现直线前进运动、原地摆动和转圈运动或静止几种方式。精子活力是指精液中呈直线前进运动精子所占的比例，一般采用十级评分制。例如，在显微镜下有70%的精子做直线前进运动，其活率即为0.7。只有活率达到0.6以上的公羊鲜精才用于输精。

（7）精子密度。精子密度是指每毫升精液中所含有的精子数量。精子密度的测定有目测法、血细胞计数法和精子密度仪3种方法。目测法按照显微镜视野内精子分布稠密将精子密度分为密（视野充满精子，看不到空隙和单个精子活动）、中（视野内精子之间有明显空隙，距离相当于1~2个精子长度）、稀（视野内精子之间空隙非常大，距离超过2个精子长度）和"0"四个等级（图6-1），中级以上的精液才能用于输精。血细胞计数法常用于精液的精确稀释、分装和保存，按照"数上不数下，数左不数右"的原则统计方格中精子数量（图6-2，左），精子密度=5个中方格精子总数×5×10×1000×稀释倍数。精子密度仪是利用光电比色来测定精液的透光性，再换算成精子密度（图6-2，右）。

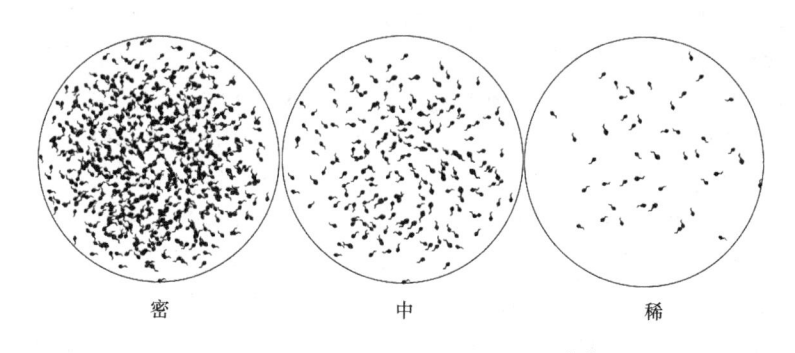

图6-1 目测法评估精子密度示意图[1]

---

[1] 伏彭辉，韩燕国，曾艳. 动物繁殖学实验与实习. 重庆：西南师范大学出版社，2020.

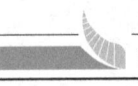

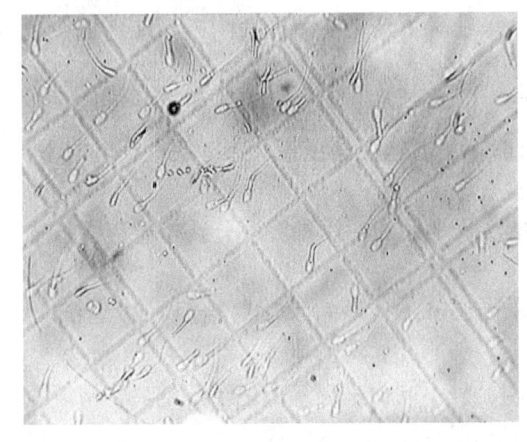

图6-2 血细胞计数板中方格内精子（左）及精子密度仪（右）

（8）形态学鉴定。精子形态学鉴定的主要指标有精子畸形率和顶体异常率。形态和结构异常的精子均为畸形精子。正常精液中畸形精子的比例一般不超过20%，优质精液畸形精子比例低于14%。畸形精子的计算需在400倍显微镜下检查不少于200个的精子。只有顶体完整的精子才具备正常的受精能力，新鲜精液中精子顶体异常率一般不能超过20%，否则会导致受精率下降。

3. 精液稀释保存 精液稀释的目的是扩大配种母羊头数、增强精子活力、延长精子存活时间、方便精液的保存和运输。精液稀释液的成分主要包括稀释剂、营养剂、保护剂、抗菌剂和其他添加剂。精液采集后应尽快用等温新鲜稀释液在20～25℃无菌条件下进行稀释，稀释时应将稀释液沿着集精杯壁缓缓注入，轻轻混匀，操作时动作要轻柔，然后分装。精液的保存方法有常温保存、低温保存和冷冻保存3种，所配套的稀释液分别是常温稀释液、低温稀释液和冷冻稀释液。日常用卵黄、牛奶作为低温保护剂，甘油、二甲基亚砜作为冷冻保护剂。①常温保存，将稀释后的精液保存在20℃以下的环境中，可在一定程度上减少精子运动，保存时间一般为1～2d。②低温保存，将温度缓慢降低至0～5℃进行保存，精子运动完全停止，营养物质和能量代谢水平降到极低水平，保存时间为2～3d。③冷冻保存，是人工授精技术的一项重大变革，可达到长期保存精液的目的。羊精子冷冻后受胎率比较低，一般为40%～50%。

4. 母羊发情鉴定 常用试情法结合外部观察法对母羊进行发情鉴定。每天早晨或早晚将试情公羊牵入待配母羊圈进行试情，凡主动接近公羊，并接受公羊爬跨的母羊即初步判定为发情。对于接近公羊，但发情表现不明显的，辅以阴道检查法进行判定。7～9月份配种的，每天试情时间不少于1.5h，10～12月份配种的，每天试情时间应不少于1.0h。

5. 输精 常采用开膣器结合细管法进行输精。一般在发情后10～36h进行输精，输精部位为子宫颈内，间隔8～10h再输精一次。发现发情的母羊，当天配种1～2次，即上午配一次或上下午各配一次。若第二天继续发情，可再次进行配种。配种时将发情母羊牵到输精室内的输精架上，对其外阴部进行消毒，左手持开膣器插入阴道，找到子宫颈口，然后右手持输精器小心插入子宫颈口内0.5～1.0cm处，注入0.1～0.2ml的稀释精液或0.05～0.1ml的原精液。如果采取阴道输精，至少需注入原精液0.2～0.3ml。输精过程中，若发现生殖道有炎症，则应用酒精棉球从后部向前端进行消毒，再对开膣器进行火焰消毒，才可继续对其他羊进行输精。

6.3 羊的妊娠与分娩

6.3.1 妊娠

一、妊娠期

妊娠期是指胎儿在母羊子宫内生长发育至分娩的整个时期，这个时期胚胎所经历的主要发育事件包括附植前胚胎发育、胚胎附植、胎盘形成、胎儿生长发育和分娩。羊的妊娠期长短与品种、多胎性及营养状况等因素有关。绵羊妊娠期的正常范围为146~157d，平均为150d，而山羊妊娠期的范围为142~161d，平均为152d（表6-4）。

表6-4 常见绵羊、山羊品种的妊娠期

品种	妊娠期/d	品种	妊娠期/d
中国美利奴羊	151.6±2.31	青山羊	146
小尾寒羊	148.29±2.06	马头山羊	149.68±5.35
滩羊	150~153	辽宁绒山羊	147~152
萨福克羊	147	波尔山羊	148.2±2.6
无角陶赛特羊	146.72±1.89	关中奶山羊	150

母羊妊娠之后，体况、生殖器官和生殖激素均有明显的变化，具体表现如下所示。

1. 体况的变化 ①体重变化，因胎儿成长和胎膜内液体的积累，妊娠母羊体重明显升高。妊娠的前中期，胚胎发育主要体现细胞分化和器官形成，母羊增重不明显。之后随着胎儿重量和羊水的迅速增加，母羊体重增长明显，所以该阶段必须加强饲养管理。②食欲变化，妊娠后母羊食欲旺盛，消化能力增强。

2. 妊娠后生殖器官的变化 ①卵巢变化，妊娠黄体在卵巢中持续存在，发情中断；②子宫变化，妊娠母羊子宫生长较快，并挤压其他脏器；③外生殖器官变化，妊娠初期阴门紧闭，阴唇收缩，阴道黏膜苍白。随着妊娠进展，阴唇表现出水肿。

3. 妊娠后生殖激素的变化 妊娠后，孕激素分泌迅速增多，雌激素含量迅速下降至较低水平。高水平孕激素抑制子宫平滑肌收缩并抑制促性腺激素分泌和卵泡发育。低水平雌激素对妊娠有着协同作用，可促进子宫肌肉、血管和腺体的发育。

二、羊的妊娠诊断

妊娠诊断具有重要意义，便于及时对妊娠母羊实施针对性的饲养管理，并可尽早对未孕母羊重新安排配种。常用的妊娠检测技术包括外部观察法、腹部检查法、阴道检查法、腹腔镜检查法、B超诊断法、激素或相关细胞因子测定法等。

1. 外部观察法 妊娠后，母羊性情温顺、毛色光亮、食欲增加、体态逐渐丰满、行为谨慎、好静、喜卧、周期性发情停止。外生殖器方面表现为阴唇收缩、阴门紧闭、阴道黏液浓稠、滞涩。在妊娠后期母羊腹围会明显增大，乳房明显胀大，体重增加，呼吸加快，排粪、排尿次数增多。外部观察法简单方便，但准确性差，不能用于早期妊娠诊断。

2. 腹部检查法 适用于妊娠2个月以后的经产母羊。操作时，背对羊的头部，面向后躯，用两手兜住腹部，双腿夹住其颈部，向上轻掂。再用左手触摸右侧腹下，看是否有硬物，如有硬块，即为胎儿，可判定为妊娠。腹部检查法操作简单，但准确性差，同样不能用于早期妊娠诊断。

3. 阴道检查法 用开膣器轻轻打开妊娠3周后母羊的阴道，若阴道黏膜颜色迅速由白色变为苍白色，并且阴道黏液量少、无色透明、较黏稠，子宫颈紧闭，子宫颈口形成"黏液栓"，即可判定为妊娠。未孕母羊的阴道黏膜的颜色为粉红，变色速度慢，阴道黏液量较多、稀薄且颜色灰白，流动性强。该方法对妊娠60d以上的母羊准确率可达95%，但对母羊刺激性比较大，并未被广泛应用。

4. B超诊断法 该法在规模化羊场应用最多，可以准确诊断早期妊娠，母羊配种后33d以上的诊断准确率可达90%以上[1]。母羊扫描图像为：因羊水对超声波不产生反射，妊娠子宫角断面呈暗区，配种后16～17d最初为单个小暗区，直径超过1cm，称胎囊；胎体的断面呈弱反射，位于子宫颈区的下部，贴近子宫壁，仔细观察可见其中有一规律闪烁的光点，即胎心搏动。未妊娠母羊扫描图像为：子宫角断面呈弱反射，位于膀胱前方或前下方，形状为不规则圆形，边界清晰，直径超1cm，并随膀胱积尿程度而移位。有时在断面中央可见到很小的无反射区（暗区），直径0.2～0.3cm，可能是子宫分泌物。

5. 激素或相关细胞因子测定法 配种20～25d后，绵羊血清中孕酮含量大于1.5ng/ml、山羊大于3ng/ml则妊娠成功，准确率可达90%以上。妊娠相关糖蛋白（PAG）是由反刍动物胎盘组织产生并释放到外周血液中的一类大分子蛋白质，在母体妊娠过程中发挥重要作用，可用于羊早期妊娠诊断。从妊娠后第3周直到分娩，都能在绵羊血液中检测到PAG，配种后第22天检测妊娠的准确率可达92%以上。

6.3.2 分娩

分娩（产羔）是指发育成熟后的胎儿及附属物胎盘从子宫中排出的生理过程。

一、分娩预兆

生产中可根据分娩预兆预测羊分娩的时间，以便做好接羔准备。典型的分娩预兆包括以下变化。

1. 乳房变化 妊娠中期母羊乳房开始变大，分娩前乳房快速增大，乳头挺立饱满，颜色发红发光，乳房静脉出现怒张，有硬瘤的触感，可挤出少量清乳。

2. 外阴部变化 临近分娩时，母羊阴唇变得柔软、肿胀、潮红、皱纹消失，易打开阴门，子宫颈"黏液栓"软化，生殖道黏液变稀，常排到阴门外。

3. 骨盆韧带变化 在分娩前1～2周母羊骨盆韧带开始松弛，㸦窝下陷，分娩前3～5h完全松弛、塌陷。

---

[1] Akbulut NK, Çelik HA. Differences in mean grey levels of uterine ultrasonographic images between non-pregnant and pregnant ewes may serve as a tool for early pregnancy diagnosis. Anim Reprod Sci, 2021, 226: 106716.

4. 行为变化　　临近分娩时，母羊表现出精神上的焦虑，离群寻找安静地方待产，排粪和排尿次数增多，起卧不安，喜卧墙角，时起时卧，不断回顾腹部和刨地，躺卧时两后肢向后伸直。

二、分娩过程

母羊分娩过程可分为子宫颈开口期、胎儿排出期、胎衣排出期3个阶段。

1. 子宫颈开口期　　从子宫阵缩开始到宫颈口完全开张，使阴道与子宫颈之间界限消失的时期，持续1～1.5h。此时期母羊子宫间歇性地自主收缩、宫内压升高、宫颈口开张，并表现频繁起卧和排尿，进食和反刍不规律，呼吸及脉搏加快等症状。

2. 胎儿排出期　　胎儿排出期是从子宫颈完全开张到胎儿产出的时期，持续0.5～1.0h。该期母羊表现为心跳加速、极度不安、四肢伸展并呈侧卧姿势。当胎囊和胎儿前置部分进入软产道后，压迫刺激骨盆腔的神经感受器，依靠子宫肌的阵缩和腹肌的努责将胎儿排出。努责是胎儿娩出的主要动力，比阵缩出现的晚，停止的早。胎儿排出时，未脱离的部分胎盘可保证胎儿的氧气供应，避免窒息。

3. 胎衣排出期　　胎衣排出期是指从胎儿产出后到胎衣完全排出的时期，持续1.5～2.0h。胎膜和胎衣排出的主要动力是子宫阵缩。此外，母羊的努责起辅助作用。由于脐带及羊膜的牵引，胎盘剥落时常以内翻状排出。要及时取走排出的胎衣，以防母羊吞食养成恶习。

三、分娩控制

分娩控制也称诱发分娩或引产，是指采用外源激素使妊娠末期母羊在短时间内集中娩出羊羔的一项技术。分娩控制有助于羊羔的照料，有利于羔羊的调换、寄养和并窝，节省时间和人力。生产中，可在妊娠144d给绵羊注射地塞米松12～16mg，大部分母羊在药物注射40～60h后集中产羔。也可在妊娠141～144d肌肉注射PGF2α，大部分母羊在3～5d后集中产羔。山羊分娩控制方法与绵羊类似，在妊娠第144d肌注地塞米松15～20mg或PGF2α 5～10mg，大部分母羊在用药后32～120h集中产羔。

6.3.3　羔羊的护理

一、产羔前的准备

1. 分娩舍清扫及用具消毒　　在预产期前3～5d，应对接羔棚舍、分娩栏、饲槽等进行清扫，并用含1%的氢氧化钠溶液、2%的来苏儿水溶液或10%～20%的石灰乳等进行一次彻底消毒。接羔棚一般要分成大、小的两处区域，小区域可放初产母子群，大区域可放经产母子群。接羔舍内准备分娩栏，将羔羊和分娩母羊关在栏内，可以避免其他羊只的干扰，便于管理。

2. 舍饲草料等物资准备　　无论牧区还是农区，都要充足的青干草、农作物秸秆饲料和精料等。对于春季产羔母羊，应准备至少15d舍饲所需的青绿牧草和各种饲料。在草原牧区，从夏季牧草生长返青成熟起开始，可将向阳、避风、靠近放牧水源与接羔舍的草地用铁丝网围起，用于羊羔和母羊日常采食、运动休息，并至少能保证产羔母羊一个半月内的放牧所需。

3. 接羔人员工作准备　接羔准备是一项烦琐但重要的工作，每一批待产母羊指定一名主管牧工外，还应配备一定数量的辅助劳工。接羔工作人员需接受正规培训，分工明确，责任落实至个人。此外，还应配备专业兽医人员，备足分娩时所需的医用器具及药品。

二、接羔及助产技术

一般羊膜破后几分钟到半小时左右母羊就可将羔羊娩出，并且是羔羊头部及前肢先娩出。双羔之间的间隔一般为5~30min，有时长达数小时。产羔时，接羔人员不应过多介入，只有观察到母羊出现分娩无力或羔羊胎向不正时才进行人工助产。助产时，从母羊躯体后侧用膝盖轻压母羊肷部，并推动会阴部，迫使羔羊露出头部，若羊膜未破则应立即撕破，避免羔羊窒息；随后一手轻托羔羊头，一手抓住羔羊前肢向后下方用力直至将羔羊拉出。一旦发生严重难产，应及时联系专业兽医，必要时进行剖腹产。如需进行母子畜之间取舍时，尽量保留母畜。

羔羊产出后，要及时掏出口腔黏膜黏液，并让母羊舔净羔羊身上多余的黏液，避免羔羊失温。若母羊不舔羔羊，应用柔软干燥布块擦干黏液。羔羊一般都能自行扯断脐带，如需人工断脐，则应距离肚皮3~4cm处打结脐带，并用碘酒消毒后剪断。

若羔羊假死，即不呼吸但心脏仍跳动，应先向上提起羔羊后肢，使其自然悬空，再拍打臀部与右侧胸部；或使羔羊卧平，用两手有节奏地向上下的方向用力推压胸部两侧，直至复苏。

三、产后母羊的护理

1. 及时补充水分　母羊在分娩时损失大量水分，在产后要立即喂1.0~1.5L含有麸皮的温水汤，可加少量盐，忌喝冷水。

2. 防寒保暖　母羊产后身体虚弱、抵抗力下降，要注意保暖防潮，让母羊安静休息。

3. 饮食护理　产后前几天给母羊饲喂质量好、容易消化的饲料，如优质干草，同时供应充足的淡盐水。前3d尽量不喂精饲料；3d后开始添精饲料时，先少再逐渐增多；4~5d后可恢复正常饲喂量，同时给饲喂优质青干草和青绿多汁饲料，促进母羊泌乳。

4. 促使运动　在母羊产后最初3~4d，每隔2~3h轰起卧地的母羊，给羔羊哺乳。

5. 预防疾病　分娩可能造成母羊产道损伤，因此产后要注意外阴部的清洁卫生，及时洗净尾根、外阴周围黏附的恶露，防止感染。

6. 保持圈舍卫生　产羔结束后，空产房应及时清扫，并用2%~4%的氢氧化钠溶液消毒，产房四周1m高内的墙面用20%石灰水粉刷。

四、新生羔羊的护理

出生6个月内羔羊，身体的各系统器官仍未发育完全，体温调节尚未健全，适应力弱，易出现死亡。为提高羔羊成活率，要加强日常护理，严格贯彻"三防四勤"方针，即防冻、防饿和防潮，勤检查、勤消毒、勤配奶和勤治疗。

1. 防寒保温　羔羊体温自主调节中枢机能并不完善，出生后1~2h内体温一般会下降2~3℃。因此，要提前在产房或羔羊饲养区进行加温取暖。

2. 尽早采食初乳　初乳是指母羊产后5~7d内的乳汁，质地浓稠且色泽焦黄。初乳含有大量的免疫球蛋白、蛋白质、矿物质、维生素等数种重要的营养物质，可有效提高羔羊的免疫力和成活率。最好在羔羊出生半小时内吃到初乳,并持续3d以上的初乳。第一次吃初乳时,工作人员一般要远离羔羊和母羊,避免环境应激导致母羊不哺乳。对于母性差的母羊,可采用人工强制哺乳,即将母羊保定,把羔羊推到乳房前使其吸吮初乳;也可提前冻存初乳,定期喂给羔羊。对于失去母亲的小羔羊,应尽快安排代乳母羊,代乳过程中应定期将代乳母羊尿液或乳汁涂抹至代养羔羊的后躯和头部,以混淆母羊嗅觉而使其放心认领小羔羊。没有代乳母羊时,应提供优质羊奶粉、牛奶粉或代乳粉进行喂养。

3. 关注脐带和胎便 新生羔羊的脐带一般在生后7d自行脱落,此间要防止羔羊互舔脐带,或尿液污染,以免引起脐带发炎。羔羊一般在产后4~6h即开始排泄胎便,若产后24h仍排不出胎便,要用温肥皂水、油剂灌肠或灌服蓖麻油、液体石蜡。

4. 保证吃奶次数 出生15~20d内羔羊的吃奶次数较多,几乎每隔1h就吃奶1次,因此应让母羔同处一栏。出生20d以后吃奶的次数减少,此时可让母羊白天放牧活动,但应保证羔羊每日吃奶至少3次。

5. 人工哺乳 对于采用人工哺乳方法的规模化羊场,需做到定时、定量、定温。定时就是每天按时哺乳;定量就是按品种、日龄及体重来调节喂乳量;定温就是喂前热至38~40℃,保持温度适宜。

6. 保持环境卫生 腹泻是初生羔羊常见的症状。为了减少腹泻发生,除让羔羊喝足初乳外,还要搞好圈舍环境卫生,经常消毒、更换褥草、保持卫生清洁。饲养员应每天观察,发现病情要及时诊治。

7. 做好免疫接种 按照常规免疫程序,及时做好羔羊疫苗免疫接种工作。

6.4 繁殖新技术在养羊生产中的应用

6.4.1 精液冷冻保存技术

一、精液冷冻保存的原理

精液冷冻保存就是将精子置于超低温环境液氮(−196℃)或干冰(−79℃)中,使其新陈代谢近乎停止,升温后又能恢复受精能力。该技术可最大限度地提高优秀种公羊的利用率,加速品种改良,是人工授精技术的一大革新。

二、冷冻精液制作过程

1. 精液的稀释和降温 待冷冻用的新鲜精液,要求密度和活率分别在20亿/ml和0.7以上。精液稀释分为一步稀释法和两步稀释法,两步稀释法在当前生产中最为常用。具体操作是:采精后5min内使用含卵黄或牛奶的等温稀释Ⅰ液(28~32℃)进行第一次稀释,一般根据精液品质稀释1~4倍,并在1~2h内缓慢降温至2~5℃后;然后加入等温稀释Ⅱ液,加入量与第一次稀释后的精液量相同。常用绵羊、山羊精液冷冻稀释液的配方见表6-5,基础液可以多次使用,稀释液需现配现用。

表6-5　绵羊、山羊精液冷冻稀释液配方[1]

稀释液		绵羊			山羊		
		配方1	配方2	配方3	肉用山羊	奶山羊	绒山羊
基础液	蒸馏水/ml	100	80	50	85	100	100
	葡萄糖/g	3.0	7.5	3.0	—	1.12	2.0
	乳糖/g	—	10	11	—	—	9.0
	果糖/g	—	—	—	4.8	—	—
	柠檬酸钠/g	3.0	—	3.0	2.0	1.7	—
	柠檬酸/g	—	—	—	—	1.0	—
	Tris/g	—	—	—	—	1.84	—
	脱脂奶/ml	—	20	50	—	—	20.0
Ⅰ液	基础液/ml	80	80	80	85	85	80
	卵黄/ml	20	20	20	15	15	20
	青霉素/万U	10	10	10	10	10	10
	链霉素/万U	10	10	10	10	10	10
Ⅱ液	Ⅰ液/ml	44	45	44	46	46	45
	甘油/ml	6	5	6	4	4	5

2. 稀释精液的平衡　稀释后的精液放置在4～5℃范围温度下2～3h进行平衡，确保甘油能够充分渗透到精子细胞内，以达到抗冻、保护的目的。

3. 精液的分装和冷冻　羊的精液主要有颗粒、细管和安瓿3种冷冻类型。颗粒冻精易污染、不易标记，安瓿易炸裂，因此生产中广泛应用的是细管冻精。细管冻精制备流程为：将平衡处理后的细管精液用毛巾擦干后排列在细管分配器上，将冷冻网放到大口径液氮容器内，并距离液氮面1～2cm，温度保持在−140～−130℃；再将装有精液细管的分配器置于冷冻网上，加盖保持10min，使细管温度从4℃降到−140℃，从而完成冷冻；再分装到提桶内，浸入−196℃液氮中进行长期保存。贮存液氮的液氮罐应符合《液氮生物容器》(GB/T 5458—2012)标准，专人保管。

三、冷冻精液的解冻和输精

细管冻精一般在38～42℃温水中解冻，用镊子取一支细管冻精迅速浸于水中晃动8s左右，然后立即用吸水纸或纱布将其外表面擦干备用。解冻后的精液要立即进行输精，输精前，先对解冻后的精液进行品质检查，密度(7～8)×10^7/ml，活率0.3以上，畸形率20%以下才能用于输精。精子活率达到30%。输精时，采用输精枪进行子宫颈深部(深入宫颈2.5cm以上)，输精剂量一般为0.2ml左右。借助腹腔镜进行子宫角输精，能提高受胎率(60%以上)。

6.4.2　胚胎移植技术

胚胎移植指的是从供体母羊输卵管或子宫内将早期胚胎取出，并移植到受体母羊相同部

---

[1] 张英杰. 羊生产学. 2版. 北京：中国农业大学出版社，2015.

位，使之受孕产羔的技术。供体通常选择生产性能高或具有特异性状的母羊，受体通常选择繁殖机能正常、母性好、群体数量大的本地母羊。1974年和1980年我国分别在绵羊和山羊胚胎移植上取得了成功，该技术在改良我国羊生产性能、加速新品种（系）培育方面，已取得了良好效果。

胚胎移植必须严格遵循《羊胚胎移植技术规程》（NY/T 1571—2007）和《绵羊胚胎移植技术规程》（NY/T 826—2004）。一般的技术操作流程为：①选择和检查供体母羊和受体母羊；②供体和受体同期发情处理；③供体羊的超数排卵和配种；④收集、鉴定并保存供体母羊的胚胎；⑤将胚胎植入受体母羊；⑥供体和受体术后管理；⑦受体母羊妊娠诊断。其中，超数排卵是非常重要的步骤，目前常用于超数排卵的促性腺激素有马绒毛膜促性腺激素（PMSG）和促卵泡素（FSH）两种。①PMSG法：在供体母羊发情周期的第16天（周期性黄体消退时期），用PMSG对母羊进行1次皮下注射（25~30IU/kg）即可。②FSH法：在供体母羊发情后的第9~10d，每日进行2次FSH肌肉注射（40~50IU/次），直至母羊发情；然后注射1000IU人绒毛膜促性腺激素（hCG）。注射程序和激素组合、超排时期、胎次、年龄、季节、品种和个体反应等均会影响超数排卵效果。

6.4.3　幼畜超数排卵技术

幼畜超数排卵技术（juvenile in vitro embryo transfer，JIVET）是对1~2月龄的幼龄羔羊进行超数排卵处理，因为羔羊卵巢对生殖激素相应性好，并且卵泡发育过程中很少发生卵泡闭锁。JIVET技术能有效缩短世代间隔，加速育种进程。研究者以6~7周龄的陶赛特羔羊作为超排对象，以高原型藏羊作为胚胎移植的受体，开展了JIVET技术在绵羊上的应用。每只羔羊平均采集27.16枚卵母细胞，体外受精率、卵裂率和胚胎移植率分别为91.38%、47.41%和16.66%，最终产下了5只纯种陶赛特羊。JIVET技术存在的主要问题是产生的胚胎生存能力较低、畸形率较高，存在发育延迟现象，这可能与幼龄羔羊卵母细胞不够成熟有关，针对此问题，仍需科学家们对其进行深入研究。

6.4.4　定时输精技术

定时输精技术（timed artificial insemination，TAI）是指利用外源激素来调控母羊排卵时间，并在精准时间进行人工输精，从而极大提高了羊群的配种效率和批次化生产水平。定时输精技术包括同期发情和同步人工输精2个技术环节。同期发情处理方法包括孕激素栓塞法和前列腺素（PG）注射法[1]。孕激素栓塞法具体步骤是：用放栓枪将孕激素阴道海绵栓或发泡硅橡胶制的棒状Y型孕激素阴道栓（CIDR）放入母羊阴道深部，12~14d后将海绵栓或CIDR取出，同时注射400IU的PMSG。PG注射法步骤是：注射前列腺素0.1~0.2mg，9~11d后再次注射0.1~0.2mg，在第13天和第14天每天再给母羊输精1次。应当注意的是，在进行同期发情处理后，母羊无论是否有发情表现都应进行定时输精。

---

[1] Fierro S, Viñoles C, Olivera-Muzante J. Long term prostaglandin based-protocols improve the reproductive performance after timed artificial insemination in sheep. Theriogenology, 2017, 90: 109-113.

6.4.5 分娩控制技术

分娩控制技术指的是使用激素在预产期前几天使妊娠母羊群体妊娠终止，从而实现集中分娩的技术。定时输精-同期分娩技术能够有效保证密集产羔体系的流畅运转，使羔羊的生产呈现批次化和工厂化，真正提高养羊业的生产效率。分娩控制技术常用的药物有地塞米松和氯前列烯醇等，具体方法见6.3.2。

6.4.6 诱导双羔及多羔技术

产羔数是羊生产中重要的经济指标，针对产羔率较低的绵羊以及部分山羊品种，可以通过促性腺激素法、生殖激素免疫法和饲养管理法等方法增加母羊产双羔的概率。

1. 促性腺激素法 诱导双羔或多羔的促性腺激素主要有FSH和PMSG。FSH半衰期短，需要注射多次才能起作用，但效果稳定。PMSG一般注射一次即可，操作简单，但效果不稳定，注射后一定时期还要注射PMSG抗体，以中和体内过多残留的PMSG，降低副作用。

2. 生殖激素免疫法 该法是通过抗原免疫反应诱导母羊产生抑制素[1]和促性腺激素抑制激素（GnIH）等的抗体，以中和内源性激素，进而提高产羔率。使用双胎素如雄烯二酮对母羊进行主动免疫后，双羔率一般可提高18%～27%。而通过采用抑制素对母羊主动免疫后，双羔率提高45%以上。GnIH对促性腺激素释放激素（GnRH）的分泌具有抑制作用，免疫后可减少对GnRH的抑制，从而提高产羔率和双羔率。

3. 饲养管理法 母羊营养的好坏会在一定程度上影响排卵数量。中等以上膘情的母羊排卵率相对较高，配种前母羊体重每增加1kg，排卵率一般可提高2%～2.5%，产羔率则相应地提高1.5%～2%。此外，在非繁殖季节将公羊和母羊严格进行隔离，配种季节来临前再将公羊引入母羊群，也能有效地提高母羊的排卵率和多羔率。用喷枪向母羊群喷洒公羊尿液，可有效地提高同期发情率和双羔率。

6.4.7 克隆技术

动物克隆技术是指通过无性繁殖方式（不通过精子和卵子结合）产生遗传物质完全相同后代的一门生物繁殖技术，主要有胚胎分割、胚胎克隆和体细胞克隆等。克隆技术通常指代体细胞克隆，1996年伊恩·威尔穆特（Ian Wilmut）等用乳腺细胞作为核供体，克隆出了世界第一例体细胞克隆绵羊"多莉"。现在体细胞克隆时胎儿成纤维细胞常被用作核供体。体细胞克隆的流程为，采集成熟卵母细胞并去核，然后将体细胞细胞核移植到去核卵细胞中，经体外培养后移植到受体体内，产出羔羊。动物克隆技术能够快速扩繁优良个体，加快育种进程，但目前效率比较低。

---

[1] Dan X, Liu X, Han Y, et al. Effect of the novel DNA vaccine fusing inhibin α (1-32) and the RF-amide related peptide-3 genes on immune response, hormone levels and fertility in Tan sheep. Anim Reprod Sci, 2016, 164: 105-110.

6.4.8 基因编辑技术

基因编辑技术是利用特异性核酸酶在动物基因组水平对相关基因及调控元件进行定向修饰的工程技术。精准基因组编辑技术在家畜基因功能研究、良种遗传改良、增强抗病性等方面发挥了重要作用，是未来生物育种的一项重要手段。有3种位点特异性核酸酶已被成功地用于哺乳动物基因编辑，它们分别是锌指核酸酶（zinc finger nuclease，ZFN）、转录激活样效应因子核酸酶（transcription activator-like effector nuclease，TALEN）和规则间隔短回文重复序列和相关蛋白[regularly spaced short palindromic repeats（CRISPR）/CRISPR-associated proteins（Cas）]。这些核酸酶都是通过在基因组特定位置产生位点特异性DNA双链断裂来发挥编辑作用。与前两代基因编辑技术ZFN和TALEN相比，CRISPR/Cas9技术因为编辑范围广、可支持多位点操作、打靶效率高、操作简单和应用成本低，而具备更强的优势。

6.4.9 性别控制技术

性别控制技术指的是人为干预正常生殖过程，从而让母畜产出预定性别后代的一种繁殖新技术。该技术主要通过受精前XY精子的分离和受精后早期胚胎性别的鉴定来实现，另外也可通过免疫法、受精时间控制法、阴道pH调节法和营养调节等方法达到一定效果。其中，XY精子分离技术的性别控制效果最好，生产中利用流式细胞仪已实现了XY精子的高效分离。

6.5 羊繁殖力评定和提高繁殖力的措施

6.5.1 羊繁殖力评定

一、繁殖力的概念和意义

繁殖力（fertility）是羊维持正常繁殖机能、繁衍后代的能力，也是评定种羊生产力的主要指标。繁殖力是一个综合性状，涉及羊生殖活动各个环节。对母羊来讲，繁殖力主要涉及性成熟、发情排卵、配种受胎、胚胎发育和泌乳等一系列生殖活动。繁殖力越高，母羊这些生殖活动机能越强。对公羊而言，繁殖力高低反映性成熟早晚、交配欲望强弱和精液品质优劣等。通过提高群体繁殖力，可有效降低种羊饲养成本，同时增加商品羊的产量。

二、繁殖力评定指标

羊的繁殖力评定涉及个体和群体的繁殖力评定（表6-6）。针对公羊个体繁殖力评定的指标主要有初情期、性成熟期、出配月龄、性欲和精液品质等。针对母羊个体繁殖力评定的指标主要有初情期、性成熟期、初配月龄、性欲、发情周期、发情持续时间、发情周期和妊娠期等。本节主要就群体羊繁殖力评定指标进行介绍。

表6-6　国内常见绵羊和山羊品种（遗传资源）母羊的繁殖力

品种	性成熟期/月	初配月龄/月	年产羔次数	窝产羔率/%
蒙古羊	5~8	18	1	103.9
乌珠穆沁羊	5~7	18	1	100.4
藏羊	8~10	18	1	103
哈萨克羊	4~6	12~18	1	101.6
阿勒泰羊	6	18	1	110.0
滩羊	8~10	12~18	1	102.1
大尾寒羊	5~7	8~12	2年3胎或1年2胎	177.3
小尾寒羊	6	8~12	2年3胎或1年2胎	270
湖羊	4~5	6~8	2	207.5
同羊	6~7	12~18	2年3胎	100
内蒙古绒山羊	5~6	18	1	103
新疆山羊	5~6	18	1	114~115
西藏山羊	4~6	18~20	1	110~135
中卫山羊	5~6	15	1	104~106
辽宁绒山羊	5~6	18	1	110~120
济宁青山羊	4	5~6	2	293.7
大足黑山羊	5~6	8~10	2年3胎或1年2胎	272.32
陕南山羊	3~4	12~18	2	182
海门山羊	3~5	6~10	2年3胎	228.6
贵州白山羊	4~6	8~10	2	184.4
龙陵黄山羊	6	8~10	1	122
雷州山羊	3~5	6~8	2	203
南江黄羊	5~6	6~8	2年3胎	182
安哥拉山羊	6~8	9~10	2年3胎	139
萨能奶山羊	4~5	8~10	1	180~230
吐根堡山羊	4~6	7~8	1	149~201
波尔山羊	5~6	8~10	2年3胎	180~210

1. 评定羊群发情与配种受胎质量的指标

（1）发情率：指一定时期发情母羊数占能繁母羊数的百分比，主要用于评定群体羊自然状态下发情的机能以及利用某项繁殖技术或管理措施后的诱导发情效果。

（2）受配率：指一定时期参与配种的母羊数占能繁母羊数的百分比，可反映羊群发情状况、查情管理水平。羊群较高的发情比例和发情后未及时配种，都会降低受配率。

（3）受胎率：指配种后受孕的母羊数占参与配种母羊数的百分比，主要反映配种质量和母羊的繁殖机能。每次配种时总会发现一些母羊不妊娠，须经过两个以上发情周期的配种才能完成受胎。因此，受胎率还可分为第一情期受胎率、第二情期受胎率、第三情期受胎率和情期受胎率。情期受胎率（%）=最终配种后妊娠母羊数/各情期配种的母羊数之和×100%。

（4）不返情率：配种后一定时期不再发情的母羊数占配种母羊数的百分比，该指标反映羊群体的受胎情况，与羊群生殖机能与配种质量有关。与受胎率相比，不返情率是以观察母羊在配种后一个或两个及以上发情周期的发情表现作为是否受胎的判定依据。因此，羊群不返情率值常常高于受胎率值。若是两值非常接近，则说明羊群发情排卵机能正常，无假孕现象。

（5）配种指数：又称受胎指数，指羊群平均每次受胎所需的配种情期数，或参加配种母羊每次妊娠的平均配种情期数，是反映羊群配种受胎的另外一种计算方式。配种指数=配种情期数/妊娠母羊数，也可用情期受胎率的倒数值来表示。以某羊场为例，该羊场年初存栏100只能繁母羊，在1月、2月和3月分别有80、50和17只羊发情，假设受配率为100%，在第一次发情后有48只羊受胎，第二次发情后有35只羊受胎，第三次发情后又有11只羊受胎，年末有95只母羊产羔。依据上述记录，则该羊群3个月的发情率分别为80%（=80/100×100%）、96%［=50/（100-48）×100%］和100%［=17/（100-48-35）×100%］，受胎率或总受胎率为94%［=（48+35+11）/100×100%］，情期受胎率或总情期受胎率为64.6%［=95/（80+50+17）×100%］，第一、二、三情期受胎率分别为60%（=48/80×100%）、70%（=35/50×100%）和64.7%（=11/17×100%），配种指数为1.55（=1/0.646）。

2. 评定羊群增殖情况的指标

（1）繁殖率：指本年度内出生羔羊数（包括出生后死亡的）占上年度末能繁母羊数的百分比，主要反映羊群群体的繁殖效率，与发情、排卵、受胎、妊娠、分娩等生殖机能，以及配种等管理水平有关。单羔品种的繁殖率低于100%，而多羔品种的繁殖率高于100%。

（2）繁殖成活率：指本年度内繁殖成活羔羊数（不包括死产及出生后死亡的羔羊）占上年度末能繁母羊数的百分比，是繁殖率与羔羊成活率的积。该指标可反映发情、排卵、受胎、妊娠、分娩、哺乳等生殖活动机能及配种管理水平，是衡量羊群繁殖效率和增殖情况最实际的指标。

（3）成活率：常指哺乳期的成活率，即断奶时成活羔羊数占出生时活羔羊数的百分比，主要反映母羊的护仔性、泌乳力、哺育力和饲养管理水平。成活率也可指其他一定时期内的成活率，如年成活率为当年年末时总存活羔羊数占该年度内出生活羔羊数的百分比。

（4）窝产羔数：指每胎产羔数（包括死胎和死产），用平均数表示，是评定羊群繁殖性能的重要指标。

（5）窝产活羔数：指羊群平均每胎产活羔数，可真实反映羊群增长情况。

（6）产羔胎数：指羊在一年内产羔的胎数。

（7）产羔指数：又称产羔间隔，指羊群两次产羔所间隔的平均天数。由于母羊妊娠期是一定的，因此，提高羊群产后发情率和受胎率是缩短产羔间隔和提高羊群繁殖力的重要举措。

（8）自然繁殖力：在自然条件下，生殖机能正常的羊群采用常规饲养管理措施所呈现的繁殖水平称为自然繁殖力（率）或生理繁殖力。该繁殖力是羊群在正常生理和饲养管理条件下的最高繁殖力，是羊群的繁殖极限。自然繁殖率的计算公式是，自然繁殖率=365/产羔间隔天数×窝产羔数×100%。

（9）产羔率：指产羔羊数占配种母羊数的百分比。与受胎率的区别，产羔率是以出生后的羔羊数为分子进行计算，而受胎率是以配种后受胎的母羊数为分子进行计算。若是妊娠期胚胎死亡率为零，则单羔羊群的产羔率值与受胎率值相同。

（10）双羔率：指产双羔的母羊数占产羔母羊总数的百分比。

（11）羊繁殖效率指数：指断奶时活羔数占参加配种的母羊及从配种至羔羊断奶期间死亡的母羊数两者之和的百分比。母羊死亡率愈高，羊繁殖效率指数值愈低，在母羊无死亡时，该指标实际为产羔率。该指标计算公式为：羊繁殖效率指数＝断奶时活羔数/（参加配种母羊数＋配种至羔羊断奶期间死亡的母羊数）。

6.5.2 提高羊群繁殖力的技术措施

一、在选种和选配中重视繁殖性能

1. 将繁殖力作为育种指标加强选种选配　繁殖性状遗传力虽然较低，但繁殖力对养殖效益的贡献度非常高。在育种过程中，可将公、母羊的繁殖力作为育种指标进行加强选择。公羊精液品质是影响精卵结合、胚胎发育和羔羊成活率的重要因素。母羊排卵率和胚胎存活力与繁殖力密切相关，如湖羊的高排卵数、胚胎低死亡率就是其高产的主要原因。通常情况下，母羊第一胎如果产双羔，那么在后期的胎次中产双羔概率较高。因此，应尽可能选用多胎羊的后代留作种用。此外选种时，还应关注母羊的泌乳性能和母性。通过长期的选种和选配工作，我国已培育出了许多高繁殖力的羊品种，如湖羊、小尾寒羊、南江黄羊、云上黑山羊和大足黑山羊等。

2. 引入多胎品种进行导入杂交　小尾寒羊的产羔率可达到270%左右，而考力羊的产羔率在125%，用小尾寒羊与考力羊杂交后，后代可保持小尾寒羊常年发情、1年2产和较高产羔率的特性。

3. 及时淘汰有遗传缺陷的种羊　公羊和母羊染色体畸变、公羊隐睾都会严重降低羊群的繁殖力。公、母羊染色体畸变会造成羊群习惯性流产、屡配不孕、胚胎死亡、羔羊存活率低等现象，应该及时进行淘汰。

二、提高能繁母羊比例，实行密集产羔

羊群结构一般分为性别结构和年龄结构，母羊在生产中承担着繁育羔羊的重任，因此提高能繁母羊的比例可以有效地提高羊群繁殖力。一般情况下，将能繁母羊在整个羊群中的比例控制在60%以上为宜。母羊的繁殖力在4～5岁达到最高峰，之后逐渐下降，7岁后生育障碍逐渐出现。因此，应及时淘汰7岁以上的母羊。淘汰老龄羊的同时，还应将后备母羊补充到能繁母羊群体中。

密集繁殖可以使母羊一年四季都能发情配种。在气候条件和饲养管理较好的地区，可实行密集产羔，即母羊2年产3胎、3年产5胎或1年产2胎。实行密集产羔应注意以下几点：必须选择2～5岁左右健康、泌乳性能好的母羊；加强对母羊及其繁殖羔羊的营养和饲养管理；要从当地实际情况出发，因地制宜地安排好母羊的早期断奶和母羊的配种时间。

三、加强羊群的饲养管理

营养在羊繁殖过程中起着非常重要的作用，较高的营养能够有效提高种公羊的性欲和精液品质，提高母羊的发情率、受胎率、产羔率和双羔率等繁殖指标值。因此，在羊群饲养中，应把握以下饲养原则，以提高羊群的繁殖力。

1. 保证营养充足和全面 配种前给母羊饲喂高能量和高蛋白质日粮能有效促进排卵，哺乳期饲喂高蛋白质和赖氨酸水平日粮可缩短发情间隔与再次配种受胎率。此外，保证能量和蛋白质需求的同时，还要注意矿物质、维生素和优质饲草的供应。总之，日粮要多样化、适口性好、易消化和营养全面。目前商品化配合饲料或全价日粮已在规模化羊场得到应用，但成本较高。对于小规模或散养户养羊，配合饲料推广还未普及，很难保证羊群营养平衡，应引起足够重视。

2. 防止饲草料污染 饲料原料和饲草保存、饲料加工和贮存过程中，由于受天气、降雨、化学药物残留等因素影响，容易导致饲料和饲草等的霉变，霉变饲料会显著降低羊群繁殖力。此外，菜籽饼中硫代葡萄糖苷毒素和棉籽饼中的棉酚会降低公羊精液品质，还会影响精卵结合、胚胎发育。因此，生产中应尽量减少饲草料污染与霉变。

3. 注重夏季防暑和冬季保温 夏季高温产生的热应激容易导致精液品质降低，母畜发情率、受胎率和产羔率低，弱羔多，羔羊成活率低。在羊场选址、羊舍建筑布局和设备设施选择等方面，应充分考虑羊舍的夏季降温和通风需求。夏季饲喂羊时，应在早晨和傍晚饲喂，尽量避开中午高温时段。冬季低温也会影响公、母羊繁殖力。因此，在北方寒冷季节可适当提高饲料的能量水平，以保证用于维持体温恒定的额外需求。此外，禁止给妊娠母羊饲喂冰水，以防止流产。

四、加强羊群的繁殖管理

1. 提高种公羊配种机能 应将公、母羊分群后单圈饲养，以防止早配、偷配和公羊间相互打斗。非配种期应远离母羊舍，配种期采用正确的方法（如异性刺激、观摩配种和采精）对其进行调教以增强性欲。保证公羊每天有足够的运动量，防止过度肥胖造成精液品质下降。非配种期的种公羊每天至少要运动2~3h，配种期的运动时间必须多于6h。公羊每年应修蹄2~3次，确保蹄形和爬跨正常。配种季节，保持公、母羊合适的配种比例，避免种公羊过度交配而导致精液品质下降。定期对种公羊的精液品质进行鉴定，正常情况下精液呈乳白色，精子密度保持在20亿/ml以上，精子活率不低于0.6，精子畸形率不超过20%，对于精液品质不合格的公羊要及早进行淘汰。

2. 提高母羊群的受配率 维持或诱导规律的发情排卵，是提高母羊受配率的主要措施之一。国外引进的种羊生长速度快，体重达到或超过初情期体重后仍无发情表现，出现初情期延迟，此时可采用公羊、激素（如PMSG、FSH、雌激素和三合激素）进行诱导发情。此外，产后哺乳、营养不良、内分泌紊乱和生殖道炎症等因素均可影响母羊的产后发情，采用早期断奶、加强饲养管理、及时治疗生殖疾病均能有效提高母羊群的受配率。

3. 提高母羊群的情期受胎率 适时配种是提高情期受胎率的关键，准确的发情鉴定是确定最适配种或人工输精时间的依据。在母羊的发情鉴定中，试情法是最常用的发情鉴定方法。在人工授精过程中，严格遵守其操作规程，避免精液解冻或输精器具消毒过程中精液渗透压改变从而影响受胎率，使用消毒后未烘干或未用等渗溶液冲洗的输精器也会降低精液受精能力。屡配不孕也是导致羊群情期受胎率降低的重要因素。因此，应高度重视产科和生殖道疾病预防，及时淘汰治疗后仍配种不孕的母羊。

4. 降低胚胎死亡率 胚胎在附植前容易发生死亡，附植后死亡比率相对较低。在正常配种或采用人工授精时，羊情期受胎率降低的主要原因是早期胚胎（配种后21d内）发生死亡。胚胎死亡率与品种、母羊年龄、胎次、饲养管理水平等因素有关。

五、推广应用繁殖新技术

当前一些繁殖新技术已得到广泛应用，有效地提高了羊的繁殖力，并实现了羔羊的批次化生产和羊肉的全年均衡供应。提高公羊繁殖力的繁殖新技术主要有冷冻精液-人工输精技术、性控技术等。提高母羊繁殖力的技术主要有诱导双羔或多羔技术、定时输精-密集产羔技术、超数排卵和胚胎移植技术等（具体介绍见6.4）。这些繁殖新技术中在应用时最好与育种相结合，通过提高优秀种母羊的繁殖效率来提高整个羊群的繁殖力。

六、控制繁殖疾病

繁殖障碍的类型主要有遗传性繁殖障碍、免疫性繁殖障碍、机能性繁殖障碍（如卵巢疾病、生殖道疾病和产科疾病）等。繁殖障碍直接导致母羊生殖活动发生紊乱。引起繁殖障碍的原因比较多，主要有遗传、生殖内分泌机能、免疫反应、环境气候、饲养管理和病原微生物等。因此应结合场内实际情况，科学判断繁殖障碍产生的原因，并对其进行有效控制。

复习思考题

1. 简述绵羊和山羊的繁殖特点。
2. 简述绵羊和山羊试情的方法。
3. 比较羊自然交配和人工授精的优缺点。
4. 详述羊人工授精的技术要点。
5. 简述产春羔和产冬羔的生产方式，并比较其利弊。
6. 简述冷冻精液在养羊业中的应用现状，并分析存在的问题。
7. 试述羊妊娠诊断的方法。
8. 简述羊产羔过程及接羔的技术。
9. 新生羔羊和产羔母羊护理工作的要点有哪些？
10. 简述羊的定时输精技术和密集产羔体系。
11. 试述繁殖新技术在养羊业中的应用现状和未来前景。
12. 提高羊繁殖力的综合措施有哪些？

第7章 羊的饲养管理

随着羊肉需求量增加和土地资源日趋紧张，规模化舍饲养殖成为羊产业发展的必然选择。在舍饲生产过程中，品种、饲料、饲喂技术、生物安全等都需要与舍饲模式相适应。本章将结合前面所学知识，特别是羊的品种和生物学特性来介绍羊的饲养管理要点，毛用、肉用和乳用羊饲喂技术差别。其中重点是羊的饲养管理要点；难点是不同生产用途羊饲养管理的差别。

7.1 羊饲养管理的原则和养殖福利

绵羊和山羊属于同科不同属的两个种。在生物学特性上，它们既有许多共同点，也存在一定的差异。本章将根据绵羊和山羊共同特点讲述饲养管理；若有特别之处，会特别指出。

7.1.1 羊饲喂的原则

一、青粗饲料为主，精饲料为辅

羊属反刍动物，应饲喂一定量的青粗饲料。根据不同季节和生长阶段，将营养不足的部分用精饲料补充。实践证明，羊食性很广，能采食乔灌木枝叶及多种植物，也能采食各种农副产品及青贮饲料。有条件的地方尽量采取放牧、青刈等形式来满足羊对营养物质的需要，而在枯草期或生长旺期可用精饲料加以补充。这样既能广泛利用粗饲料，又能科学地满足其营养需要。配合饲料应以当地的青绿多汁饲料和粗饲料为主，尽量利用本地价格低、数量多、来源广和供应稳定的各种饲料。这样既符合羊消化生理特点，又能达到降低饲料成本之目的。

二、合理地搭配饲料，力求多样化，保证营养的全价性

为了提高羊生产性能，应依据羊品种、年龄、性别、生物学不同时期来科学合理地搭配饲料，做到饲料多样化并保证日粮的全价性，提高机体对营养物的利用效率。同时，饲料的多样化和全价性能提高适口性，增强羊食欲，促进消化液的分泌，提高饲料利用效率。

三、坚持饲喂的规律性

羊采食、饮水、反刍、休息都有一定的规律性。舍饲时应每日定时、定量，并注意精、粗饲料的先后顺序，使羊形成稳固的条件反射，有规律地分泌消化液，促进饲料消化吸收。目前，羊场多实行每昼夜饲喂三次，自由饮水的饲喂方式；先投粗饲料，吃完后再投精料。对放牧羊群，应在归牧后补精饲料。

四、保持饲料品质、饲料量及饲料种类的相对稳定

养羊生产具有明显的季节性，羊在不同季节采食的饲料种类也不同。因此，饲养过程中要随季节变更饲料。此外，羊对采食的饲料具有一种习惯性，瘤胃中的微生物对饲料也有一定的选择性和适应性。当饲料组成发生骤变时，不仅降低羊采食量，也会影响瘤胃微生物的正常生长和繁殖，造成消化机能紊乱和营养失调。因此，应渐进变换饲料，尤其是精料量的增加一定要逐渐进行，谨防加料过急导致"顶料"，即在以后的很长时间里吃不进精料。为防止顶料，在增加饲料时应每4~5d加料一次。减料可以适当加大幅度。

五、充分供应饮水

水对饲料的消化吸收、体内营养物质代谢均有重要作用。羊在采食后，饮水量大而且次数多。因此，每日应供给羊只足够的清洁饮水。夏季高温时要加大供水量，冬季以饮温水为宜。要注意水质清洁卫生，经常刷洗和消毒水槽，以防各种疾病的发生。

7.1.2 羊日常生产管理技术

一、分群管理

应根据羊种类、性别、年龄、健康状况、采食速度等进行合理的分群，避免混养时强欺弱、大欺小、健欺残的现象，使不同的羊只均能正常地生长发育、发挥生产性能和有利于弱病羊只体况的恢复。一般情况下，生产区内公羊舍应占上风向，母羊舍占下风向，幼羊居中。

二、羊编号

编号是羊育种中不可缺少的技术工作，总的要求是便于识别，不易脱落，有一定科学性、系统性，便于资料管理。常用金属耳标或塑料标牌。农区或半农半牧区饲养山羊，由于羊群较小，可采用耳缺法或烙角法。

1. 耳标法 用金属耳标或塑料标牌在羊耳上缘血管较少处打孔、安装。耳标上可打上场号、年号、个体号。个体号单数代表公羊，双数代表母羊。总字符数不超过8位。对在丘陵山区或其他灌丛草地放牧的绵羊和山羊，编号时提倡佩戴双耳标，以免因耳标脱落造成编号不明；使用金属耳标时，可将打有字号的一面戴在耳廓内侧，以免因长期摩擦造成字迹缺损和模糊。

现以"48~50支半细毛羊"育种中采用的编号系统为例加以说明：①场号以场名的两个汉字拼音字母代表，如"宜都种羊场"，取"宜都"两字的汉语拼音"Y"和"D"作为该场的场号，即"YD"。②年号取公历年份的后两位数，如"2004"取"04"作为年号，编号时以畜牧年度计。③个体号根据各场羊群大小，取三位或四位数；尾数单号代表公羊，双数代表母羊。可编出1000~10 000只羊耳号。例如，"YD04034"代表宜都种羊场2004年度出生的母羔，个体为34。

2. 耳缺法 不同地区在耳缺的表示方法及代表数字大小上有一定差异，但原理是一致的，即用耳部缺口的位置、数量来对羊进行编号。数字排列、大小的规定可视羊群规模而

异,但同一地区、同一羊场的编号必须统一。耳缺法遵循上大、下小、左大、右小的原则。编号时尽可能减少缺口数量,缺口之间的界线清晰、明了,编号时要对缺口认真消毒,防止感染。

3. 烙角法 即用烧红的钢字将编号依次烧烙在羊角上。此法对公羊和母羊均有角的品种较适用。在细毛羊育种中,可作为种公羊辅助编号方法。此法无掉号危险,检查起来也很方便,但编号时耗费人力和时间。

三、羊外貌鉴定及年龄鉴别

1. 羊的体尺部位特征 羊的不同体尺部位构成了不同的外形特征,外形特征不仅能表明羊的外部形态,也反映其内部功能、生产性能和健康状况。因此,了解羊的体尺部位及发育情况对判定其生产方向具有实践意义。不同用途羊的体尺部位特征不同。

2. 羊年龄鉴定 羊牙齿的生长发育、形状、脱换、磨损、松动有一定的规律,可以利用这些规律比较准确地进行年龄鉴定。成年羊共有32枚牙齿,上颌有12枚,每边各6枚,上颌无门齿,下颌有20枚牙齿,其中12枚是臼齿,每边6枚,8枚是门齿,也叫切齿。利用牙齿鉴定年龄主要是根据下颌门齿的发生、更换、磨损、脱落情况来判断。实际可依据顺口溜来鉴别:一岁半,中齿换;到两岁,换两对;两岁半,三对全;满三岁,牙换齐;四磨平;五齿星;六现缝;七露孔;八松动;九掉牙;十磨尽。

四、断尾

断尾主要针对尾型为长尾的绵羊品种,如国内外主要的肉羊品种和细毛羊、半细毛羊及其杂种羊。目的是保持羊体清洁卫生、便于配种。羔羊出生后2~3周龄内断尾。具体方法有热断法和结扎法。

1. 热断法 这种方法使用较普遍。断尾时,应该选择晴天的早上,需一特制的断尾铲和两块20cm见方(厚3~5cm)的木板,在一块木板的一端的中部,锯一个半圆形缺口,两侧包以铁皮。术前,用另一木板衬在条凳上,由一人将羔羊背贴木板进行保定,另一人用缺口的木板卡住羔羊尾根部(距肛门约4cm),并用烧至暗红的断尾铲将尾切断,下切的速度不宜过快,用力均匀,使断口组织在切断时受到烧烙,起到消毒、止血的作用。断尾后,如有少量出血,用断尾铲烫一烫即可止住,最后用碘酒消毒。

2. 结扎法 用橡胶圈在距尾根4cm处将羊尾紧紧扎住,阻断尾下段血液流通,约经10d尾下段自行脱落。

五、去角

绵羊一般不去角,个别地方羊由于成年后角较大,生产中会依据情况将其角锯断。去角是奶山羊饲养管理的重要环节。奶山羊有角容易发生创伤,不便于管理,个别性情暴烈的种公羊还会攻击饲养员,造成人身伤害,因此人工去角十分重要。在生后7~10d内去角对羊损伤小。人工哺乳的羔羊,最好在学会吃奶后进行。有角的羔羊出生后,角蕾部呈漩涡状,触摸时有一较硬凸起。去角时,先将角蕾部分的毛剪掉,剪的面积要稍大一些(直径约3cm)。去角的方法主要有烧烙法和化学法2种。

1. 烧烙法 将烙铁于炭火中烧至暗红(亦可用功率为300W左右的电烙铁),对保定好的羔羊角基部进行烧烙,烧烙的次数可多一些,但每次烧烙的时间不超过10s,当表层皮肤破坏，并伤及角原组织后可结束，对术部应进行消毒。

2. 化学法 即用棒状氢氧化钠在角基部摩擦，破坏其皮肤和角原组织。术前应在角基部周围涂抹一圈医用凡士林，防止碱液损伤其他部分的皮肤。操作时先重、后轻。将角基部擦至有血液浸出即可。摩擦面积要稍大于角基部。术后应将羔羊后肢适当捆住（松紧程度以羊能站立和缓慢行走）。由母羊哺乳的羔羊，在半天以内应与母羊隔离；哺乳时也应尽量避免羔羊将碱液污染到母羊乳房上而造成损伤。去角后可给伤口撒上少量消炎粉。

六、羔羊去势

为了促进公山羊生长速度，保证体重增加达标，对不作种用的山羊要及时去势。为了减少去势给山羊造成应激和损伤，建议在小公羊出生后2周内进行去势，也可以在羔羊刚出生后3~5d进行结扎手术。去势方法有结扎法和手术法2种。

1. 结扎法 用皮筋扎紧羔羊睾丸的颈部，经过1周时间，因血管堵塞睾丸会发生坏死和脱落，这种去势方法应激较小和比较安全，适合刚出生的羔羊进行。

2. 手术法 对生长到1周后的山羊或成年公羊就需要采用手术去势的方法：首先将公山羊进行保定、腹部朝上，用3%石炭酸或碘酒对公羊阴囊部位进行彻底清洗和消毒。去势人员用一只手握紧阴囊上方，另一只手拿刀切开阴囊，能够挤出睾丸即可，挤出睾丸后，剪断精索，如果公羊年龄较大，就需要将精索进行结扎，避免流血过多引起死亡。摘除睾丸后，应在伤口上涂抹碘酒，撒上消炎粉。

七、绵羊剪毛

1. 剪毛次数 细毛羊和半细毛羊及其生产同质毛的杂种羊，每年在春季剪毛一次，如果一年进行两次剪毛，则羊毛的长度达不到精纺的要求。粗毛羊及其杂种羊可在春秋季节各剪毛一次。

2. 剪毛期管理技术 绵羊剪毛期因地域气候不同而定。一般来说，从6月到7月是绵羊剪毛期。为了获得优质羊毛，除了做好平时的饲养放牧、疾病防治外，还应确定好合适的剪毛时间并做好剪毛准备工作。

剪毛时间主要取决于气候条件和羊体况。应在羊体况良好时，选择晴朗的日子剪毛。春季剪毛，要求在气候变暖，并趋于稳定的时候进行。过早剪毛羊体易冻害；过迟则会阻碍羊体热散发、放牧抓膘。北方牧区（包括西南高寒山区），通常在5月中、下旬剪毛；在气候较温暖的地区，可在4月中、下旬剪毛。

剪毛前要先排好羊只剪毛的先后顺序。先从低价值羊只开始，有利于剪毛人员熟练剪毛技术。同样的品种应按羯羊、试情羊、幼龄羊、种母羊和种公羊的顺序进行。患有疥癣、痘疹的病羊留在最后剪，以免感染其他羊只。绵羊在剪毛前12h应停止放牧、饮水和喂食，以避免剪毛时粪便污染羊毛和发生伤亡事故。剪毛时如遇阴雨天气，绵羊淋湿，须将羊毛晾干后，才可剪毛。剪毛场所应进行消毒和清扫，在露天场地剪毛应选在高和干燥的地方，以避免弄脏羊。

3. 剪毛的方法 绵羊剪毛的技术要求高，劳动强度大，化学脱毛的方法在国内外都有研究，但仍未能普遍采用。因此，在有条件的大、中型羊场应提倡采用机械剪毛。

（1）固定。铺好篷布，将绵羊放倒在篷布上，把木棍放在羊前后腿之间，将两前腿和两后腿分别向前拉伸，然后用麻绳固定在木棍上。

（2）剪毛方法。剪毛时将羊保定后，先从体侧到后腿剪开一条缝隙，顺此向背部逐渐推进（从后向前剪）。一侧剪完后，将羊体翻转，由背向腹剪毛（以便形成完整的套毛），最后剪下头颈部、腹部和四肢下部的羊毛。套毛去边后，单独打包；边角毛、头腿毛和腹毛装在一起，作为等外毛处理。另外，在剪毛后约20d，对羊只进行药浴，以防止疥癣的发生，影响羊毛质量。当年的羔羊春季剪毛时最好不剪，妊娠日龄长的母羊不能剪，以免流产。

（3）剪毛时注意事项。剪毛应在干净、平坦的场地进行。羊毛留茬高度为0.3~0.5cm，尽可能减少皮肤损伤，若毛茬因技术原因而过高，切记不要重剪；剪毛前绵羊应空腹12h，以免翻转羊体时造成肠扭转。剪毛1周后，尽可能避开降温下雨天气，以免羊只感冒造成损失；对种公羊和核心群母羊，应做好剪毛量和剪毛后体重的测定和记录工作。

八、山羊抓绒

山羊抓绒的时间依各地的气候条件而异，一般在5~6月份毛根松动时进行。生产中常通过检查山羊耳根、眼圈四周毛绒的脱落情况来判断抓绒的时间。这些部位绒毛毛根松动较早。山羊脱绒的规律是：体况好的羊先脱、体弱的羊后脱；成年羊先脱、育成羊后脱；母羊先脱，公羊后脱。

1. 抓绒前准备　一定要选择晴朗无风的天气进行抓绒，阴雨天气会影响抓绒效果且可能会使羊造成较大应激。采用铁梳子进行抓绒，需要准备稀梳和密梳两种铁梳子。此外，为了顺利抓绒和防止绒山羊发生瘤胃臌气、肠扭转等，需要在抓绒前对绒山羊禁食、禁水12h。

2. 抓绒具体操作　保定：多采用侧卧保定法，将羊侧卧放倒，绑住前后蹄，为了保证羊正常呼吸需要头高尾低。

清杂：保定前需要对绒山羊轻轻拍打，将藏在羊身上的草、粪、土沙等杂质震落。保定后采用稀梳对绒山羊顺毛梳理，彻底清理掉羊身上的杂质。

抓绒：清杂后采用密梳进行逆毛梳理，按照股、腰、背、腹、肩部顺序进行。梳子一定要紧贴羊皮，用力要均匀且不可过猛，以免梳伤羊皮肤。当梳子上有一定的羊绒，便要清理下来避免影响抓绒效果。

复抓：有时一次并不能将羊绒抓干净，间隔10~15d可进行一次复抓，抓绒量一般为第一次抓绒的20%左右。

3. 抓绒后护理　喂食：由于羊长时间处于饥饿状态，抓绒后不要急于饲喂。先将其放入圈舍内自由活动2h，然后再饲喂少量优质青干草和水，1~2d逐渐恢复到正常喂量。

抗应激：抓绒后山羊会出现不同程度应激，首先要加强饲养管理，给羊创造一个良好的生活环境，其次可以采用电解多维饮水以增强抗应激能力。

药浴：羊抓绒后7~10d，可进行药浴，此时药液可以轻松渗透到皮肤上，对寄生虫驱杀效果较好。

九、修蹄

修蹄是羊饲养管理中的重要环节，对舍饲奶山羊尤为重要。羊蹄过长或变形，会影响羊行走，产生蹄病，甚至造成羊只残疾。奶山羊每1~2个月应检查和修蹄1次，其他羊只可每半年修蹄1次。修蹄可选在雨后进行，此时蹄壳较软，容易操作。修蹄的工具主要有蹄刀、蹄剪。修蹄时，羊呈坐姿保定，背靠操作者；先从左前肢开始，术者用左腿架住羊左肩，使羊左前膝靠在人的膝盖上，左手握蹄，右手持刀或剪，先除去蹄下的污泥，再将蹄底削平，

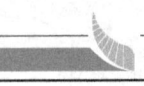

剪去过长的蹄壳，将羊蹄修成椭圆形。

修蹄时要细心操作，一层一层地往下削。不可一次切削过深，削至可见到淡红色的微血管为止，不可伤及蹄肉。修完前蹄，再修后蹄。修蹄时若不慎伤及蹄肉，可视出血多少采用压迫或烧烙止血方法。

十、驱虫和药浴

定期药浴是绵羊饲养管理的重要环节。药浴的目的是预防和治疗羊体外寄生虫病，如羊疥癣、羊虱等。药浴时间一般选在剪毛后10～15d，此时毛茬较短，药液容易浸透。常用的药品有螨净、双甲脒、蝇毒灵等。目前，国内也在推广喷雾法药浴，但设备投资较高，国内中、小羊场和农户一时还难以采用。

羊只药浴时，要保证药液浸透到全身各部位，并适当控制羊只通过药浴池的速度；头部需浇一些药液淋洗，但要避免药液灌入羊口。药浴的羊只较多时，中途应补充水和药液，使其保持适宜的浓度。对疥癣病患羊可在第一次药浴后7d，再进行一次药浴，结合局部治疗，使其尽快痊愈。为保证药浴安全有效，可用少量羊进行预试验，确认不引起中毒后，再让大批羊只药浴。使用新药时，这一点尤其重要。

十一、山羊和绵羊挤奶

挤奶是乳用羊泌乳期的一项日常性技术工作。挤奶技术的好坏，不仅影响羊奶产量，还会影响羊乳房健康。挤奶的程序如下所示。

1. 固定 将羊牵引上挤奶台，用颈枷或绳子固定，在挤奶台前方的小食槽内撒上一些混合精料，使其安静采食，便于挤奶。

2. 擦洗乳房 用清洁毛巾在温水中打湿后擦洗乳房2～3遍，再用干毛巾擦干。

3. 按摩 在擦洗乳房、挤奶前和挤奶过程中要对乳房进行按摩，以柔和的动作左右对揉几次，再由上而下进行按摩，促使羊乳房充盈而变得有一定的硬度和弹性。每次挤奶需按摩3～4次，挤出部分奶汁后，可再按摩1次，有利于将奶挤干净。

4. 挤奶方法 采用拳握法或滑挤法，以拳握法较好，最初挤出的奶不要，每天挤奶2～3次。

5. 称奶和记录 每次挤完奶后要及时称重，并做好记录，尤其在奶山羊育种工作中，母羊产奶量记录最为重要，必须做到准确、完整，并符合育种资料记录的具体要求。

6. 过滤消毒 羊奶称重后须经4层纱布过滤，再装入盛奶桶，并及时送往收奶站或经消毒处理后短期保存。消毒方法采用低温巴氏消毒，即将羊奶加热至60～65℃，并保持30min，可以起到灭菌和保鲜的作用。羊奶鲜销时必须经巴氏消毒处理后才能上市。

7. 清扫 挤奶完毕后需清扫挤奶台、饲槽、清洁用具，毛巾等可煮沸消毒，晾干后以备下次使用。

十二、捉羊、抱羊、引羊方法

捉羊、抱羊、引羊是每个饲养员都应掌握的实用技术。如果乱捉、乱抱、乱引山羊，方法和姿势不对，都会造成不良后果，甚至伤羊伤人。

1. 捉羊 捉羊正确方法是趁羊没有防备的时候，迅速地用一手捉住山羊后腿部，或者抓住后肢飞节以上部位。除这两部位外，其他部位不可乱抓，特别是背部的皮肤最容易与

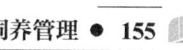

肌肉分离，如果抓羊时不够细心，往往会使皮肤下的微细血管破裂。

2. 抱羊 抱羊是饲养羔羊时最常用的一种管理技术。正确的方法是人站在羔羊左侧，左手穿过两前腿后托住胸部，右手先抓住右侧后腿飞节，把羊抱起后再用胳膊由后侧把羊羔抱紧，这样羔羊紧贴人身，抱起来不会乱动。

3. 引羊 山羊性情固执，不能强拉。应一手扶在山羊颈下部，左右其前进方向，另一手在山羊尾根部搔痒，山羊即随人意前进。如此方法不生效，可用两手分别握山羊后肢，将后躯提高离地，因羊身重心向前移，再加上捉羊人用力向前推，山羊就会向前推进。

7.1.3 羊养殖福利

现代养羊业对羊福利重视不够，存在饲养条件恶劣、滥用抗生素、屠宰方式残忍等问题。因此，现代化养羊业需保障动物福利。

1. 生理福利 即无饥渴之忧虑，生产中要充分保障羊饮水安全。

2. 环境福利 让羊有适宜的居所，控制饲养密度，北方要注意保暖，保障饲料原料的质量，保证清洁的饮水。

3. 卫生福利 减少羊的伤病。

4. 行为福利 保证羊表达天性的自由。例如，羊应在农场饲养区自由活动，能够吃到天然牧草。

5. 心理福利 减少羊恐惧和焦虑的心情，运输和转场时要减少羊运输应激，最后进行人道屠宰，尽量减少羊痛苦。

7.2 种公羊饲养管理与营养

7.2.1 种公羊饲养管理

种公羊是养羊业的重要生产资料。随着人工授精技术的推广，对种公羊品质的要求越来越高。种公羊饲养应常年保持结实健壮的体质，中等以上的体况，精液品质好，具有良好的配种能力。要实现这些目标，应做到以下几点。

第一，应保证饲料的多样性，精粗饲料合理配搭，尽可能保证青绿多汁饲料全年较均衡地供给。在枯草期较长的地区，要准备较充足的青贮饲料。同时，要注意矿物质、维生素的补充。

第二，日粮应保持较高的能量和粗蛋白质水平，即使在非配种期内，种公羊也不能单一饲喂粗料或青绿多汁饲料，必须补饲一定的混合精料。

第三，适度的放牧和运动时间对非配种期种公羊饲养尤为重要，以免因过肥而影响配种能力。

一、非配种期的饲养

非配种期没有配种任务，种公羊的饲养以恢复和保持其良好的种用体况为目的。配种结束后，种公羊体况会有所下降，为使体况恢复，在配种刚结束的1~2月内，日粮应与配种期基本一致，但对日粮的组成可作适当调整。例如，增加优质青干草或青绿多汁饲料的比例，并根据体况的恢复情况，逐渐转为非配种期的日粮。

我国北方地区羊繁殖的季节性很明显，大多集中在9~11月（秋季），非配种期较长。在冬季，种公羊饲养要保持较高的营养水平，既有利于体况恢复，又能保证其安全越冬度春。做到精粗料合理搭配，补喂适量青绿多汁饲料（或青贮料），在精料中应补充一定的矿物质微量元素。混合精料的用量不低于0.5kg，优质干草2~3kg。种公羊在春、夏季以放牧为主，每日补喂少量的混合精料和干草。

我国南方大部分低山地区气候温和，雨量充沛，牧草的生长期长，枯草期短，加之农副产品丰富，羊繁殖季节可表现为春、秋两季，部分母羊可全年发情配种。因此，对种公羊全年均衡饲养尤为重要。除搞好放牧、运动外，每天应补饲0.5~1.0kg混合精料和一定量的优质干草。

二、配种期的饲养

种公羊在配种期内要消耗大量的养分和体力，因配种任务或采精次数不同，个体之间对营养的需要量相差很大。对配种任务繁重的优秀种公羊，每天应补饲1.5~3.0kg的混合精料，并在日粮中增加部分动物性蛋白质饲料（如蚕蛹粉、鱼粉、血粉、肉骨粉、鸡蛋等），以保持其良好的精液品质。保持饲料、饮水的清洁卫生，如有剩料应及时清除，减少饲料的污染和浪费。青草或干草要放入草架饲喂。在南方高温高湿季节，种公羊应尽可能早、晚进行放牧。种公羊舍要通风良好，应修成带漏缝地板的双层式楼圈或在羊舍中铺设羊床。

在配种前1.5~2个月，逐渐调整种公羊日粮，增加混合精料的比例，同时进行采精训练和精液品质检查。开始时每周采精检查1次，以后增至每周2次。对精液稀薄的种公羊，应增加日粮中蛋白质饲料的比例；当精子活力差时，应加强种公羊放牧和运动。

种公羊采精次数要根据羊年龄、体况来确定。对1.5岁左右的种公羊每天采精1~2次为宜，不要连续采精；成年公羊每天可采精3~4次，有时可达5~6次，每次采精应有1~2h左右的间隔时间。采精较频繁时，也应保证种公羊每周有1~2d的休息时间，以免因过度消耗养分和体力而造成体况下降。

7.2.2 种公羊管理要素

一、运动与保健

种公羊舍要定期进行清理粪污等废弃物，合理科学地消毒，保证环境卫生。研究表明，适当的运动可以提高种公羊体质。每天在阳光充足时要对种公羊进行驱赶，使其在运动场运动0.5~1h或在运动场自由运动3~4h，防止种公羊膘情过肥影响精子质量，降低配种率。同时，种公羊应定期修蹄、剪毛和刷拭羊体，以增进种公羊对饲养员的亲近感。

二、疫病防治

种公羊防疫工作一定要做到位。布鲁氏菌病、口蹄疫、小反刍兽疫、羊痘等疫苗要按照制定的免疫程序科学合理地进行注射。各类寄生虫对羊群的危害也十分严重。每年的3~4月和9~10月应对种公羊进行药浴，选择伊维菌素驱除体表螨虫、蜱虫和消化道线虫，还可用丙硫咪唑预防吸虫和绦虫。

三、配种训练

初次配种的种公羊需要进行调教才能顺利完成配种。开始调教时，将种公羊和一些健康的母羊进行同圈饲养，或将发情母羊阴道分泌物、尿液涂抹在种公羊鼻尖上，这种做法可以提高种公羊性欲。

四、精液品质检查

调教之后的种公羊，在配种前2周可进行3~5次的人工采精，通过检查精子的密度、活力、畸形率等指标确定精子是否适于配种。精液品质检查还可对饲料配方以及补饲量进行反馈，以便实时调整饲料营养搭配。

7.2.3 种公羊饲养营养标准

饲养种公羊的目的是获取优质精液，饲养管理好坏直接关系到精液品质。因此要根据种公羊不同生理阶段的营养需求建立营养标准，以增强种公羊的配种能力和精液的品质，参考表7-1。

表7-1 种公羊阶段化饲养营养标准

	体重/kg	风干饲料/kg	消化能/MJ	可消化粗蛋白质/g	钙/g	磷/g	食盐/g	胡萝卜素/mg
非配种期	70	1.8~2.1	16.7~20.5	110~140	5.0~6.0	2.5~3.0	10~15	15~20
	80	1.9~2.2	18.0~21.8	120~150	6.0~7.0	3.0~4.0	10~15	15~20
	90	2.0~2.4	19.2~23.0	130~160	7.0~8.0	4.0~5.0	10~15	15~20
	100	2.1~2.5	20.5~25.1	140~170	8.0~9.0	5.0~6.0	10~15	15~20
配种期（配种2~3次）	70	2.2~2.6	23.0~27.2	190~240	9.0~10.0	7.0~7.5	15~20	20~30
	80	2.3~2.7	24.3~29.3	200~250	9.0~11.0	7.5~8.0	15~20	20~30
	90	2.4~2.8	25.9~31.0	210~260	10.0~12.0	8.0~9.0	15~20	20~30
	100	2.5~3.0	26.8~31.8	220~270	11.0~13.0	8.5~9.5	15~20	20~30
配种期（配种4~5次）	70	2.4~2.8	25.9~31.0	260~370	13.0~14.0	9.0~10.0	15~20	30~40
	80	2.6~3.0	28.5~33.5	280~380	14.0~15.0	10.0~11.0	15~20	30~40
	90	2.7~3.1	29.7~34.7	290~390	15.0~16.0	11.0~12.0	15~20	30~40
	100	2.8~3.2	31.0~36.0	310~400	16.0~17.0	12.0~13.0	15~20	30~40

7.3 母羊饲养管理与营养

母羊是羊群发展的基础，饲养数量多，生产中应着重保障母羊高效繁殖。母羊繁殖受因地区及气候因素的影响。北方牧区的母羊配种集中在9~11月份。母羊经过春、夏两季放牧饲养，体况恢复较好。对体况较差的母羊，可在配种开始前1~1.5个月放到牧草生长良好的草场进行抓膘，或每天单独补喂0.3~0.5kg混合精料。南方地区，母羊发情相对集中在晚春

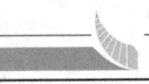

和秋季（4~5月份，9~11月份）或四季均可发情，应尽可能做到全年均衡饲养，尤其应做好冬春补饲。

7.3.1 空怀母羊饲养

空怀母羊要尽快恢复正常的体况。如果是春、夏之际，正值草木茂盛且营养丰富，此时抓紧放牧可快速恢复健康体魄。如发现有少数母羊体况欠佳，有营养不良的问题，就应及时加强营养。

7.3.2 妊娠母羊饲养

母羊妊娠期是5个月，分为妊娠前期3个月和妊娠后期2个月。妊娠前期由于胎儿生长较为缓慢，所需的营养并不多，所以只做少量补饲料即可。圈舍母羊可适当地放牧，以提高体质；妊娠后期胎儿生长加快，营养需求增加，因此在加强母羊放牧的同时，还要补充精料。

一、妊娠前期的饲养

母羊配种受胎后的前3个月内，对能量、粗蛋白质的要求与空怀期相似，应补喂一定的优质蛋白质饲料，以满足胎儿生长发育和组织器官分化对营养物质（尤其是蛋白质）的需要。初配母羊营养水平应略高于成年母羊，日粮的精料比例为5%~10%。

二、妊娠后期的饲养

妊娠后期胎儿的增重明显加快，母羊自身也需贮备大量的养分，为产后泌乳作准备。因此在妊娠前期的基础上，能量和可消化蛋白质应分别提高20%~30%和40%~60%，钙、磷增加1~2倍〔钙、磷比例为（2~2.5）:1〕。产前8周，日粮的精料比例提高到20%，产前6周为25%~30%，而在产前1周，要适当减少精料用量，以免胎儿体重过大而造成难产。

妊娠后期母羊管理要细心周到，在进出圈舍及放牧时，要避免拥挤或急驱猛赶；补饲、饮水时要防止拥挤和滑倒。除遇暴风雪天气外，母羊补饲和饮水均可在运动场内进行，增加母羊户外活动的时间，干草或鲜草用草架投喂。产前1周左右，夜间应将母羊放于待产圈中饲养和护理。

三、哺乳前期的饲养

母羊产羔后泌乳量逐渐上升，在4~6周内达到泌乳高峰，10周后逐渐下降。随着泌乳量的增加，母羊需要的养分也应增加，因此泌乳性能好的母羊往往比较瘦弱。在哺乳前期（羔羊出生后2个月内），母乳是羔羊主要的营养来源，因此应根据带羔的多少和泌乳量的高低，做好母羊补饲。带单羔的母羊，每天补喂混合精料0.3~0.5kg；带双羔或多羔的母羊，每天应补饲0.5~1.5kg。对体况较好的母羊，产后1~3d内可不补喂精料，以免造成消化不良或发生乳房炎。为调节母羊消化机能，促进恶露排出，可喂少量轻泻性饲料（如在温水中加入少量麦麸）。

四、哺乳后期的饲养

哺乳后期母羊泌乳量下降，单靠母乳已不能满足羔羊营养需要，羔羊也已具备一定的采食能力，对母乳的依赖程度减小。在泌乳后期应逐渐减少对母羊补饲，到羔羊断奶后母羊可完全采用放牧饲养，但对体况下降明显的瘦弱母羊，需补喂一定的干草和青贮饲料。

7.3.3 母羊饲养营养标准

母羊的饲养管理包括空怀期、妊娠期和哺乳期三个阶段。空怀期是指羔羊断奶到配种受胎时期，此期的营养好坏直接影响配种和妊娠，应在配种前1个月参考表7-2饲养标准配制日粮。母羊妊娠前期要避免吃霉烂饲料，不要让羊猛跑，不饮冰茬水，以防早期隐性流产。妊娠后期是妊娠的最后2个月，此期胎儿生长迅速，此期营养标准可参考表7-3。哺乳期的泌乳量直接影响后代的存活及生长发育，羔羊生后前2个月每增重1kg需耗母乳5~6kg，该期营养标准可参考表7-4。

表7-2 空怀母羊饲养营养标准

月龄	体重/kg	风干饲料/kg	消化能/MJ	可消化粗蛋白质/g	钙/g	磷/g	食盐/g	胡萝卜素/mg
4~6	25~30	1.2	10.9~13.4	70~90	3.4~4.0	2.0~3.0	5~8	5~8
6~8	30~36	1.3	12.6~14.6	72~95	4.0~5.2	2.8~3.2	6~9	6~8
8~10	36~42	1.4	14.6~16.7	73~95	4.5~5.5	3.0~3.5	7~10	6~8
10~12	37~45	1.5	14.6~17.2	75~100	5.2~6.0	3.2~3.6	8~11	7~9
12~18	42~50	1.6	14.6~17.2	75~95	5.5~6.5	3.2~3.6	8~11	7~9

表7-3 妊娠母羊饲养营养标准

	体重/kg	风干饲料/kg	消化能/MJ	可消化粗蛋白质/g	钙/g	磷/g	食盐/g	胡萝卜素/mg
妊娠前期	40	1.6	12.6~15.9	70~80	3.0~4.0	2.0~2.5	8~10	8~10
	50	1.8	14.2~17.6	75~90	3.2~4.5	2.5~3.2	8~10	8~10
	60	2.0	15.9~18.4	80~95	4.0~5.0	3.0~4.0	8~10	8~10
	70	2.2	16.7~19.2	85~100	4.5~5.5	3.8~4.5	8~10	8~10
妊娠后期	40	1.8	15.1~18.8	80~110	6.0~7.0	3.5~4.0	10~12	10~12
	50	2.0	18.4~21.3	90~120	7.0~8.0	4.0~4.5	10~12	10~12
	60	2.2	20.1~21.8	95~130	8.0~9.0	4.0~5.0	9~10	10~12
	70	2.4	21.8~23.4	100~140	8.5~9.5	4.5~5.5	9~10	10~12

表7-4 哺乳母羊饲养营养标准

	体重/kg	风干饲料/kg	消化能/MJ	可消化粗蛋白质/g	钙/g	磷/g	食盐/g	胡萝卜素/mg
单羔保证羊日增重200~250g	40	2.0	18.0~23.4	100~150	7.0~8.0	4.0~5.0	10~12	6~8
	50	2.2	19.2~24.7	110~190	7.5~8.5	4.5~5.5	12~14	8~10
	60	2.4	23.4~25.9	120~200	8.0~9.0	4.6~5.6	13~15	8~12
	70	2.6	24.3~27.2	120~200	8.5~9.5	4.8~5.8	13~15	9~15

续表

	体重/kg	风干饲料/kg	消化能/MJ	可消化粗蛋白质/g	钙/g	磷/g	食盐/g	胡萝卜素/mg
双羔保证羊日增重300~400g	40	2.8	21.8~28.5	150~200	8.0~10.0	5.5~6.0	13~15	8~10
	50	3.0	23.4~29.7	180~220	9.0~11.0	6.0~6.5	14~16	9~12
	60	3.0	24.7~31.0	190~230	9.5~11.5	6.0~7.0	15~17	10~13
	70	3.2	25.9~33.5	200~240	10.0~12.5	6.2~7.5	15~17	12~15

7.4 羔羊饲养管理和营养

羔羊刚出生时，由于各器官发育不完全，体质较弱，体温调节能力差，缺乏免疫抗体，很容易感染疾病而死亡。因此，羔羊饲养在养羊生产过程中尤为重要，好的饲养管理，可以减少羔羊死亡，提高羔羊成活率。

7.4.1 羔羊管理要素

尤其要注意"三炎一痢"，即肺炎、肠胃炎、脐带炎和羔羊痢疾。要减少"三炎一痢"，应注意做到以下几点[1]。

一、及时喝上初乳

刚出生的羔羊，体质比较弱，免疫力低，容易感染疾病。初乳含有丰富的蛋白质、维生素和抗体等物质。及时摄入初乳，可以让羔羊获得母源抗体，增强抗病力。因此，羔羊出生1h内必须摄入其体重5%的初乳。

二、尽早补饲

羔羊出生一周开始补饲羔羊颗粒料，要保证饲料无变质。两周后，就要开始补饲草料，以促进消化功能的完善。补饲的精料适口性要好，营养要全面，容易消化吸收。每日补精料量为60g左右，供羔羊自由采食。

三、保证充足的饮水

水是羔羊不可缺的物质，每天足够的饮水，才能有良好的食欲，利于饲料消化吸收。夏天可给羔羊喝凉水，冬天则应喝温水。水源要保持干净卫生，饮水槽要定期清洗。

四、合理做好分群

羔羊出生后一周内，母羊和羔羊在一起，几只母羊合成一小群（4~6只），这样方便哺乳，有利于羔羊成长。三周后可以和大群一起管理。组群要按日龄大小、羔羊强弱进行，以免挤伤羔羊。

---

[1] 杨作广. 羔羊高效培育技术. 黑龙江畜牧兽医, 2005, (4): 2.

五、做好羔羊舍卫生

良好卫生条件是培育羔羊重要环节,每天清扫羔羊舍的卫生,清扫干净后,可以铺上垫料,厚度2~3cm。保持羔羊舍,通风、干燥、透气,为羔羊提供良好舒适的环境,这样不仅有利于羔羊生长发育,而且还提高羔羊抗病能力。

六、加强户外运动

良好的运动可以增强羔羊体质、增加食欲、减少疾病的发生。每天运动时间不应低于2h。

七、适时断乳

断乳时间在3~4月龄,应采取渐进式断乳,在7~10d内完成。开始断乳时,每天早晚哺乳2次,之后每天1次,逐渐断乳。断乳羔羊应按性别、大小分群饲养。

八、其他注意事项

为使初生羔羊少受冻,可将麸皮撒在羔羊体上,这样可使母羊加快舔拭,特别是具有黄色黏稠胎脂的羔羊更应如此。

对停止呼吸的假死羔羊,可提起后肢,用手拍打胸部两侧,同时对鼻孔吹气。母羊识别亲生羔羊主要靠气味,当要寄养它羔时,需将寄养羔羊混上亲羔气味。

羔羊是否吃饱,可用手摸腹腔胃容积大小而定。若羔羊边吸乳边顶撞乳房,且伴有鸣叫,表明母羊可能缺乳。

舍温合适不合适,可根据母子表现来判断。若羔羊卧在母体上,表明舍温低;母子相卧距离很远,表明舍温过高。

7.4.2 羔羊哺乳期的阶段饲养方式

哺乳期是羔羊一生中生长发育最快而又最难饲养的一个阶段,稍有不慎不仅会影响羊发育和体质,还会造成羔羊发病率和死亡率增加。羔羊哺乳期饲养阶段可分为哺乳前期、哺乳中期和哺乳后期三个阶段。

一、哺乳前期

此期为出生后20~25日龄内,白天夜晚母子共圈,应做好哺乳、早开食、早运动和加强护理等工作。

1. 早吃初乳　　生后1~3d,要注意让羔羊吃好初乳。羔羊出生后20~30min,能自行站立时,就应人工辅助其吃到初乳。但要注意:第一次吃奶前,一定要把母羊乳房擦洗干净,并挤掉少量乳汁后再让羔羊吃奶。之后宜采用羔羊跟随母羊自由哺乳的方式,充足的奶水,可使羔羊2周龄体重达到其出生重的一倍以上。

2. 早开食　　出生后7~10d的羔羊,能够舔食草料时,就应喂青干草和饮水。舍内应常备青干草、粉碎饲料或盐砖、清洁饮水等,以诱导羔羊开食。出生后15~20d羔羊采食能力增强,应在15日龄补饲混合精料,其喂量应随日龄而调整。一般情况下,15日龄羔羊日喂量为50~75g,30~60日龄达到100g,60~90日龄达到200g,90~120日龄达到250g。

3. 早运动　　运动有助于增强羔羊体质，出生后10日龄左右的羔羊，可在运动场自由活动；出生20日龄后可在附近草场上自由放牧。

4. 加强护理　　初生羔羊体温调节功能不完善，缺乏抗体，肠道适应性差，故生后一周内死亡较多，据研究，7d内死亡的羔羊占全部死亡数的85%以上，危害较大的疾病是"三炎一痢"，即肺炎、肠胃炎、脐带炎和羔羊痢疾。要加强护理，做好棚圈卫生，避免贼风侵入，保证吃奶时间均匀，以提高羔羊成活率。羔羊时期坚持做到"三早三查"，即早喂初乳、早开食、早断奶、查食欲、查精神和查粪便。

二、哺乳中期

在这段时间里羔羊由单靠母乳供给营养改变为母乳加饲料。饲料的质量和数量直接影响羔羊生长发育，应以蛋白质多、粗纤维少、适口性好的为佳。此外，应实施母羔分群管理，定时哺乳。在羊栏中建羔羊自由进出通道以便补饲。

三、哺乳后期

该阶段羔羊采食能力增强，由中期的母乳加草料变为草料加母乳。应加强补饲，选择适当时机断奶，过程中尽量减轻羔羊应激。羔羊补饲应注意尽可能提早补饲，所用的饲料要多样化、营养好、易消化，饲喂时要做到少喂勤添。

哺乳后期要加强羔羊管理，适时去角（山羊）、断尾（绵羊）、去势，做好防疫注射。一般7～15d内进行编号、去角或断尾，2月龄左右对不符合种用要求的公羔进行去势。

断奶时间要根据羔羊月龄、体重、补饲条件和生产需要等因素综合考虑。在国外肥羔生产中，羔羊断奶时间通常为4～8周龄；国内常采用4月龄断奶。对早期断奶的羔羊，必须提供符合其消化特点和营养需要的代乳饲料，否则会造成巨大损失。根据实践经验，半细毛改良羊公羔体重达15kg以上，母羔达12kg以上，山羊羔体重达9kg以上时断奶比较适宜。体重过小的羔羊断奶后，生长发育明显受阻。

7.5　育成羊饲养管理和营养

育成羊是指断奶后至第一次配种前的幼龄羊，它们是羊群的未来。断奶后的前几个月是育成羊发育最快的阶段，对饲养条件要求较高。通常公羔的生长比母羔快，因此育成羊应按性别、体重分别组群和饲养。8月龄后羊生长发育强度逐渐下降，到1.5岁时生长基本结束，因此在生产中将羊育成期分为两个阶段，即育成前期（4～8月龄）和育成后期（8～18月龄）。育成期有两个显著特点，即断奶造成的应激和快速生长易引起营养不良。如果营养不良，就会显著影响生长发育，从而造成羊只个头小、体质弱，并引起性成熟和体成熟推迟、不能按时配种，甚至失去种用价值。

7.5.1　育成羊饲养管理要素

一、断奶前后适当补饲

断奶前后适当补饲，可避免断奶应激，并对育肥增重有益。因此，断奶初期最好早晚

2次补饲，并在水、草条件好的地方放牧。秋季应狠抓秋膘。越冬时应以舍饲为主、放牧为辅，每天每只羊应补给混合精料0.2~0.5kg。育成公羊由于生长速度比母羊快，所以其饲料定额应高于母羊。优质青干草和充足的运动是培育育成羊关键。优质的干草，有利于消化器官发育，培育成的羊骨架大、活重大；若料多而运动不足，培育成的羊个头小、体短肉厚、种用年限短。对育成公羊，每天运动时间应在2h以上。

二、合理分群

断奶后应按性别、大小、强弱分群。先把弱羊分离出来，尽早补充富含营养、易于消化的饲料饲草，并随时注意大群中体况跟不上的羊只，及早隔离出来，给予特殊的照顾。

三、驱虫

第一年入冬前，对育成羊群集体驱虫一次。同时防止羔羊肺炎、大肠杆菌病、羔羊肠痉挛和肠毒血症等发生。

四、适时配种

育成母羊8~10月龄，且体重达到40kg或达到成年体重的65%以上时应配种。育成羊发情不如成年母羊明显和规律，因此要加强发情鉴定，以免漏配。育成公羊须在12个月龄后，体重达70kg以上再配种。

五、体况监测

育成羊发育状况可用预期增重来评价，故按月固定抽测体重是必要的。要注意称重应在早晨未饲喂前或出牧前进行。通过体重监测，可以有效评价饲养管理水平。

7.5.2 育成羊饲养标准

应针对不同生产用途制定对应的育成羊饲养标准。对于后备公羊的饲料营养要丰富，精、粗饲料要多样化，日粮标准可参照育成后期标准，可适当增加优质粗料的给量，保证钙、磷、多种维生素、微量元素的供应。可参考表7-5和表7-6[1]。

表7-5 育成母羊饲养标准

体重 /kg	日增重 /g	干物质 /kg	代谢能 /MJ	代谢能 /Mcal	粗蛋白质 /g	钙 /g	磷 /g	维生素D /IU	胡萝卜素 /μg	维生素E /IU
	50	0.8	6.4	1.5	65	2.4	1.1	111	1380	12
20	100	0.7	7.7	1.8	80	3.3	1.5	111	1380	11
	150	0.9	9.7	2.3	94	4.3	2.0	111	1380	14
	50	0.9	7.2	1.7	72	2.8	1.3	139	1725	14
25	100	0.8	8.7	2.1	86	3.7	1.7	139	1725	12
	150	1.0	10.8	2.6	101	4.6	2.1	139	1725	15

---

[1] 新疆维吾尔自治区质量技术监督局. 细毛羊饲养标准（DB65/T 2017—2003）. 乌鲁木齐：新疆维吾尔自治区畜牧兽医局，2003.

续表

体重/kg	日增重/g	干物质/kg	代谢能/MJ	代谢能/Mcal	粗蛋白质/g	钙/g	磷/g	维生素D/IU	胡萝卜素/μg	维生素E/IU
30	50	1.0	8.1	1.9	77	3.2	1.4	167	2070	15
	100	0.9	9.6	2.3	92	4.1	1.9	167	2070	14
	150	1.1	11.8	2.8	106	5.0	2.3	167	2070	17
35	50	1.1	8.9	2.1	83	3.5	1.6	194	2415	17
	100	1.0	10.5	2.5	98	4.5	2.0	194	2415	15
	150	1.2	12.7	3.0	112	5.4	2.5	194	2415	18
40	50	1.2	9.5	2.3	88	3.9	1.8	222	2760	18
	100	1.1	11.3	2.7	103	4.8	2.2	222	2760	16
	150	1.4	14.7	3.5	129	6.1	2.9	222	2760	20
45	50	1.3	10.5	2.5	94	4.3	1.9	250	3105	20
	100	1.2	12.2	2.9	108	5.2	2.4	250	3105	17
	150	1.4	14.7	3.5	129	6.1	2.9	250	3105	21
50	50	1.4	11.3	2.7	99	4.7	2.1	278	3450	21
	100	1.2	13.1	3.1	113	5.6	2.5	278	3450	19
	150	1.5	15.7	3.7	128	6.5	3.0	278	3450	22

注：维生素E按食入每千克干物质15个国际单位计算，与加拿大国家研究委员会（NRC，1985）的数据稍有出入。

表7-6 育成公羊饲养标准

月龄	体重/kg	风干饲料/kg	消化能/MJ	可消化粗蛋白质/g	钙/g	磷/g	食盐/g	胡萝卜素/mg
4~6	30~40	1.4	14.6~16.7	90~100	4.0~5.0	2.5~3.8	6~12	5~10
6~8	37~42	1.6	16.7~18.8	95~115	5.0~6.3	3.0~4.0	6~12	5~10
8~10	42~48	1.8	16.7~20.9	100~125	5.5~6.5	3.5~4.3	6~12	5~10
10~12	46~53	2.0	20.1~23.0	110~135	6.0~7.0	4.0~4.5	6~12	5~10
12~18	53~70	2.2	20.1~23.4	120~140	6.5~7.2	4.5~5.0	6~12	5~10

7.6 肉羊饲养管理

随着羊肉需求的不断加大，发展肉羊养殖迫在眉睫。目前我国肉羊产业仍存在养殖规模化程度低，肉羊产业组织管理机制、肉羊良种等投入品机制及疫病防疫机制不健全等问题。因此，系统性、科学性、因地制宜发展肉羊养殖尤为重要。

7.6.1 肉羊品种选择及杂交组合方式

培育优良肉用品种可选择夏洛莱羊、萨福克羊、陶赛特羊、德国肉用美利奴羊、波尔山羊等作为父本，绵羊可以选择湖羊、小尾寒羊、波尔山羊、南江黄羊等品种作为母本。随着肉羊生产方式逐步向半舍饲、舍饲转型，舍饲多羔羊的选育受到重视，表现在更广泛地使用小尾寒羊和湖羊作为育种材料。肉羊生产可采用二元和多元杂交等方式。二元杂交产生的后代公羔育肥，母羔继续用于繁殖。在二元杂交的基础上，用第三个品种或品系的公羊与第一代杂种母羊杂交，后代全部育肥或母羔继续杂交利用，用第四个品种或品系的公羊进行杂交。

7.6.2 肉羊育肥管理要素

肉羊育肥是在较短的时期内采用不同的育肥方法，使肉羊达到体壮膘肥适于屠宰的程度。根据肉用羊年龄，分为羔羊育肥和成年羊育肥。羔羊育肥是指1周岁以内没有换永久齿的幼龄羊育肥；成年羊育肥是指成年羯羊和老弱母羊育肥。

一、肉羊育肥形式

我国绵羊、山羊育肥方法有放牧育肥、舍饲育肥和混合育肥3种形式。

1. 放牧育肥 放牧育肥是常用的育肥方法，通过放牧让肉羊充分采食牧草和灌木枝叶，以获得较高的增重效果。放牧育肥适用于草原丰富的地区，尤其是内蒙古、新疆、西藏、甘肃、青海、陕北等地区。由于少了羊舍的建设成本和土地成本，放牧育肥更为经济，适合家庭农场式养殖。放牧育肥的技术要点如下所示。

（1）选择放牧草场，分区合理利用。应根据羊种类和数量，选择适宜的放牧地。育肥绵羊宜选择地势较平坦、以禾本科牧草和杂类草为主的放牧地；育肥山羊宜选择灌木丛较多的山地草场。充分利用夏秋季天然草场牧草和灌木枝叶生长茂盛、营养丰富的时期做好放牧育肥。放牧地较宽的，应按地形划分成若干小区实行分区轮牧，每个小区放牧2~3d后再移到另一个小区放牧，使草场利用可持续。

（2）加强放牧管理，提高育肥效果。要尽量延长每日放牧的时间。夏秋时期气温较高，要做到早出牧晚收牧，甚至可以采用夜间放牧，加快增重长膘。在放牧过程中要尽量减少驱赶羊群，使羊能安静采食，减少体能消耗。中午阳光强烈气温过高时，可将羊群驱赶到背阴处休息。

（3）适当补饲，加快育肥。为了提高育肥效果，缩短育肥时期，增加出栏体重，在育肥后期可适当补饲精料，每天每只羊约补饲混合精料0.2~0.3kg，补饲期约1个月，育肥效果可以明显提高。有些地区的土质缺盐或某种特定微量元素，可补充功能性舔砖。寄生虫病会影响育肥羊生长和发育，羊群需每季度驱一次虫，预防性驱虫可选择复方的广谱驱虫药。

2. 舍饲育肥 相比于放牧羊群，舍饲羊投入的成本较大。舍饲育肥的关键，是合理配制与利用育肥饲料。育肥饲料由青粗饲料、农副业加工副产品和各种精料组成，如干草、青草、树叶、作物秸秆、各种糠、糟、油饼、食品加工糟渣等。冬季时应储备足够过冬的青贮料，建议以全株玉米为主。育肥时期为2~3个月。初期青粗饲料占日粮的60%~70%，精料占30%~40%，后期精料可加大到60%~70%。肉羊体重20~30kg时，建议每天喂养量0.8~0.9kg；体重达到30~40kg，每天喂养量为1.2~1.4kg；体重达到40~50kg，每天喂养量为1.6~1.8kg。

为了提高饲料的消化率和利用率，秸秆饲料可进行氨化处理，粮食籽粒要粉碎，有条件的可加工成颗粒饲料。育肥期的长短要因羊而异，时间过短增重效果不明显，时间过长脂肪积累多，饲料报酬也低。羔羊断奶后经过60~100d，体重达到30~40kg即可出栏；成年羊经过40~60d短期舍饲育肥就可出栏。为了增加饲料中蛋白质，可以在精料中补充尿素。补饲尿素只能占饲料干物质总量的2%，否则会引起尿素中毒。

饲喂时讲究定时定量，先粗后细，饲喂过多容易产生剩料，夏季易霉变，饲喂过少则不利于育肥，这就要求饲养员通过多观察和记录来确定每次饲喂量的多少。舍饲羊群因饲养密度大，很容易出现传染性疾病，要定期做好疫苗免疫和药物预防。同时需要保证空气流通和地面干燥，提供冬暖夏凉的养殖环境。除了饲养区外，每个羊场应建立自己的运动场地，以增强羊只体质。

3. 混合育肥 混合育肥是放牧与补饲相结合的育肥方式，在保证养殖过程中营养物质吸收的同时，可有效降低成本。采用混合育肥时，需要分析饲料与草料的关系和用量，每天3~6h放牧，然后配合1~2次饲料喂养。

混合育肥可采用2种方式：一是前期以放牧为主，舍饲为辅，少量补料；后期以舍饲为主，多补精料，适当就近放牧采食；二是前期利用牧草生长旺季全天放牧，使羔羊早期骨骼和肌肉充分发育，进入秋末冬初后转入舍饲催肥。例如，一些老残羊和瘦弱的羯羊在秋末集中1~2个月舍饲育肥，也是一种经济效益较高的育肥方式。

二、专业化和工厂化肉羊生产模式

专业化和工厂化肉羊生产是一种集约化肉用绵羊生产模式，代表了养羊科技与经营管理的最高水平，在美国、英国、法国、澳大利亚、新西兰、俄罗斯等国被广泛采用。随着我国养羊业的现代化，这种先进的肉羊生产方式，必将逐步推广开来。专业化和工厂化肉羊生产有以下特点。

1. 人工控制环境条件 建设现代化羊舍，人工控制环境温度、湿度、光照，使羊群不受自然气候环境影响。采用高度机械化、自动化生产流程，尽量减少人畜直接接触。同时，根据绵羊营养需要组织饲料生产，按饲养标准进行饲喂；或建设高产优质人工草场，围栏分区放牧，饲喂和饮水均实现自动化，尽量提高劳动生产率。

2. 实行多品种杂交，保持高度杂种优势 选择适合本国条件的优秀品种，研究出最佳杂交组合方案，实行3、4个品种的杂交，把高繁殖性能、高泌乳性能和高产肉性能有机地结合起来，保持杂种优势。

3. 密集产羔，全年繁殖 利用多胎品种或人工控制母羊繁殖周期，缩短产羔间隔，组织母羊全年均衡产羔，密集繁殖，实行1年2产、2年3产和3年5产制。或实行母羊轮流配种繁殖，一月一批，终年产羔。这些举措充分利用了母羊最佳繁殖年龄，快速更新，实现商品肉羊批量生产，均衡市场供应。

4. 早期断奶，快速肥育 羔羊育肥具有生产周期短、增重快、饲料报酬高、经济效益高等优点。在美国、俄罗斯等国采取羔羊超早期（1~3日龄）或早期（30~45日龄）断奶。超早期断奶羔羊用人工乳或代乳粉进行哺育，同时用特制羔羊配合饲料进行补饲，实行集约化育肥或放牧育肥。

集约化育肥是以精料、干草、添加剂组成育肥日粮（不喂青饲料）进行舍饲育肥，在专门化育肥工厂进行。成批育肥，定时出栏，每年育肥4~6批，每批育肥60d，轮流供应市场。放牧育肥是将断奶羔羊在人工草场自由放牧，并补饲一定数量的干草、青贮饲料和精料，达到一定体重时即出栏销售。一些国家推行羔羊断奶后剪毛，剪毛后有利于育肥，增加出栏体重。

7.6.3 育肥羔羊饲养标准

羔羊进入育肥舍后经过1周左右适应育肥环境，其间应观察羊的生活习性、采食和饮水等是否正常，并根据采食情况确定育肥标准。这段时间羔羊日粮精粗比例为3:7，粗蛋白质水平14%左右。在粗饲料方面饲喂优质青干草或苜蓿干草，粉碎长度为2cm，过长或过短都不利于羔羊的采食和营养物质吸收。矿物质需要量一般为钙0.9%，磷0.25%。具体见表7-7。

表7-7 育肥羔羊的饲养营养标准

月龄	体重/kg	风干饲料/kg	消化能/MJ	可消化粗蛋白质/g	钙/g	磷/g	食盐/g	胡萝卜素/mg
3	25	1.2	10.5~14.6	80~100	1.5~2	0.6~1	3~5	2~4
4	30	1.4	14.6~16.7	90~150	2~3	1~2	4~8	3~5
5	40	1.7	16.7~18.8	90~140	3~4	2~3	5~9	4~8
6	45	1.8	18.8~20.9	90~130	4~5	3~4	6~9	5~8

7.6.4 成年育肥羊饲养标准

成年羊育肥前需进行驱虫药浴，经过育肥可明显提高羊肉产量，通常可增产羊胴体重25%~30%，并能改进胴体品质。具体见表7-8。

表7-8 成年育肥羊饲养营养标准

体重/kg	风干饲料/kg	消化能/MJ	可消化粗蛋白质/g	钙/g	磷/g	食盐/g	胡萝卜素/mg
40	1.5	15.9~19.2	90~100	3~4	2.0~2.5	5~10	5~10
50	1.8	16.7~23.0	100~120	4~5	2.5~3.0	5~10	5~10
60	2.0	20.9~27.2	110~130	5~6	2.8~3.5	5~10	5~10
70	2.2	23.0~29.3	120~140	6~7	3.0~4.0	5~10	5~10
80	2.4	27.2~33.5	130~160	7~8	3.5~4.5	5~10	5~10

7.7 奶羊饲养管理

7.7.1 奶绵羊

绵羊奶营养价值高，天然无膻味，口感、成分接近人乳，更易于人体消化吸收。我国目前没有专门的奶绵羊品种，国外的奶绵羊品种有东佛里生羊、戴瑞羊。其中东佛里生羊是世界绵羊中产奶性能最好的品种，原产于荷兰和德国西北部地区，其体格较大，没有羊角。东佛里生羊成年母羊一个泌乳期（260~300d）产奶量500~810kg，日产奶量2.5~3kg，完全可以满足商品化生产需要。表7-9列出了部分泌乳性能较好的绵羊品种及泌乳量。

表7-9 泌乳性能较好的绵羊品种及泌乳量[1]

品种	产地	一个泌乳期产奶量/kg
拉扎羊（Latxa sheep）	西班牙和法国	130~160
茨盖羊（Tsigai sheep）	乌克兰	100~200
瓦拉希羊（Valachian sheep）	斯洛伐克	80~120
曼切加羊（Manchega sheep）	西班牙	100~120
波兰山地羊（Polish Mountain sheep）	波兰	210~260
湖羊（Hu sheep）	中国	60~200

7.7.2 奶山羊

奶山羊具有较强的合群性与适应性，在我国农牧区、山地、平原均可饲养。奶山羊喜干燥、爱清洁，采食量小、繁殖率高、抗病力强，适度规模发展奶山羊养殖能够在短期内取得养殖效益[2]。因此奶山羊养殖是推进乡村振兴、产业脱贫的重要产业。萨能奶山羊是世界著名的奶山羊品种，原产于瑞士萨能地区。从1904年开始引入我国，除纯种繁育以外，利用萨能奶山羊改良地方山羊效果显著。作为主要父系，萨能奶山羊参与了崂山奶山羊、关中奶山羊等品种的培育，为我国奶羊业的发展作出了重大贡献。

奶山羊从产羔开始泌乳，一直持续到干奶期，泌乳期持续9~10个月。根据不同阶段泌乳量的变化规律，可将泌乳期划分为泌乳初期、泌乳盛期、泌乳中期、泌乳后期和干乳期5个阶段。刚生产后的奶山羊泌乳量较少，20d后泌乳量逐渐上升至高峰，持续一段时间后开始下降，直至干奶。因此，采取分阶段饲养，可有效提高奶山羊产奶量，降低饲养成本。

一、泌乳初期饲养管理

奶山羊产羔后的20d内为泌乳初期，又称恢复期。分娩后体力消耗大，身体往往比较虚弱，食欲旺盛，但消化机能较差，并且分娩后乳腺、血液循环系统机能较差，泌乳量很少。因此，泌乳初期的饲养管理重点是正确处理食欲旺盛和消化机能较差的矛盾，快速恢复体力，为以后的产奶高峰打好基础。

二、泌乳盛期饲养管理

泌乳高峰期大约位于产后20~120d，这个时期的泌乳量占到奶山羊整个泌乳期的35%左右。由于奶山羊泌乳量大增，体内贮备的养分过度消耗，如果饲养管理不到位，奶山羊体重会不断下降，直接影响泌乳量和健康状况。所以在饲养管理上要做到科学饲喂、精心管理、科学挤奶和防治乳腺疾病。

1. 科学饲喂 要防止产奶高峰期营养亏损太多。饲料要营养丰富易消化、品种多样、品质优良，其中优质玉米青贮饲料占8%左右。日粮中粗蛋白质的含量以12%~16%为宜，要根据粗饲料中粗蛋白质的含量灵活运用。每天要供给羊充足的饮水，最好让羊饮面汤，每次添加适

---

[1] 宋宇轩，张磊，周勇，等. 世界奶绵羊产业及种质资源概况. 中国乳业, 2022, (2): 10.

[2] 王均良. 奶山羊羔羊培育的要点. 中国畜牧业, 2021, (3): 65-68.

量食盐。羊喝足了水，新陈代谢旺盛，产奶量增加。还应尽量避免饲料和饲喂方法的突然变化。

在泌乳盛期，产奶母羊可以采取引导饲养法和交替饲养法。引导饲养法就是在干奶期只喂基础日粮，在产羔前两周开始增加混合精料，每天50～60g，到产羔时增加到800～1000g。产羔后经过3d的饲养，第4天开始加料，第7天开始恢复产前精料量，并继续增加精料，直至达到产奶高峰为止。交替饲养法就是每隔一定天数，改变饲养水平和饲料特性的一种饲养方法。通过这种周期性的刺激，可以提高奶山羊食欲和饲料的转化率，因而能增加奶山羊泌乳量。交替饲养法的具体方法是通过粗饲料和精饲料的不同量来实现的。

2. 精心管理 让奶山羊到运动场自由活动，以增强心脏功能和消化能力，促使其保持旺盛的食欲和健康体况，提高生产性能。5～7月份是产奶高峰期，天气炎热，羊容易患胃肠疾病，羊舍要搭设凉棚。经常对圈、舍、栏及饮食用具进行消毒，并注意饲料和饮水卫生，忌喂隔夜变质的饲料。定时检查粪便及健康状况，羊有病要及时防治，以保持羊体健壮，延长产奶高峰期。

3. 科学挤奶 每天挤奶2～3次，机器挤奶每天3次，手工挤奶每天2次。给奶山羊挤奶时，要选择固定的地点，保证奶山羊处于安静状态下。挤奶时要轻揉乳房，既可消除乳汁淤结，又能提高产奶量。

4. 防治乳腺疾病 防治乳房炎，对保障泌乳非常重要。经常用肥皂和清水洗擦乳头和乳房。羔羊吸乳或外伤损伤了乳头，应暂停哺乳1～2d，涂抹磺胺软膏，能迅速治愈。若乳汁淤结，可局部热敷，并轻轻按摩乳房，挤出乳汁，直到乳房柔软。

三、泌乳中期饲养管理

奶山羊产后的121～200d是泌乳中期。此阶段产奶量开始逐渐下降，每月下降值为约6%，而产奶消耗的体膘则逐渐恢复、呈上涨趋势。应根据营养情况逐渐减少精饲料，精、粗饲料配比宜调整为40∶60，注意适量增加运动及光照，确保清洁饮水足量供应。

四、泌乳后期饲养管理

产后201～240d是泌乳后期。此阶段产奶量逐渐下降直至绝乳，饲养管理的重点是恢复奶山羊在泌乳盛期失去的体重。要减少精饲料的喂量以防止增重过快而影响整体生产性能，但饲料调整应循序渐进，切忌操之过急，以免泌乳量骤降或过早绝乳。

五、干乳期饲养管理

奶山羊泌乳期接近10个月时产奶量下降明显，要注意及时采取干乳控制措施，有利于母羊尽快恢复体况，以保障母羊体内胎儿发育和下一个泌乳期的产奶量。此阶段应适当减少精料用量、青绿多汁饲料，控制饮水及挤奶次数。

7.8 绒毛用羊饲养管理

绒毛用羊主要是生产绒和毛的羊，包括绒山羊、细毛羊、半细毛羊。随着草原保护政策执行力度的增加，近年来绒毛用羊养殖成本居高不下，养殖总收益仍以出栏羊收益为主，绒毛产值占比较少。

7.8.1 绒山羊饲养管理

绒山羊是我国一种独特的生物资源，是世界上产绒量最高、绒纤维品质最好的品种。具有食性杂，适应性强的优点，在我国北方地区养殖规模较大。试验表明，绒山羊2~5岁间产绒量较高，5岁后逐渐下降，因此绒山羊利用年限不宜过长。要使饲养羊群中的羊绝大多数集中在2~5岁，这样可保证羊群产绒量。提高绒山羊饲养的产值需从增加绒产量和质量考虑[1][2]，应做好以下几点。

一、加强绒山羊补饲

绒的生产需要以蛋白质为基础，如果营养不良，羊就会消瘦，绒的产量会出现明显下降，所以应当补饲一些较好的精饲料，特别是含蛋白质丰富的饲料。实践证明，羊绒生长高峰多在8~11月，加强此期的补饲特别重要。

二、改进圈舍条件

应倡导对绒山羊进行舍饲，舍饲有助于恢复植被，促进地方经济可持续发展。羊圈环境对羊绒影响较大，舍饲时应保持羊圈清洁、干燥、通风。圈内温度不宜过高，如温度过高且潮湿，山羊易患病，也影响产绒量和绒的品质。最佳温度为10~20℃。

三、及时抓绒

绒的生长、脱换有季节性，东北地区绒的脱落大致在5~6月，饲养者必须根据羊绒生长情况按时抓绒，防止丢绒、落绒。有的地区采用2次抓绒，即在第1次抓绒后隔10~15d再次抓绒，可提高总产绒量。注意抓绒方法，抓绒时要细心、耐心。

四、饲养管理科学化

绒山羊饲料主要是秸秆和玉米籽，应在玉米里加入麸皮、豆粕、碳酸氢钙、食盐、尿素等，这样可以增加营养结构，补充蛋白质。除了营养和能量的补充，维生素和微量元素的补充也很重要，可以在羊舍里放置一些添砖。定期修蹄，不及时修蹄会出现蹄尖外翻、四肢变形等情况。此外，应大力推广光控增绒技术，该技术可以让绒山羊在非产绒季节也能生长羊绒，从而达到增产、增效的目的。

五、防治疾病

羊体质好有利于绒的生长，应定期进行疫苗接种，如羔羊大肠杆菌疫苗、羊痘疫苗、三联四防疫苗等。按季节可用药物驱除线虫、绦虫。驱虫后，羊体重可增加17%左右。对羊舍及道路要定期消毒，粪便及时清理，保证羊舍干净、干燥，粪便应堆放在指定的区域或发酵。

---

[1] 韩素芹. 绒山羊增绒技术. 科技园地, 2004,（4）: 19.

[2] 田春苗. 优质高产辽宁绒山羊饲养管理技术. 养殖与饲料, 2019,（3）: 27-28.

7.8.2 细毛羊饲养管理

我国是世界最大的羊毛进口国和消费国,进口约占世界贸易量的1/4,羊毛消费量占世界总量的20%。发展细毛羊产业,可以有效缓解国内羊毛供需矛盾。影响羊毛生产的因素很多,主要包括环境气候、饲养管理、营养调控、疫病防治等[1]。对放牧为主的羊群,除利用夏、秋季早出晚归抓膘外,还要在秋、冬、春三季的饲养管理上下功夫。一是坚持备足冬、春枯草季的饲草饲料;二是储足精料,适量补饲。每只母羊每年补饲精料20~30kg,并将补饲向种公羊、妊娠羊和乏弱羊倾斜;三是跟群放牧,即在放牧时人不离羊群,采用轮回放牧,分片利用的放牧方法;四是科学饲喂。不喂腐烂霉变与带泥土的饲料,坚持"寸草铡三刀、无料也上膘"原则,将草料尽可能切短至2cm左右。

此外,可视需要采用穿衣技术。给细毛羊穿羊衣的目的是保护毛被,减少饲养环境对羊毛的损害与污染,以提高毛纤维强度与净毛率。

7.9 高繁羊品种的饲养管理

7.9.1 饲养管理

湖羊、小尾寒羊、策勒黑羊等是我国知名的地方高繁殖力品种。提高羊羔成活率是高繁羊饲养的第一任务,因此要确保羔羊及时吃上初乳,并重点补饲母羊以提高产奶量。冬季产羔要注意保温,在出现奶水不足或产羔数多时,应采用牛奶、代乳粉或寄养的方式进行喂养。

在湖羊饲养过程中,其饲料以草料为主,搭配精料和粗料,精料添加量过多容易引发酸中毒。要保证饲草料与饮水清洁,供应充足[2][3]。湖羊有夜食性,可在傍晚将草料放足,以满足其需要。通过叫声可判断羊只是否吃饱,安静表明已吃饱。

7.9.2 提高繁殖力的有效措施

一、加强种羊选择

因产多羔具有遗传性,有的品种母羊一胎可产4~8羔,因此要通过常规育种、基因组选择和分子标记技术严格选留种公羊和母羊。留种时选择精力充沛的公羊作为种公羊;应从多胎母羊后代中选择优良个体作为后备母羊。母羊繁殖年限为8~9年,其中3~6岁时繁殖性能最好,在选择时要注意初产母羊对今后多胎性能的影响,通过对初产母羊选择来提高母羊

---

[1] 卡哈尔·卡迪尔. 试论细毛羊改良和饲养管理技术. 吉林畜牧兽医, 2020, 41 (4): 44.
[2] 王景. 浅谈湖羊饲养管理. 畜禽业, 2021, 32 (11): 2.
[3] 温根生, 丁子荣. 湖羊饲养管理技术. 浙江畜牧兽医, 2014, 39 (3): 1.

多胎性[1][2]。引种通常在春秋季节进行,这时期气温适宜,羊只体质好,抵抗力强。

二、加强母羊饲养管理

母羊饲养管理的好坏直接关系羔羊成活率与健康。因此,要抓好母羊饲养管理工作。保持母羊适宜体况,避免饲喂过肥或者过瘦。可在配种前对其进行短期优饲,补充维生素E、维生素A和矿物质,以促进母羊发情和排卵。要做好妊娠母羊保胎工作,以免发生早产或者流产,妊娠最后两个月的均衡饲养是提高羔羊存活率的关键。缩短产羔间隔是提高母羊繁殖性能的有效措施,目标是实现2年3胎。

除了抓好日常饲养管理工作外,还要及时发现并治疗不孕症,对于治疗无效的母羊要及时淘汰。还要转变养殖理念,积极推广人工授精、激素诱导多羔、早期断奶,以及营养补饲等繁养新技术,并将自动化、信息化、智能化技术融入养羊生产中。

复习思考题

1. 如何确定肉羊养殖的规模?
2. 羔羊饲养管理要素有哪些?
3. 妊娠母羊饲养管理有哪些注意事项?
4. 如何提高多羔羊存活率?
5. 绒山羊能否朝肉绒兼用方向培育?
6. 如何提高优秀种公羊利用率?

---

[1] 杨海燕. 做好母羊多产羔工作和技术措施. 中国畜禽种业, 2017, 13(9): 69.

[2] 孙志富. 母羊多产羔的技术措施. 养殖技术顾问, 2017, (7): 42.

第8章 羊的营养需要与饲料生产

本章主要讲述羊的营养需要及饲料科学配制，满足羊不同品种、不同生理阶段、不同生产目的和生产力水平的营养需求。重点是羊的营养需要；难点是羊的饲料加工和适时配方调整。

8.1 羊的营养需要

羊的营养需要也称营养需要量，是指在最适宜环境条件下达到一定生产水平时，羊对各种营养物质的最低需要量。养分包括两部分，一部分用于维持羊基本生命活动，表现为维持基础代谢、自由活动和体温，对这部分养分的需求称为维持需要；另一部分养分主要用于生长或生产，称为生产需要，根据生产目的的不同，可把生产需要分为生长、育肥、繁殖、泌乳及产毛等营养需要。维持需要不产生经济效益，维持需要占养分总需要的比例愈低，养殖经济效益就愈高。

8.1.1 羊需要的营养物质

羊与其他家畜一样，在生长、繁殖、泌乳及产毛等生产过程中需要各种营养物质，主要有干物质、能量、蛋白质、脂肪、粗纤维、矿物质、维生素和水。

一、干物质

干物质是指饲料样品在105℃的温度下，去除饲料中游离水和结合水后的物质，是衡量饲料营养成分的一个重要指标。干物质采食量最主要由消化道容积决定，饲料适口性、粗饲料消化率、瘤胃内环境和饲养管理也起着重要作用。羊的采食有两个目的，一个是饱腹，另一个是满足营养需求。当日粮营养成分不足时，即使最大的干物质采食量，仍然达不到生产的营养需求。相反，当日粮的营养成分高，即使已经满足生产营养需要，羊仍然会继续食入日粮用于饱腹。这种情况不仅造成营养浪费，还会体重超标或导致营养代谢病。为此，我们在制作羊饲料配方前，要根据实际情况设定干物质采食量。

二、能量

能量水平是影响动物生产力的重要因素。为羊日粮中提供能量的物质主要为碳水化合物，包括淀粉、半纤维素、纤维素等。日粮能量不足，会导致幼龄羊生长缓慢，母羊繁殖率下降，泌乳量减少及泌乳期缩短，羊毛生长缓慢、毛纤维直径变细等；能量过高，对生产和健康同样不利。因此要根据实际情况设定合理的日粮能量水平。

1. 能量需要量指标 反映羊能量需要量的指标包括消化能、代谢能、净能。消化能是指饲料可消化养分所含的能量,即羊摄入饲料的总能与粪能之差;代谢能是指消化能减去尿能及消化道可燃气体的能量后剩余的能量;净能是指代谢能减去热增耗后的能值。虽然净能最能准确反映羊能量需要量,但难以测定。因此普遍采用代谢能作为羊的能量需要量指标。

2. 能量需要量的影响因素 品种、体重、年龄、生产性能、生理阶段及环境、活动强度等均会影响羊的能量需要量。一般而言,体重大的羊对能量需要多;相同日增重成年羊比幼龄羊能量需要多;妊娠羊比空怀羊、妊娠后期比妊娠前期羊能量需要多;怀双羔或多羔比怀单羔能量需要多;泌乳前期比泌后期能量需要多;环境温度、湿度和风速超出羊舒适的范围,能量需要就会高;活动程度大的能量需要高。

三、蛋白质

蛋白质是构成动物机体组织器官的基本物质,蛋白质缺乏会降低羊生长速度、生产性能及繁殖性能,甚至危害羊只健康。

1. 蛋白质需要量指标 反映蛋白质需要量的指标包括粗蛋白质、可消化粗蛋白质、可代谢蛋白质和净蛋白质。目前在羊饲料营养价值表中大多只有粗蛋白质和可消化粗蛋白质2项指标。饲料中粗蛋白质是以氮含量进行测定的,不考虑蛋白质消化利用率,即粗蛋白质含量=饲料N含量×6.25。可消化粗蛋白质考虑了蛋白质在消化道的消化利用率,因而比粗蛋白质更能准确评估羊对蛋白质的需要量。

2. 日粮蛋白质来源 羊所需蛋白质主要来自饼粕类,其次籽实类、糠麸类等能量饲料,青干草及青贮等粗饲料也可为羊提供部分蛋白质。蛋白质是由各种氨基酸组成的,因此,羊对蛋白质的需要,实质就是对各种氨基酸的需要。有些氨基酸在羊体内不能合成或合成量不能满足需要,必须从饲料中获得,这些氨基酸称为必需氨基酸。成年羊瘤胃中存有大量微生物可合成各种氨基酸,因此一般不缺必需氨基酸,但当育肥羊和泌乳母羊日粮以精料为主时,容易缺乏赖氨酸、甲硫氨酸等必需氨基酸。

3. 蛋白质需要量的影响因素 羊的生理阶段、生产力水平等均会影响蛋白质需要量。例如,处于肌肉快速生长期的幼龄羊、妊娠后期及泌乳高峰期的母羊对蛋白质量需要增多;在转群、运输、疫苗免疫等应激情况下,蛋白质需要量增加6%~12%。

四、脂肪

脂肪是构成羊体的重要成分;脂肪还是热能的重要来源;脂肪也是脂溶性维生素的溶剂,如饲料中维生素A、维生素D、维生素E、维生素K及胡萝卜素。豆科作物籽实、玉米糠及稻糠等均含有较多脂肪,因此羊饲粮中一般不额外添加脂肪。亚油酸、亚麻酸和花生四烯酸3种不饱和脂肪酸是羊的必需脂肪酸,必须从饲料中获得。若缺乏,则羔羊生长发育缓慢,皮肤干燥,易患维生素A、维生素D和维生素E缺乏症。

五、矿物质

目前已证明羊体必需的矿物质有15种,其中常量元素有7种,包括钙、磷、钠、氯、镁、钾和硫;微量元素有8种,包括碘、铁、铜、钼、钴、锰、锌和硒。羊最易缺乏的常量矿物质是钙、磷、钠和氯,可视需要用石粉、磷酸氢钙或食盐补充。食盐除补充钠、氯外,还有促进食欲、提高饲料适口性的作用。铁、铜、锰、锌、钴、碘和硒等微量元素常以预混料形式添加到饲料中。

六、维生素

维生素是机体不可缺少的营养物质,多以预混料的形式添加到饲粮中。已确定的维生素有14种,按溶解性将其分为脂溶性和水溶性2大类。脂溶性维生素有维生素A、维生素D、维生素E、维生素K 4种;水溶性维生素有维生素B_1、维生素B_2、维生素B_6、维生素B_{12}、烟酸、泛酸、生物素、叶酸、胆碱、维生素C等。对于成年反刍动物来说,B族维生素和维生素K可由瘤胃微生物合成,维生素A、维生素D、维生素E要由饲料中获得,维生素E缺乏易引起羔羊白肌病的发生。尽管瘤胃微生物可以合成B族维生素,但在羔羊以及以精料为主的育肥羊饲粮中应添加B族维生素。

七、水

水是组成体液的主要成分。初生羔羊机体含水80%左右,成年羊60%~70%,老年约50%。缺水可使羊食欲降低、健康受损、生长发育受阻、生产力下降。轻度缺水往往不易被发现,但常在不知不觉中造成很大的经济损失。羊体需水量受机体代谢水平、环境温度、生理阶段、体重、采食量和饲料组成等因素影响。每采食1kg饲料干物质,需水1~2kg;成年羊一般每日需饮水3~4kg。夏季、春末秋初饮水量增大,冬季、春初和秋末饮水量减少。

8.1.2 羊的维持需要和生产需要

一、羊的维持需要

维持需要营养用于基础代谢、自由活动和维持体温。虽然维持需要不产生畜产品,但又是必不可少的,应平衡维持需要和生产需要之间的关系,尽可能地减少维持需要占比,提高生产效率。相同体重处于生长期的肉羊品种比地方品种维持需要明显少,料肉比低;奶用品种维持需要比肉用品种高;不同生长阶段的羊,维持需要差异亦较明显;健康状况良好的羊维持需要明显比处于疾病状态下的动物低;寒冷环境下皮厚毛多的羊维持需要比皮薄毛少的少;放牧羊比舍饲羊多消耗50%~100%的热量;傍晚喂料,维持需要相应减少。

二、羊的生产需要

1. 生长的营养需要 羊的生长伴随着机体蛋白质、脂肪、矿物质及水分等物质的沉积。营养水平与羊生长发育有密切关系,哺乳期羔羊适时补饲颗粒料,可尽早达到断奶体重;断奶后羔羊适宜的营养水平可促进生长发育,缩短配种月龄。羔羊从出生到8月龄,肌肉、骨骼和各器官的发育较快,尤其是初生至5月龄,是羊生长发育最快的阶段,需要供给大量的蛋白质和矿物质。随着月龄的增加,体组织沉积由骨骼和肌肉过渡到骨骼、肌肉和脂肪,再到肌肉和脂肪。因此日粮营养水平应根据生长强度的变化而改变,做到按需供给。中等体型绵羊(成年体重110kg)空腹体重20~50kg时用于生长的能量需要量为

$$NEG (kJ/d) = 409 LWG \times W^{0.75}$$

式中,NEG为生长净能;LWG为活体增重(g);$W^{0.75}$为代谢体重(kg)。

绵羊用于生长的蛋白质需要量为

$$粗蛋白质需要量(g/d) = (PD + MFP + EUP + DL + Wool)/NPV$$

式中,PD为每天蛋白质沉积量;MFP为粪中代谢蛋白质的日排泄量;EUP为尿液蛋白质日

排泄量；DL为每天皮肤脱落蛋白质；Wool为羊毛生长每天沉积的蛋白质，可根据年产毛量估算，如年产毛4kg，每天沉积的粗蛋白质量为6.8g；NPV为蛋白质的净效率，按粗蛋白质乘以0.561计算。PD、MFP、EUP和DL可由下列公式推导计算：

$$PD（g/d）=日增重（g）\times[268-29.2\times NEG（kJ/d）/（4.128\times 日增重）]$$

$$MFP（g/d）=33.44/进食干物质（kg）$$

$$EUP（g/d）=0.146\ 75\times 体重（kg）+3.375$$

$$DL（g/d）=0.1125\times W^{0.75}$$

2. 育肥的营养需要 育肥的目的就是要增加羊肉和脂肪等可食部分。目前规模化育肥场以育肥羔羊为主，羔羊的育肥应根据不同体重阶段体组织沉积规律，供给不同能量和蛋白质水平日粮，随着育肥体重的增加，逐渐降低蛋白质水平，增加能量水平；成年羊的育肥是沉积脂肪，以改善肉品质，对日粮蛋白质水平要求不高，只要提供充足的能量饲料，就能取得较好的育肥效果。

3. 产毛的营养需要 羊毛是一种角化蛋白质，其中胱氨酸的含量占角蛋白总量的9%~14%。产毛对营养物质的需要较低，约为维持需要的10%，但当日粮的粗蛋白质水平低于5.8%时，也不能满足产毛的最低需要。营养水平会影响羊毛的长度和细度，妊娠后期母羊营养不足不仅造成羔羊初生重低，还会因毛囊发育受阻进而影响日后的剪毛量。放牧羊群营养不均衡会使羊毛局部变细形成饥饿痕，羊毛均匀度变差。矿物质对羊毛品质有明显影响，其中以硫和铜较为重要。有机硫既可增加羊毛产量，也可改善羊毛的弹性和手感。缺铜时，毛囊内代谢受阻，毛的弯曲减少，毛色素的形成也受影响。维生素A对羊毛生长和羊的皮肤健康十分重要，舍饲羊和枯草期放牧羊，应添加维生素A。

4. 泌乳的营养需要 营养供应不足，会直接影响乳产量和品质，并缩短泌乳期。成年绵羊产单羔时10周内平均泌乳量约为1.7kg，双羔时为2.6kg，代谢能转化为泌乳净能的效率为65%~83%。放牧羊群哺乳期仅仅通过放牧或补喂干草不能满足产奶的营养需要，必须根据产奶量的高低，补喂一定数量的混合精料；舍饲羊应根据产羔数和泌乳阶段酌情增减精补料饲喂量，并注意维生素、常量和微量元素的补充。

5. 繁殖的营养需要 对于季节性繁殖的羊群，在配种期内要根据种公羊的配种强度或采精次数，合理调整日粮的能量和蛋白质水平，只有获得充足的蛋白质时，性机能才旺盛，精子密度大，母羊受胎率高。公羊的射精量平均为1ml，每毫升精液所消耗的营养物质约相当于50g可消化蛋白质。配种结束后，种公羊的营养水平可相对较低，日粮的营养水平通常比维持营养高10%~20%。但配种结束后的最初1~2个月是种公羊体况恢复的时期，在恢复期内应继续饲喂配种期的日粮。繁殖母羊配种前提高日粮营养水平，特别是能量水平，可以促进母羊短期内集中发情，增加排卵数。母羊配种受胎后即进入妊娠阶段，这时除满足母羊自身的营养需要外，还必须提供胎儿生长发育所需的养分。妊娠前期（前3个月）胎儿的增重较小，羊对日粮的营养水平要求不高，提供一定数量的优质蛋白质、矿物质和维生素即可；妊娠后期的2个月内，胎儿需完成增重的80%，应给母羊补饲一定的混合精料或优质青干草，满足其对蛋白质、维生素和矿物质（尤其是钙、磷）的需求。

8.1.3 羊的营养需要量

羊的营养需要量因品种、体重、性别、发育阶段、生理状况、生产方向和水平及环境的不同而不同。因此，在实践中应根据具体情况调整营养需要量，确定饲养标准。

一、绵羊的营养需要量

1. 美国的绵羊营养需要量 NRC（2007）修订的绵羊营养需要量，规定了各类绵羊不同体重所需要的干物质、总消化养分、能量、蛋白质、钙、磷、维生素A和维生素E的需要量。以上绵羊营养需要量及钙、磷以外的矿物质元素需要量见二维码附件内容。

2. 我国肉羊营养需要量（绵羊） 我国肉羊营养需要量是借助国家肉羊产业技术体系平台，由中国农业科学院饲料研究所、内蒙古自治区农牧业科学院、河北农业大学、南京农业大学、山西农业大学、新疆畜牧科学院等单位历时10多年进行肉羊营养需要科学研究而形成[《肉羊营养需要量》（NY/T 816—2021）]，代替了《肉羊饲养标准》（NY/T 816—2004），见表8-1～表8-7。

表8-1 肉用绵羊哺乳羔羊营养需要量

体重（BW）/kg	日增重（ADG）/g	干物质采食量（DMI）/（kg/d）	代谢能（ME）/（MJ/d）	净能（NE）/（MJ/d）	粗蛋白质（CP）/（g/d）	代谢蛋白质（MP）/（g/d）	净蛋白质（NP）/（g/d）	钙（Ca）/（g/d）	磷（P）/（g/d）
6	100	0.16	2.0	0.8	33	26	20	1.5	0.8
	200	0.19	2.3	1.0	38	31	23	1.7	1.0
8	100	0.27	3.2	1.4	54	43	32	2.4	1.3
	200	0.32	3.8	1.6	64	51	38	2.9	1.6
	300	0.35	4.2	1.8	71	56	42	3.2	1.8
10	100	0.39	4.7	2.0	79	63	47	3.5	2.0
	200	0.46	5.5	2.3	92	74	55	4.2	2.3
	300	0.51	6.2	2.6	103	82	62	4.6	2.6
12	100	0.53	6.2	2.6	103	83	62	4.6	2.6
	200	0.63	7.3	3.1	121	97	73	5.5	3.0
	300	0.69	8.1	3.4	135	108	81	6.1	3.4
14	100	0.52	6.4	2.7	106	85	64	4.8	2.7
	200	0.61	7.5	3.2	127	102	76	5.6	3.1
	300	0.67	8.4	3.5	139	111	83	6.3	3.5
16	100	0.64	7.5	3.3	129	103	77	5.8	3.2
	200	0.75	9.0	3.8	151	121	91	6.8	3.8
	300	0.84	9.8	4.3	167	134	101	7.5	4.2
18	100	0.75	8.4	3.8	152	122	92	6.7	3.7
	200	0.88	10.2	4.1	176	141	106	7.9	4.4
	300	0.98	11.6	4.9	195	155	118	8.8	4.9

表8-2 肉用绵羊生长育肥公羊营养需要量

体重 (BW)/kg	日增重 (ADG)/g	干物质采食量 (DMI)/(kg/d)	代谢能 (ME)/(MJ/d)	净能 (NE)/(MJ/d)	粗蛋白质 (CP)/(g/d)	代谢蛋白质 (MP)/(g/d)	净蛋白质 (NP)/(g/d)	中性洗涤纤维 (NDF)/(kg/d)	钙 (Ca)/(g/d)	磷 (P)/(g/d)
20	100	0.71	5.6	3.3	99	43	29	0.21	6.4	3.6
	200	0.85	8.1	4.4	119	61	41	0.26	7.7	4.3
	300	0.95	10.5	5.5	133	79	53	0.29	8.6	4.8
	350	1.06	11.7	6.0	148	88	60	0.32	9.5	5.3
25	100	0.80	6.5	3.8	112	47	31	0.24	7.2	4.0
	200	0.94	9.2	5.0	132	65	44	0.28	8.5	4.7
	300	1.03	11.9	6.2	144	83	56	0.31	9.3	5.2
	350	1.17	13.3	6.9	157	92	62	0.35	10.5	5.9
30	100	1.02	7.4	4.3	143	51	34	0.31	9.2	5.1
	200	1.21	10.3	5.6	169	69	46	0.36	10.9	6.1
	300	1.29	13.3	7.0	181	87	59	0.39	11.6	6.5
	350	1.48	14.7	7.6	207	96	65	0.44	13.3	7.4
35	100	1.12	8.1	4.9	157	55	37	0.34	10.1	5.6
	200	1.31	10.9	6.1	183	73	49	0.39	11.8	6.6
	300	1.38	13.7	7.4	193	90	61	0.41	12.4	6.9
	350	1.50	15.1	8.1	224	99	67	0.48	13.6	8.0
40	100	1.22	8.7	5.4	159	78	39	0.43	11.0	6.1
	200	1.41	11.3	6.6	183	97	54	0.49	12.7	7.1
	300	1.48	13.9	7.8	192	117	68	0.52	13.3	7.4
	350	1.62	15.2	8.5	224	136	73	0.60	14.5	8.6
45	100	1.33	9.4	5.8	173	83	41	0.47	12.0	6.7
	200	1.51	12.1	7.1	196	103	56	0.53	13.6	7.6
	300	1.57	14.9	8.4	204	122	70	0.55	14.1	7.9
	350	1.70	16.3	9.0	221	141	77	0.65	15.4	9.3

续表

体重 (BW)/kg	日增重 (ADG)/g	干物质采食量 (DMI)/(kg/d)	代谢能 (ME)/(MJ/d)	净能 (NE)/(MJ/d)	粗蛋白质 (CP)/(g/d)	代谢蛋白质 (MP)/(g/d)	净蛋白质 (NP)/(g/d)	中性洗涤纤维 (NDF)/(kg/d)	钙 (Ca)/(g/d)	磷 (P)/(g/d)
50	100	1.43	10.0	6.3	186	88	44	0.50	12.9	7.2
	200	1.61	12.9	7.6	209	107	58	0.56	14.5	8.1
	300	1.66	15.8	8.9	216	131	72	0.58	14.9	8.3
	350	1.76	17.3	9.6	230	146	80	0.69	16.0	9.9
55	100	1.53	10.9	6.8	199	95	47	0.54	13.8	7.7
	200	1.72	13.9	8.1	225	110	62	0.68	15.4	8.7
	300	1.80	17.0	9.3	233	131	75	0.73	16.2	9.0
	350	1.95	18.5	10.0	255	150	84	0.85	17.7	10.1
60	100	1.63	11.8	7.5	212	101	50	0.57	14.7	8.2
	200	1.82	15.0	8.9	238	110	65	0.72	16.5	9.3
	300	1.91	18.2	10.3	248	139	78	0.77	17.2	10.0
	350	2.05	19.8	11.0	265	155	88	0.91	18.6	11.2

表8-3 肉用绵羊生长育肥母羊营养需要量

体重 (BW)/kg	日增重 (ADG)/g	干物质采食量 (DMI)/(kg/d)	代谢能 (ME)/(MJ/d)	净能 (NE)/(MJ/d)	粗蛋白质 (CP)/(g/d)	代谢蛋白质 (MP)/(g/d)	净蛋白质 (NP)/(g/d)	中性洗涤纤维 (NDF)/(kg/d)	钙 (Ca)/(g/d)	磷 (P)/(g/d)
20	100	0.62	6.0	3.3	86	40	28	0.19	6.1	3.4
	200	0.74	8.7	4.5	104	57	40	0.22	7.3	4.0
	300	0.85	11.4	5.7	121	76	52	0.25	8.4	4.6
	350	0.92	12.7	6.3	129	84	58	0.28	9.1	5.0
25	100	0.70	6.9	3.8	97	44	30	0.21	6.9	3.8
	200	0.82	9.8	5.1	114	61	42	0.25	8.1	4.5
	300	0.93	12.7	6.4	131	80	54	0.27	9.2	5.1
	350	0.99	14.2	7.1	140	88	59	0.31	9.8	5.4

续表

体重(BW)/kg	日增重(ADG)/g	干物质采食量(DMI)/(kg/d)	代谢能(ME)/(MJ/d)	净能(NE)/(MJ/d)	粗蛋白质(CP)/(g/d)	代谢蛋白质(MP)/(g/d)	净蛋白质(NP)/(g/d)	中性洗涤纤维(NDF)/(kg/d)	钙(Ca)/(g/d)	磷(P)/(g/d)
30	100	0.80	7.6	4.3	108	48	33	0.27	7.9	4.4
	200	0.92	10.8	5.7	126	65	44	0.32	9.1	5.0
	300	1.03	14.0	7.1	144	84	55	0.34	10.2	5.6
	350	1.09	15.5	7.8	152	92	61	0.39	10.8	5.9
35	100	0.91	8.5	5.1	120	52	35	0.29	9.0	5.0
	200	1.04	11.6	6.4	137	69	46	0.34	10.3	5.7
	300	1.17	14.7	7.8	155	87	57	0.36	11.6	6.4
	350	1.24	16.0	8.5	165	95	62	0.42	12.3	6.8
40	100	1.01	9.5	6.0	133	75	39	0.37	10.0	5.5
	200	1.13	12.5	7.4	150	93	50	0.43	11.2	6.2
	300	1.26	15.4	8.8	167	114	60	0.45	12.5	6.9
	350	1.34	16.9	9.4	176	122	65	0.52	13.3	7.3
45	100	1.12	10.5	6.5	145	80	41	0.40	11.1	6.1
	200	1.24	13.4	7.9	161	99	53	0.46	12.3	6.8
	300	1.35	16.3	9.3	178	119	65	0.48	13.4	7.4
	350	1.42	17.8	9.9	188	127	69	0.56	14.1	7.7
50	100	1.24	11.6	6.9	158	85	44	0.44	12.3	6.8
	200	1.36	14.5	8.4	174	103	56	0.49	13.5	7.4
	300	1.48	17.6	9.9	190	123	68	0.51	14.7	8.1
	350	1.55	19.0	10.6	197	131	73	0.60	15.3	8.4
55	100	1.35	12.5	7.4	173	92	48	0.47	13.4	7.4
	200	1.47	15.4	9.0	190	110	61	0.59	14.6	8.0
	300	1.59	18.4	10.5	206	129	73	0.64	15.7	8.7
	350	1.66	20.0	11.3	215	136	79	0.74	16.4	9.0

续表

体重 (BW)/kg	日增重 (ADG)/g	干物质采食量 (DMI)/(kg/d)	代谢能 (ME)/(MJ/d)	净能 (NE)/(MJ/d)	粗蛋白质 (CP)/(g/d)	代谢蛋白质 (MP)/(g/d)	净蛋白质 (NP)/(g/d)	中性洗涤纤维 (NDF)/(kg/d)	钙 (Ca)/(g/d)	磷 (P)/(g/d)
60	100	1.48	13.4	8.0	184	98	52	0.50	14.7	8.1
	200	1.61	16.5	9.5	200	116	64	0.62	15.9	8.8
	300	1.73	19.4	11.0	217	136	76	0.67	17.1	9.4
	350	1.80	20.9	11.8	228	144	81	0.79	17.8	9.8

表8-4 肉用绵羊妊娠母羊营养需要量

妊娠阶段	体重 (BW)/kg	干物质采食量 (DMI)/(kg/d)			代谢能 (ME)/(MJ/d)			粗蛋白质 (CP)/(g/d)			代谢蛋白质 (MP)/(g/d)			钙 (Ca)/(g/d)			磷 (P)/(g/d)		
		单羔	双羔	三羔	单羔	双羔	三羔	单羔	双羔	三羔	单羔	双羔	三羔	单羔	双羔	三羔	单羔	双羔	三羔
前期	40	1.16	1.31	1.46	9.3	10.5	11.7	151	170	190	106	119	133	10.4	11.8	13.1	7.0	7.9	8.8
	50	1.31	1.51	1.65	10.5	12.1	13.2	170	196	215	119	137	150	11.8	13.6	14.9	7.9	9.1	9.9
	60	1.46	1.69	1.82	11.7	13.5	14.6	190	220	237	133	154	166	13.1	15.2	16.4	8.8	10.1	10.9
	70	1.61	1.84	2.00	12.9	14.7	16.0	209	239	260	147	167	182	14.5	16.6	18.0	9.7	11.0	12.0
	80	1.75	2.00	2.17	14.0	16.0	17.4	228	260	282	159	182	197	15.8	18.0	19.5	10.5	12.0	13.0
	90	1.91	2.18	2.37	15.3	17.4	19.0	248	283	308	174	198	216	17.2	19.6	21.3	11.5	13.1	14.2
后期	40	1.45	1.82	2.11	11.6	14.6	16.9	189	237	274	132	166	192	13.1	16.4	19.0	8.7	10.9	12.7
	50	1.63	2.06	2.36	13.0	16.5	18.9	212	268	307	148	187	215	14.7	18.5	21.2	9.8	12.4	14.2
	60	1.80	2.29	2.59	14.4	18.3	20.7	234	298	337	164	208	236	16.2	20.6	23.3	10.8	13.7	15.5
	70	1.98	2.49	2.83	15.8	19.9	22.6	257	324	368	180	227	258	17.8	22.4	25.5	11.9	14.9	17.0
	80	2.15	2.68	3.05	17.2	21.4	24.4	280	348	397	196	244	278	19.4	24.1	27.5	12.9	16.1	18.3
	90	2.34	2.92	3.32	18.7	23.4	26.6	304	380	432	213	266	302	21.1	26.3	29.9	14.0	17.5	19.9

注：妊娠第1～90天为前期，第91～150天为后期。

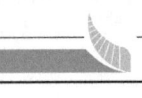

表8-5 肉用绵羊泌乳母羊营养需要量

哺乳阶段	体重 (BW)/kg	干物质采食量 (DMI)/(kg/d) 单羔	双羔	三羔	代谢能 (ME)/(MJ/d) 单羔	双羔	三羔	粗蛋白质 (CP)/(g/d) 单羔	双羔	三羔	代谢蛋白质 (MP)/(g/d) 单羔	双羔	三羔	钙 (Ca)/(g/d) 单羔	双羔	三羔	磷 (P)/(g/d) 单羔	双羔	三羔
前期	40	1.36	1.75	2.04	10.9	14.0	16.4	177	228	265	124	159	186	12.3	15.8	18.4	8.2	10.5	12.2
	50	1.58	2.01	2.35	12.5	16.1	18.8	205	262	306	143	183	214	14.2	18.1	21.2	9.5	12.1	14.1
	60	1.77	2.25	2.61	14.2	18.0	20.9	230	293	340	161	205	238	15.9	20.3	23.5	10.6	13.5	15.7
	70	1.96	2.48	2.86	15.7	19.8	22.9	255	322	372	178	225	260	17.6	22.3	25.8	11.8	14.9	17.2
	80	2.13	2.69	3.11	17.1	21.5	24.8	277	349	404	194	245	283	19.2	24.2	28.0	12.8	16.1	18.7
中期	40	1.20	1.50	1.71	9.6	12.0	13.7	156	195	223	109	137	156	10.8	13.5	15.4	7.2	9.0	10.3
	50	1.40	1.72	1.97	11.2	13.8	15.7	182	224	256	127	157	179	12.6	15.5	17.7	8.4	10.3	11.8
	60	1.58	1.94	2.20	12.6	15.5	17.6	205	252	286	144	177	200	14.2	17.5	19.8	9.5	11.6	13.2
	70	1.75	2.14	2.42	14.0	17.1	19.4	228	278	315	159	195	220	15.8	19.3	21.8	10.5	12.8	14.5
	80	1.91	2.33	2.63	15.3	18.6	21.0	248	303	342	174	212	239	17.2	21.0	23.7	11.5	14.0	15.8
后期	40	1.09	1.38	1.62	8.7	11.0	13.0	142	179	211	99	126	148	9.8	12.4	14.6	6.5	8.3	9.7
	50	1.26	1.60	1.83	10.0	12.8	14.7	164	208	238	115	146	167	11.3	14.4	16.5	7.6	9.6	11.0
	60	1.43	1.80	2.06	11.4	14.4	16.5	186	234	268	130	164	187	12.9	16.2	18.5	8.6	10.8	12.4
	70	1.61	2.00	2.29	12.8	16.0	18.3	209	260	298	147	182	208	14.5	18.0	20.6	9.7	12.0	13.7
	80	1.76	2.19	2.50	14.1	17.5	20.0	229	285	325	160	199	228	15.8	19.7	22.5	10.6	13.1	15.0

注：哺乳第1~30天为前期，第31~60天为中期，第61~90天为后期。

表8-6 肉用绵羊种用公羊营养需要

体重 (BW)/kg	干物质采食量 (DMI)/(kg/d)		代谢能 (ME)/(MJ/d)		粗蛋白质 (CP)/(g/d)		代谢蛋白质 (MP)/(g/d)		中性洗涤纤维 (NDF)/(kg/d)		钙 (Ca)/(g/d)		磷 (P)/(g/d)	
	非配种期	配种期	非配种期	配种期	非配种期	配种期	非配种期	配种期	非配种期	配种期	非配种期	配种期	非配种期	配种期
75	1.48	1.64	11.9	13.0	207	246	145	172	0.52	0.57	13.3	14.8	8.9	9.8
100	1.77	1.95	14.2	15.6	248	293	173	205	0.62	0.68	15.9	17.6	10.6	11.7
125	2.09	2.30	16.7	18.4	293	345	205	242	0.73	0.81	18.8	20.7	12.5	13.8
150	2.40	2.64	19.2	21.1	336	396	235	277	0.84	0.92	21.6	23.8	14.4	15.8
175	2.71	2.95	21.7	23.6	379	443	266	310	0.95	1.03	24.4	26.6	16.3	17.7
200	2.98	3.27	23.8	26.2	417	491	292	343	1.04	1.14	26.8	29.4	17.9	19.6

表8-7 肉用绵羊矿物质和维生素需要量

矿物质和维生素	生理阶段				
	6~18kg 哺乳羔羊	20~60kg 生长育肥羊	40~90kg 妊娠母羊	40~80kg 泌乳母羊	75~200kg 种用公羊
钠(Na)/(g/d)	0.12~0.36	0.40~1.30	0.68~0.98	0.88~1.18	0.72~1.90
钾(K)/(g/d)	0.87~2.61	2.90~10.10	6.30~9.50	7.38~10.65	5.94~14.10
氯(Cl)/(g/d)	0.09~0.45	0.30~1.00	0.55~0.85	0.78~3.13	0.54~1.50
硫(S)/(g/d)	0.33~0.99	1.10~4.30	2.63~3.93	2.38~3.65	1.86~4.20
镁(Mg)/(g/d)	0.30~0.80	0.60~2.30	1.00~2.50	1.40~3.50	1.80~3.70
铜(Cu)/(mg/d)	0.93~2.79	3.10~13.90	6.88~13.90	7.00~11.20	4.50~11.10
铁(Fe)/(mg/d)	9.6~28.8	16.0~48.0	38.0~78.3	24.0~47.0	45.0~120.0
锰(Mn)/(mg/d)	3.6~10.8	12.0~51.0	37.3~48.0	16.5~29.0	18.0~44.0
锌(Zn)/(mg/d)	3.9~11.7	13.0~91.0	39.0~68.5	47.8~73.8	34.8~86.0
碘(I)/(mg/d)	0.09~0.27	0.30~1.20	0.75~1.08	1.20~1.83	0.60~1.30
钴(Co)/(mg/d)	0.04~0.12	0.13~0.47	0.15~0.22	0.31~0.69	0.23~0.53
硒(Se)/(mg/d)	0.05~0.16	0.18~1.04	0.15~0.41	0.36~0.54	0.10~0.23
维生素A/(IU/d)	2 000~6 000	6 600~16 500	4 600~9 800	6 800~11 500	6 200~22 500
维生素D/(IU/d)	34~490	112~658	252~577	465~1 225	336~1 110
维生素E/(IU/d)	60~180	200~500	200~450	252~364	318~840

二、山羊的营养需要量

1. 美国NRC山羊营养需要量 美国NRC山羊营养需要量(1985)见表8-8。

2. 我国肉用山羊营养需要量 各类山羊不同体重、不同生产性能所需要的干物质、代谢能、粗蛋白质、代谢蛋白质、中性洗涤纤维、钙、磷、维生素和矿物质元素需要量见表8-9~表8-14。

表8-8 美国NRC山羊营养需要量

体重/kg	总可消化养分/(g/d)	能量 消化能/(MJ/d)	能量 代谢能/(MJ/d)	能量 净能/(MJ/d)	粗蛋白质 总蛋白质/(g/d)	粗蛋白质 可消化粗蛋白质/(g/d)	矿物质 钙/(g/d)	矿物质 磷/(g/d)	维生素 维生素A/(1000IU/d)	维生素 维生素D/(1000IU/d)
\multicolumn{11}{	l	}{维持（最低限度的活动和妊娠早期）}
10	159	2.93	2.38	1.34	22	15	1	0.7	0.4	0.084
20	267	4.94	4.02	2.26	38	26	1	0.7	0.7	0.144
30	362	6.65	5.44	3.05	51	35	2	1.4	0.9	0.195
40	448	8.28	6.74	3.81	63	43	2	1.4	1.2	0.243
50	530	9.79	7.99	4.52	75	51	3	2.1	1.4	0.285
60	608	11.21	9.16	5.15	86	59	3	2.1	1.6	0.327
70	682	12.59	10.25	5.77	96	66	4	2.8	1.8	0.369
80	754	13.89	11.34	6.40	106	73	4	2.8	2.0	0.408
90	824	15.19	12.38	6.99	116	80	4	2.8	2.2	0.444
100	891	16.44	13.43	7.57	126	86	5	3.5	2.4	0.480
\multicolumn{11}{	l	}{供维持和低度活动（25%增加量，集约式饲养，热带地区和妊娠早期）}
10	199	3.64	2.97	1.67	27	19	1	0.7	0.5	0.108
20	334	6.15	5.02	2.85	46	32	2	1.4	0.9	0.180
30	452	8.33	6.78	3.85	62	43	2	1.4	1.2	0.243
40	560	10.33	8.45	4.77	77	54	3	2.1	1.5	0.303
50	662	12.22	9.96	5.61	91	63	4	2.8	1.8	0.357
60	760	13.60	11.42	6.44	105	73	4	2.8	2.0	0.408
70	852	15.73	12.84	7.24	118	82	5	3.5	2.3	0.462
80	942	17.41	14.18	7.99	130	90	5	3.5	2.6	0.510
90	1 030	18.99	15.48	8.74	142	99	6	4.2	2.8	0.555
100	1 114	20.54	16.78	9.46	153	107	6	4.2	3.0	0.600

续表

体重/kg	总可消化养分/(g/d)	能量 消化能/(MJ/d)	代谢能/(MJ/d)	净能/(MJ/d)	粗蛋白质 总蛋白质/(g/d)	可消化粗蛋白质/(g/d)	矿物质 钙/(g/d)	磷/(g/d)	维生素 维生素A/(1000IU/d)	维生素D/(1000IU/d)
\multicolumn{11}{l}{供维持和中度活动（50%增加量，半干燥丘陵地牧区和妊娠早期）}
10	239	4.39	3.60	2.01	33	23	1	0.7	0.6	0.129
20	400	7.41	6.02	3.39	55	38	2	1.4	1.1	0.216
30	543	9.96	8.16	4.60	74	52	3	2.1	1.5	0.294
40	672	12.43	10.13	5.69	93	64	4	2.8	1.8	0.363
50	795	14.69	11.97	6.78	110	76	4	2.8	2.1	0.429
60	912	16.82	13.72	7.70	126	87	5	3.5	2.5	0.429
70	1 023	18.91	15.40	8.66	141	98	6	4.2	2.8	0.552
80	1 131	20.84	16.99	9.62	156	108	6	4.2	3.0	0.609
90	1 236	22.76	18.58	10.46	170	118	7	4.9	3.3	0.666
100	1 336	24.69	20.17	11.38	184	128	7	4.9	3.6	0.732
\multicolumn{11}{l}{供维持和高度活动（75%增加量，干燥、植物稀少的高山牧区和妊娠早期）}
10	278	5.10	4.18	2.43	38	26	2	1.4	0.8	0.150
20	467	8.62	7.03	3.93	64	45	2	1.4	1.3	0.252
30	634	11.63	9.54	5.36	87	60	3	2.1	1.7	0.342
40	784	14.48	11.80	6.65	108	75	4	2.8	2.1	0.423
50	928	17.15	13.97	7.91	128	89	5	3.5	2.5	0.501
60	1 064	19.62	16.02	8.99	146	102	6	4.2	2.9	0.576
70	1 194	22.04	17.95	10.13	165	114	6	4.2	3.2	0.642
80	1 320	24.31	19.83	11.21	182	126	7	4.9	3.6	0.711
90	1 442	26.57	21.17	12.22	198	138	8	5.6	3.9	0.777
100	1 559	28.79	23.51	13.26	215	150	8	5.6	4.2	0.843
\multicolumn{11}{l}{妊娠末期额外的营养需要量}
	397	7.28	5.94	3.45	82	57	2	1.4	1.1	0.213
\multicolumn{11}{l}{每日增重50g的额外营养需要量}
	100	1.84	1.51	0.84	14	10	1	0.7	0.3	0.054

续表

体重/kg	总可消化养分/(g/d)	能量 消化能/(MJ/d)	能量 代谢能/(MJ/d)	能量 净能/(MJ/d)	粗蛋白质 总蛋白质/(g/d)	粗蛋白质 可消化粗蛋白质/(g/d)	矿物质 钙/(g/d)	矿物质 磷/(g/d)	维生素 维生素A/(1000IU/d)	维生素 维生素D/(1000IU/d)
\multicolumn{11}{l}{每日增重100g的额外营养需要量}
200		3.68	3.01	1.67	28	20	1	0.7	0.5	0.108
\multicolumn{11}{l}{每日增重150g的额外营养需要量}
300		5.52	4.52	2.51	42	30	2	1.4	0.8	0.162
\multicolumn{11}{l}{不同乳脂肪率（%）下，每泌乳1kg的额外营养需要量}
2.5	333	6.15	5.02	2.85	59	42	2	1.4	3.8	0.760
3.0	337	6.23	5.06	2.85	64	45	2	1.4	3.8	0.760
3.5	342	6.32	5.15	2.89	68	48	2	1.4	3.8	0.760
4.0	346	3.40	5.23	2.93	72	51	3	2.1	3.8	0.760
4.5	351	6.49	5.27	2.97	77	54	3	2.1	3.8	0.760
5.0	356	6.57	5.36	3.01	82	57	3	2.1	3.8	0.760
\multicolumn{11}{l}{安哥拉山羊依每年年毛产量（kg）的额外营养需要量}
羊毛产量										
2	16	0.29	0.25	0.13	9	6	—	—	—	—
4	34	0.63	0.50	0.29	17	12	—	—	—	—
6	50	0.92	0.75	0.42	26	18	—	—	—	—
8	66	1.21	1.00	0.59	34	24	—	—	—	—

表8-9 肉用山羊哺乳羔羊营养需要量

体重(BW)/kg	日增重(ADG)/g	干物质采食量(DMI)/(kg/d)	代谢能(ME)/(MJ/d)	净能(NE)/(MJ/d)	粗蛋白质(CP)/(g/d)	代谢蛋白质(MP)/(g/d)	净蛋白质(NP)/(g/d)	钙(Ca)/(g/d)	磷(P)/(g/d)
2	50	0.08	1.0	0.4	16	13	10	0.7	0.4
4	50	0.14	1.7	0.7	29	23	17	1.3	0.7
4	100	0.16	1.9	0.8	32	26	19	1.4	0.8
6	50	0.17	2.1	0.9	35	28	21	1.6	0.9
6	100	0.19	2.3	1.0	38	31	23	1.7	1.0

续表

体重(BW)/kg	日增重(ADG)/g	干物质采食量(DMI)/(kg/d)	代谢能(ME)/(MJ/d)	净能(NE)/(MJ/d)	粗蛋白质(CP)/(g/d)	代谢蛋白质(MP)/(g/d)	净蛋白质(NP)/(g/d)	钙(Ca)/(g/d)	磷(P)/(g/d)
8	50	0.23	2.8	1.2	46	37	28	2.1	1.2
	100	0.25	2.9	1.2	49	39	29	2.2	1.2
	150	0.26	3.1	1.3	52	41	31	2.3	1.3
	200	0.27	3.3	1.4	55	44	33	2.5	1.4
10	50	0.35	4.2	1.8	70	56	42	3.2	1.8
	100	0.37	4.5	1.9	74	60	45	3.3	1.9
	150	0.39	4.7	2.0	79	63	47	3.5	2.0
	200	0.41	5.0	2.1	83	66	50	3.7	2.1
12	50	0.47	5.6	2.4	95	77	57	4.2	2.4
	100	0.50	6.0	2.6	100	81	59	4.5	2.5
	150	0.53	6.4	2.8	104	83	62	4.7	2.6
	200	0.55	6.7	2.9	111	89	66	5.0	2.8
14	50	0.59	6.9	3.1	119	95	72	5.3	3.0
	100	0.63	7.4	3.3	128	102	76	5.6	3.1
	150	0.66	7.9	3.4	132	106	79	5.9	3.3
	200	0.69	8.4	3.6	138	110	83	6.3	3.5

表 8-10 肉用山羊生长育肥营养需要量

体重(BW)/kg	日增重(ADG)/g	干物质采食量(DMI)/(kg/d)	代谢能(ME)/(MJ/d)	净能(NE)/(MJ/d)	粗蛋白质(CP)/(g/d)	代谢蛋白质(MP)/(g/d)	净蛋白质(NP)/(g/d)	中性洗涤纤维(NDF)/(kg/d)	钙(Ca)/(g/d)	磷(P)/(g/d)
15	50	0.61	4.9	2.0	85	44	33	0.18	5.5	3.1
	100	0.75	6.0	2.5	105	55	41	0.23	6.8	3.8
	150	0.76	6.1	2.6	106	55	41	0.23	6.8	3.8
	200	0.76	6.1	2.6	106	55	41	0.23	6.8	3.8
	250	0.79	6.3	2.7	111	58	43	0.24	7.1	4.0
20	50	0.72	5.8	2.4	101	52	39	0.22	6.5	3.6
	100	0.82	6.6	2.8	115	60	45	0.25	7.4	4.1
	150	0.9	7.2	3.0	126	66	49	0.27	8.1	4.5
	200	0.92	7.4	3.1	129	67	50	0.28	8.3	4.6
	250	0.95	7.6	3.2	133	69	52	0.29	8.6	4.8

续表

体重(BW)/kg	日增重(ADG)/g	干物质采食量(DMI)/(kg/d)	代谢能(ME)/(MJ/d)	净能(NE)/(MJ/d)	粗蛋白质(CP)/(g/d)	代谢蛋白质(MP)/(g/d)	净蛋白质(NP)/(g/d)	中性洗涤纤维(NDF)/(kg/d)	钙(Ca)/(g/d)	磷(P)/(g/d)
25	50	0.83	6.6	2.8	116	60	45	0.25	7.5	4.2
	100	0.97	7.8	3.3	136	71	53	0.29	8.7	4.9
	150	0.99	7.9	3.3	139	72	54	0.30	8.9	5.0
	200	1.01	8.1	3.4	141	74	55	0.30	9.1	5.1
	250	1.12	9.0	3.8	157	82	61	0.34	10.1	5.6
30	50	0.93	7.4	3.1	130	68	51	0.28	8.4	4.7
	100	1.07	8.6	3.6	150	78	58	0.32	9.6	5.4
	150	1.22	9.8	4.1	171	89	67	0.37	11.0	6.1
	200	1.28	10.2	4.3	179	93	70	0.38	11.5	6.4
	250	1.34	10.7	4.5	188	98	73	0.40	12.1	6.7
35	50	1.02	8.2	3.4	143	74	56	0.31	9.2	5.1
	100	1.17	9.4	3.9	164	85	64	0.35	10.5	5.9
	150	1.31	10.5	4.4	183	95	72	0.39	11.8	6.6
	200	1.37	11.0	4.6	192	100	75	0.41	12.3	6.9
	250	1.42	11.4	4.8	199	103	78	0.43	12.8	7.1
40	50	1.19	9.5	4.0	155	80	60	0.42	10.7	6.0
	100	1.26	10.1	4.2	164	85	64	0.44	11.3	6.3
	150	1.41	11.3	4.7	183	95	71	0.49	12.7	7.1
	200	1.55	12.4	5.2	202	105	79	0.54	14.0	7.8
	250	1.59	12.7	5.3	207	107	81	0.56	14.3	8.0
45	50	1.29	10.3	4.3	168	87	65	0.45	11.6	6.5
	100	1.35	10.8	4.5	176	91	68	0.47	12.2	6.8
	150	1.50	12.0	5.0	195	101	76	0.53	13.5	7.5
	200	1.64	13.1	5.5	213	111	83	0.57	14.8	8.2
	250	1.78	14.2	6.0	231	120	90	0.62	16.0	8.9
50	50	1.38	11.0	4.6	179	93	70	0.48	12.4	6.9
	100	1.53	12.2	5.1	199	103	78	0.54	13.8	7.7
	150	1.58	12.6	5.3	205	107	80	0.55	14.2	7.9
	200	1.73	13.8	5.8	225	117	88	0.61	15.6	8.7
	250	1.87	15.0	6.3	243	126	95	0.65	16.8	9.4

第 8 章 羊的营养需要与饲料生产 • 189

表 8-11 肉用山羊妊娠母羊营养需要量

妊娠阶段	体重 (BW)/kg	干物质采食量 (DMI)/(kg/d) 单羔	双羔	三羔	代谢能 (ME)/(MJ/d) 单羔	双羔	三羔	粗蛋白质 (CP)/(g/d) 单羔	双羔	三羔	代谢蛋白质 (MP)/(g/d) 单羔	双羔	三羔	钙 (Ca)/(g/d) 单羔	双羔	三羔	磷 (P)/(g/d) 单羔	双羔	三羔
前期	30	0.81	0.88	0.92	6.5	7.0	7.3	105	114	120	74	80	84	7.3	7.9	8.3	4.9	5.3	5.5
	40	0.99	1.07	1.12	8.0	8.6	9.0	129	139	146	90	97	102	8.9	9.6	10.1	5.9	6.4	6.7
	50	1.16	1.25	1.31	9.3	10.0	10.5	151	163	170	106	114	119	10.4	11.3	11.8	7.0	7.5	7.9
	60	1.33	1.43	1.48	10.6	11.4	11.9	173	186	192	121	130	135	12.0	12.9	13.3	8.0	8.6	8.9
	70	1.48	1.59	1.65	11.9	12.7	13.2	192	207	215	135	145	150	13.3	14.3	14.9	8.9	9.5	9.9
	80	1.63	1.75	1.82	13.1	14.0	14.6	212	228	237	148	159	166	14.7	15.8	16.4	9.8	10.5	10.9
后期	30	1.06	1.20	1.29	8.5	9.7	10.3	138	156	168	97	109	117	9.6	10.8	11.6	6.4	7.2	7.7
	40	1.29	1.45	1.56	10.3	11.6	12.5	167	189	203	117	132	142	11.6	13.1	14.0	7.7	8.7	9.4
	50	1.49	1.68	1.79	11.9	13.4	14.3	194	218	232	136	152	162	13.4	15.1	16.1	8.9	10.1	10.7
	60	1.68	1.90	2.01	13.4	15.2	16.2	218	247	262	153	173	183	15.1	17.1	18.1	10.1	11.4	12.1
	70	1.87	2.10	2.24	15.0	16.8	17.9	243	273	291	170	191	204	16.8	18.9	20.1	11.2	12.6	13.4
	80	2.04	2.32	2.45	16.4	18.5	19.6	265	302	319	186	211	223	18.4	20.9	22.1	12.2	13.9	14.7

注：妊娠第 1～90 天为前期，第 91～150 天为后期。

表 8-12 肉用山羊泌乳母羊营养需要量

哺乳阶段	体重 (BW)/kg	干物质采食量 (DMI)/(kg/d) 单羔	双羔	三羔	代谢能 (ME)/(MJ/d) 单羔	双羔	三羔	粗蛋白质 (CP)/(g/d) 单羔	双羔	三羔	代谢蛋白质 (MP)/(g/d) 单羔	双羔	三羔	钙 (Ca)/(g/d) 单羔	双羔	三羔	磷 (P)/(g/d) 单羔	双羔	三羔
前期	30	0.95	1.09	1.14	7.6	8.7	9.1	124	142	148	86	99	104	8.6	9.8	10.3	5.7	6.5	6.8
	40	1.17	1.32	1.39	9.4	10.6	11.1	152	172	181	106	120	126	10.5	11.9	12.5	7.0	7.9	8.3
	50	1.36	1.54	1.61	10.9	12.3	12.9	177	200	209	124	140	147	12.2	13.9	14.5	8.2	9.2	9.7
	60	1.55	1.75	1.83	12.4	14.0	14.6	202	228	238	141	159	167	14.0	15.8	16.5	9.3	10.5	11.0
	70	1.73	1.93	2.03	13.8	15.4	16.2	225	251	264	157	176	185	15.6	17.4	18.3	10.4	11.6	12.2

续表

哺乳阶段	体重(BW)/kg	干物质采食量(DMI)/(kg/d) 单羔	双羔	三羔	代谢能(ME)/(MJ/d) 单羔	双羔	三羔	粗蛋白质(CP)/(g/d) 单羔	双羔	三羔	代谢蛋白质(MP)/(g/d) 单羔	双羔	三羔	钙(Ca)/(g/d) 单羔	双羔	三羔	磷(P)/(g/d) 单羔	双羔	三羔
中期	30	0.92	1.17	1.32	7.4	9.4	10.6	120	152	172	84	106	120	8.3	10.5	11.9	5.5	7.0	7.9
	40	1.19	1.42	1.60	9.5	11.4	12.8	155	185	208	108	129	146	10.7	12.8	14.4	7.1	8.5	9.6
	50	1.39	1.65	1.85	11.1	13.2	14.8	181	215	241	126	150	168	12.5	14.9	16.7	8.3	9.9	11.1
	60	1.58	1.87	2.09	12.6	15.0	16.7	205	243	272	144	170	190	14.2	16.8	18.8	9.5	11.2	12.5
	70	1.76	2.08	2.31	14.1	16.6	18.5	229	270	300	160	189	210	15.8	18.7	20.8	10.6	12.5	13.9
后期	30	0.89	1.05	1.18	7.1	8.4	9.4	116	137	153	81	96	107	8.0	9.5	10.6	5.3	6.3	7.1
	40	1.08	1.27	1.42	8.7	10.1	11.4	140	165	185	98	116	129	9.7	11.4	12.8	6.5	7.6	8.5
	50	1.27	1.48	1.66	10.2	11.8	13.3	165	192	216	116	135	151	11.4	13.3	14.9	7.6	8.9	10.0
	60	1.44	1.67	1.87	11.5	13.4	14.9	187	217	243	131	152	170	13.0	15.0	16.8	8.6	10.0	11.2
	70	1.61	1.86	2.08	12.9	14.9	16.6	209	242	270	147	169	189	14.5	16.7	18.7	9.7	11.2	12.5

注：哺乳第1~30天为前期，第31~60天为中期，第61~90天为后期。

表8-13 肉用山羊种用公羊营养需要量

体重(BW)/kg	干物质采食量(DMI)/(kg/d) 非配种期	配种期	代谢能(ME)/(MJ/d) 非配种期	配种期	粗蛋白质(CP)/(g/d) 非配种期	配种期	代谢蛋白质(MP)/(g/d) 非配种期	配种期	中性洗涤纤维(NDF)/(kg/d) 非配种期	配种期	钙(Ca)/(g/d) 非配种期	配种期	磷(P)/(g/d) 非配种期	配种期
50	1.14	1.26	9.1	10.0	160	189	112	132	0.40	0.44	10.3	11.3	6.8	7.6
75	1.55	1.70	12.4	13.6	217	255	152	179	0.54	0.60	14.0	15.3	9.3	10.2
100	1.92	2.11	15.4	16.9	269	317	188	222	0.67	0.74	17.3	19.0	11.5	12.7
125	2.27	2.50	18.2	20.0	318	375	222	263	0.79	0.88	20.4	22.5	13.6	15.0
150	2.60	2.86	20.8	22.9	364	429	255	300	0.91	1.00	23.4	25.7	15.6	17.2

表8-14 肉用山羊矿物质和维生素需要量

矿物质和维生素需要量	2~14kg羔羊	15~50kg生长育肥羊	30~80kg妊娠母羊	30~70kg泌乳母羊	50~150kg种用公羊
钠（Na）/（g/d）	0.08~0.47	0.28~1.54	0.59~1.51	0.95~1.72	1.03~1.88
钾（K）/（g/d）	0.48~2.46	2.30~8.00	4.40~10.20	7.00~11.80	7.14~11.90
氯（Cl）/（g/d）	0.06~0.51	0.41~1.88	0.85~1.92	1.24~5.80	2.22~2.75
硫（S）/（g/d）	0.26~1.32	1.30~4.20	2.00~4.90	3.30~5.20	3.10~4.90
镁（Mg）/（g/d）	0.30~0.80	0.60~2.30	1.00~2.50	1.40~3.50	1.80~3.70
铜（Cu）/（mg/d）	0.6~3.4	3.6~12.0	7.2~19.2	7.2~16.8	12.0~36.0
铁（Fe）/（mg/d）	0.2~7.2	9.0~40.0	22.0~48.0	12.0~39.0	30.0~90.0
锰（Mn）/（mg/d）	0.6~9.7	4.0~33.0	11.0~57.0	14.0~28.0	14.4~27.0
锌（Zn）/（mg/d）	0.4~9.8	2.0~36.0	14.0~78.0	38.0~71.0	16.4~30.0
碘（I）/（mg/d）	0.07~0.26	0.25~0.79	0.46~1.11	1.00~1.61	0.71~1.10
钴（Co）/（mg/d）	0.01~0.06	0.06~0.18	0.10~0.25	0.14~0.22	0.15~0.24
硒（Se）/（mg/d）	0.27~0.47	0.30~0.95	0.17~0.37	0.30~0.44	0.17~0.19
维生素A/（IU/d）	700~4 600	5 000~16 500	3 100~9 000	5 300~10 600	5 700~11 300
维生素D/（IU/d）	11~467	84~550	168~549	381~1096	308~830
维生素E/（IU/d）	20~140	150~400	159~336	168~336	292~420

8.1.4 羊常用饲料成分及营养价值

羊常用饲料成分及营养价值见表8-15。

表8-15 羊常用饲料成分及营养价值

名称	干物质/%	粗蛋白质/%	粗脂肪/%	粗纤维/%	无氮浸出物/%	粗灰分/%	钙/%	磷/%	总能/(MJ/kg)	消化能/(MJ/kg)	代谢能/(MJ/kg)	可消化粗蛋白质/(g/kg)
（一）青饲料类											
白菜（内蒙古）	13.6	2.0	0.8	1.6	8.0	1.2	—	0.07	2.47	1.92	1.59	14
冰草（北京）	28.8	3.8	0.6	9.4	12.7	2.3	0.12	0.09	5.02	3.05	2.51	20
甘蓝（北京）	5.6	1.1	0.2	0.5	3.4	0.4	0.03	0.02	1.05	0.84	0.71	9
灰蒿	28.4	6.8	2.0	6.7	9.9	3.0	0.17	0.08	5.31	3.05	2.51	39
胡萝卜叶（新疆）	16.1	2.6	0.7	2.3	7.8	2.7	0.47	0.09	2.68	1.80	1.50	17
马铃薯秧（黑龙江哈尔滨）	12.1	2.7	0.6	2.5	4.5	1.8	0.23	0.02	2.09	1.09	0.88	14
苜蓿	25.0	5.2	0.4	7.9	9.3	2.2	0.52	0.06	4.43	2.68	2.17	37
三叶草（宁夏，红三叶）	18.6	4.9	0.6	3.1	7.0	3.0	—	0.01	3.18	2.30	1.88	38

续表

名称	干物质/%	粗蛋白质/%	粗脂肪/%	粗纤维/%	无氮浸出物/%	粗灰分/%	钙/%	磷/%	总能/(MJ/kg)	消化能/(MJ/kg)	代谢能/(MJ/kg)	可消化粗蛋白质/(g/kg)
沙打旺	31.5	3.6	0.5	10.4	14.4	2.6	—	—	5.39	2.88	2.38	25
甜菜叶	8.7	2.0	0.3	1.0	3.5	1.9	0.11	0.04	1.38	0.96	0.79	13
向日葵叶	20.0	3.8	1.1	2.9	8.8	3.4	0.52	0.06	3.39	2.09	1.71	24
小叶胡树子	41.9	4.9	1.9	12.3	20.5	2.3	0.45	0.02	7.69	4.14	3.39	34
紫云英	13.0	2.9	0.7	2.5	5.6	1.3	0.48	0.17	2.38	1.76	1.42	21
(二)树叶类												
槐叶	88.0	21.4	3.2	10.9	45.8	6.7	—	0.26	16.30	10.83	8.86	141
柳叶(内蒙古,落叶)	86.5	16.4	2.6	16.2	43.0	8.3	—	—	15.34	7.61	6.27	64
梨叶	88.0	13.0	0.9	10.9	51.0	8.6	1.41	0.10	15.59	8.69	7.15	82
杨树叶	92.6	23.3	5.2	22.8	32.8	8.3	—	—	17.39	7.02	5.77	92
榆树叶(青海西宁)	88.0	15.3	2.6	9.7	49.5	10.9	2.24	0.19	15.09	8.57	7.02	96
榛子叶	88.0	12.6	6.2	7.3	56.3	5.6	1.17	0.18	16.59	9.15	4.51	79
紫穗槐叶(宁夏,初花期)	88.0	20.5	2.9	15.5	43.8	5.3	1.20	0.12	16.43	10.78	8.82	135
(三)青贮饲料类												
草木樨青贮(青海西宁)	31.6	5.4	1.0	10.2	10.9	4.1	0.58	0.08	5.39	3.09	2.68	39
胡萝卜青贮(甘肃)	23.6	2.1	0.5	4.4	10.1	6.5	0.25	0.03	3.22	2.72	2.22	10
胡萝卜秧青贮	19.7	3.1	1.3	5.7	4.8	4.8	0.35	0.03	3.09	2.05	1.67	20
马铃薯秧青贮	23.0	2.1	0.6	6.1	8.9	6.3	0.27	0.03	3.39	1.71	1.42	8
苜蓿青贮(西宁青海湖)	33.7	5.3	1.4	12.8	10.3	3.9	0.50	0.10	5.85	3.26	2.68	34
(四)块根、块茎、瓜果类												
甘薯(鲜)(7省8样品均值)	25.0	1.0	0.3	0.9	22.0	0.8	0.13	0.05	4.39	3.68	3.01	6
胡萝卜(西宁,红色)	8.2	0.8	0.3	1.1	5.0	1.0	0.08	0.04	1.38	1.21	1.00	6
胡萝卜(西宁,黄色)	8.8	0.5	0.1	1.4	6.1	0.7	0.11	0.07	1.46	1.34	1.09	4
萝卜(青海,白萝卜)	7.0	1.3	0.2	1.0	3.7	0.8	0.04	0.03	1.21	1.00	0.84	9
马铃薯(内蒙古)	23.5	2.3	0.1	0.9	18.9	1.3	0.33	0.07	4.05	3.47	2.84	14
蔓青(宁夏)	15.3	2.2	0.1	1.4	10.4	1.2	0.03	0.03	2.63	2.30	1.88	14
南瓜(内蒙古)	10.9	1.5	0.6	0.9	7.2	0.7	—	—	2.01	1.71	1.42	12
甜菜(内蒙古)	11.8	1.6	0.1	1.4	7.0	1.7	0.05	0.05	1.88	1.71	1.38	12

续表

名称	干物质/%	粗蛋白质/%	粗脂肪/%	粗纤维/%	无氮浸出物/%	粗灰分/%	钙/%	磷/%	总能/(MJ/kg)	消化能/(MJ/kg)	代谢能/(MJ/kg)	可消化粗蛋白质/(g/kg)
全					（五）干草类（包括牧草）							
稗草（黑龙江）	93.4	5.0	1.8	37.0	40.8	8.8	—	—	15.55	8.07	6.60	21
冰草	84.7	15.9	3.0	29.6	32.6	3.6	—	—	15.88	8.23	6.73	57
草木樨黄芪	85.0	28.8	6.8	22.0	22.5	4.9	2.56	0.05	17.35	10.37	8.49	181
狗尾草（内蒙古，青干草）	93.5	7.8	1.2	34.5	43.5	6.5	—	—	16.01	7.86	6.44	44
黑麦草（吉林）	87.8	17.0	4.9	20.4	34.3	11.2	0.39	0.24	14.09	10.87	8.90	105
混合牧草（内蒙古，夏季）	90.1	13.9	5.7	34.4	22.9	6.0	—	—	15.59	7.19	5.89	78
混合牧草（内蒙古，秋季）	92.9	9.6	4.7	27.2	42.8	7.9	—	—	16.43	10.20	8.36	60
棘豆	91.5	16.3	2.7	35.6	30.0	6.9	—	—	16.47	9.78	8.03	117
芨芨草	88.7	19.7	5.0	28.5	27.6	7.9	0.51	0.61	15.01	9.86	8.11	132
碱草	90.1	13.4	2.6	31.5	37.4	5.2	0.34	0.43	16.34	8.65	7.06	48
芦苇	92.9	5.1	1.9	38.2	38.8	8.9	2.56	0.34	14.09	6.98	5.73	22
马蔺	90.0	12.4	5.7	14.0	48.0	9.9	—	—	16.09	8.36	6.86	63
苜蓿干草（内蒙古，花期）	90.0	17.4	4.6	38.7	22.4	6.9	1.07	0.32	16.68	7.86	6.48	89
苜蓿干草（黑龙江，野生）	93.1	13.9	1.8	34.5	37.5	6.3	—	—	16.43	9.24	7.57	98
雀麦草（黑龙江）	94.3	5.7	2.2	34.1	46.1	6.2	—	—	16.30	8.49	6.94	16
沙打旺	92.4	15.7	2.5	25.8	41.1	7.3	0.36	0.18	16.47	10.45	8.57	118
沙蒿	88.5	15.9	6.9	26.0	31.1	8.6	3.05	0.48	16.51	9.45	7.73	91
苏丹草（黑龙江）	85.8	10.5	1.5	28.6	39.2	6.0	0.33	0.14	15.01	9.49	7.77	63
羊草	88.3	3.2	1.3	32.5	46.2	5.1	0.25	0.18	15.09	6.52	5.35	16
野干草（吉林）	90.6	8.9	2.0	33.7	39.4	6.6	0.54	0.09	15.76	8.32	6.56	53
野干草（新疆）	89.4	10.4	1.9	26.4	44.3	6.4	0.14	0.05	15.63	9.86	8.11	79
					（六）农副产品类							
蚕豆秸（新疆）	92.3	14.2	2.4	23.2	33.5	19.0	2.17	0.48	14.30	7.57	6.19	67
大豆荚（吉林）	85.9	6.5	1.0	27.4	38.4	12.0	0.64	0.10	13.50	7.23	5.94	31
大麦秸（宁夏）	95.2	5.8	1.8	33.8	43.4	10.4	0.13	0.02	15.63	7.73	6.35	10
稻草（新疆）	94.0	3.8	1.1	32.7	10.1	16.3	0.18	0.05	14.13	690	5.64	14
高粱秸（辽宁）	95.2	3.7	1.2	33.9	48.0	8.4	—	—	15.72	7.69	6.31	14
谷草	90.7	4.5	1.2	32.6	44.2	8.2	0.34	0.03	15.01	7.32	6.02	17
豌豆秕壳（内蒙古）	92.7	6.6	2.2	36.7	28.2	19.0	1.82	0.73	13.84	5.94	4.85	19

续表

名称	干物质/%	粗蛋白质/%	粗脂肪/%	粗纤维/%	无氮浸出物/%	粗灰分/%	钙/%	磷/%	总能/(MJ/kg)	消化能/(MJ/kg)	代谢能/(MJ/kg)	可消化粗蛋白质/(g/kg)
豌豆茎叶（新疆）	91.7	8.3	2.6	30.7	42.4	7.7	2.33	0.10	15.84	8.49	6.94	39
小麦秸（宁夏固原，春小麦）	91.6	2.8	1.2	40.9	41.5	5.2	0.26	0.03	15.59	5.73	4.68	8
小麦秕壳（内蒙古，打谷场副产品）	90.7	7.3	1.7	28.2	43.5	10.0	0.50	0.71	15.01	7.23	5.94	28
莜麦秕壳（内蒙古，打谷场副产品）	93.7	3.6	2.4	35.6	38.4	13.7	0.92	0.41	14.80	7.27	5.98	14
油菜秆（新疆）	94.4	3.0	1.3	55.3	31.0	3.8	0.55	0.03	16.69	6.94	5.68	2
玉米秸	90.9	5.9	0.6	24.9	50.2	8.1	—	—	14.96	8.61	7.06	21
玉米果穗苞叶（吉林双辽）	91.5	3.8	0.7	33.7	49.9	3.4			15.88	9.24	7.57	14
（七）谷实类												
大麦（新疆）	91.1	12.6	2.4	4.1	69.4	2.6	—	0.30	16.85	14.55	11.91	100
高粱（17省市，8样品均值）	89.3	8.7	3.3	2.2	72.9	2.2	0.09	0.28	16.88	13.88	11.41	58
青稞（青海西宁）	87.0	9.9	2.5	2.8	89.5	2.3	—	0.42	16.05	13.96	11.45	78
荞麦（11省市，14样品均值）	87.1	9.9	2.3	11.5	60.7	2.7	0.09	0.30	15.93	11.12	9.11	71
粟（6省市，13样品均值）	91.9	9.7	2.6	7.4	67.1	5.1	0.09	0.26	16.43	11.66	9.57	70
小麦（15省市，28样品均值）	91.8	12.1	1.8	2.4	73.2	2.3	—	0.36	16.85	14.71	12.08	94
燕麦（11省市，117样品均值）	90.3	11.6	5.2	8.9	60.7	3.9	0.15	0.33	17.01	13.17	10.38	97
玉米（23省市，120样品均值）	88.4	8.6	3.5	2.0	72.9	1.4	0.04	0.21	16.55	15.38	12.63	65
（八）糠麸类												
大豆皮（内蒙古）	92.1	12.3	2.7	36.4	35.7	5.0	0.64	0.29	16.64	9.28	7.61	90
大麦麸（甘肃玉门）	91.2	14.5	1.9	8.5	63.6	3.0	0.04	0.40	16.89	11.58	9.49	109
麸皮（新疆）	88.8	15.6	3.5	8.4	56.3	5.0	—	0.98	16.47	11.20	9.20	117
高粱糠（内蒙古）	91.9	7.6	6.9	22.6	45.0	9.8	—	—	16.39	8.53	6.98	33
黑麦麸	91.7	8.0	2.1	19.1	57.9	4.6	0.05	0.13	16.26	9.15	7.44	46
青稞麸	90.6	12.7	4.2	12.7	54.8	2.6	0.02	0.41	17.14	10.37	9.74	100

续表

名称	干物质/%	粗蛋白质/%	粗脂肪/%	粗纤维/%	无氮浸出物/%	粗灰分/%	钙/%	磷/%	总能/(MJ/kg)	消化能/(MJ/kg)	代谢能/(MJ/kg)	可消化粗蛋白质/(g/kg)
小麦麸（24省市，115样品均值）	88.6	14.4	3.7	9.2	56.2	5.1	0.18	0.78	16.39	11.08	9.07	108
玉米稞（内蒙古）	87.5	9.9	3.5	9.5	61.5	3.0	0.08	0.48	16.22	11.37	9.32	56
玉米皮（内蒙古）	86.1	5.8	0.5	12.0	66.5	1.3	—	—	15.34	10.78	8.86	33
（九）豆类												
蚕豆（14省市，23样品均值）	88.0	24.9	1.4	7.5	50.9	3.3	0.15	0.40	16.72	15.50	11.91	217
大豆（16省市，40样品均值）	88.0	37.0	16.2	5.1	25.1	4.6	0.27	0.48	20.48	17.60	14.46	333
黑豆（7省市，9样品均值）	90.0	37.7	13.8	6.6	27.4	4.5	0.25	0.50	20.36	17.36	14.13	339
豌豆（19省市，30样品均值）	88.0	22.6	1.5	5.9	55.1	2.9	0.13	0.39	16.68	14.50	11.91	194
（十）油饼类												
菜籽饼（13省市，27机榨样品平均）	92.2	36.4	7.8	10.7	29.3	8.0	0.37	0.95	18.77	14.84	12.16	313
豆饼（13省市，42机榨样品平均）	90.6	43.0	5.4	5.7	30.6	5.9	0.32	0.50	18.73	15.93	13.08	366
胡麻饼（8省市，1机榨样品平均）	90.2	33.1	7.5	9.8	34.0	7.6	0.58	0.77	18.52	14.46	11.87	285
棉籽饼（13省市，27样品平均）	92.2	33.8	6.0	15.1	31.2	6.1	0.31	0.64	18.56	13.71	11.24	267
向日葵（内蒙古）	93.3	17.4	4.4	39.2	27.8	4.8	0.40	0.94	17.51	7.02	5.77	141
芝麻饼（10省市，13机榨样品平均）	92.0	39.2	10.3	7.2	24.9	10.4	2.24	1.19	19.02	14.67	12.04	357
（十一）糟渣类												
豆腐渣（宁夏银川）	15.0	4.6	1.5	3.3	5.0	0.6	0.08	0.05	3.14	2.55	2.06	40
粉渣	81.5	2.3	0.6	8.0	66.6	4.0	—	—	13.88	11.08	9.07	14
酒糟	45.1	5.8	4.1	15.8	14.9	4.5	0.14	0.26	5.77	2.51	2.05	35
甜菜渣（宁夏银川）	10.4	1.0	0.1	2.3	6.7	0.3	0.05	0.01	1.84	1.42	1.17	6

8.2 羊的饲料与加工调制

8.2.1 常用饲料

饲料种类很多，根据饲料营养特性可分为青饲料、青贮饲料、粗饲料、能量饲料、蛋白质饲料、矿物质饲料、维生素饲料和饲料添加剂八大类。

一、青饲料

青饲料是指水分含量高于70%的植物性饲料，包括牧草、叶菜、作物鲜茎叶、水生植物等。青饲料含水量高，柔嫩多汁，有机物质消化率能达到75%~85%。青饲料中蛋白质含量丰富，氨基酸组成比较完全，营养价值高。青饲料富含维生素和矿物质，其中B族维生素、维生素C、维生素E、维生素K含量较多，但缺乏维生素D和维生素B_6，钙、磷比较丰富。

二、粗饲料

1. 青干草 供羊采食的青干草有苜蓿、燕麦草、羊草、谷草及野杂草等。青干草的营养价值受青草的种类、收割时期和晾晒方法等因素影响。一般豆科牧草营养价值高于禾本科牧草。豆科植物应在始花期，禾本科牧草应在抽穗期收割。

2. 秸秆 包括玉米秸、豆秸、麦秸、稻草、花生秧、红薯秧等，其特点是粗纤维高、消化率低，且含有大量的木质素和硅酸盐。但花生秧因蛋白质含量高，有机物消化率高，常用于肉羊快速育肥中。

3. 秕壳 秕壳为农作物籽实脱壳后的副产品，包括谷壳、高粱壳、花生壳、豆荚、棉籽壳、葵花籽壳等。一般秕壳类饲料木质素含量、蛋白质含量和有机物质消化率在粗饲料中是最低的。花生壳和葵花籽壳因易粉碎及制粒，且产量大，油料公司批量产出，常用于育肥羊全混颗粒料制作。

三、青贮饲料

青贮饲料是把新鲜的青饲料，如全株玉米、青玉米秸秆、高粱秸、苜蓿、青草等切短揉碎后装入密闭的青贮窖中。在厌氧条件下经乳酸菌发酵，从而抑制有害的腐败菌生长，使青饲料能长期保存。青贮饲料酸香可口，柔软多汁，营养损失少。同时，青贮饲料中菌体蛋白质含量比青贮前提高20%~30%，很适合喂牛、羊等反刍家畜。

四、能量饲料

能量饲料指干物质中含粗纤维低于18%，粗蛋白质低于20%的饲料。羊常用的能量饲料包括禾本科籽实类、糠麸类、块根块茎类等。

1. 禾本科籽实类 包括玉米、高粱、大麦等。玉米有"饲料之王"之称，含能量高，粗纤维少，适口性好。其中，黄玉米中富含胡萝卜素，营养价值较高。与玉米相比，大麦消化能含量略低，粗纤维略高，但蛋白质含量高、品质好、脂肪含量低且质地好。高粱的饲用价值比玉米、大麦低，粗蛋白质含量低且生物学效价不高，缺乏钙和维生素。高粱籽实中还含有单宁，适口性较差，易导致便秘。水稻产区常用稻谷直接喂羊，但带壳的稻谷粗纤维含量高，适口性略差，影响饲养效果。

2. 糠麸类 糠麸是稻谷磨米、小麦制粉的副产品，包括麸皮、米糠，除无氮浸出物外，其他成分都比原粮多，含能量是原粮的60%左右。糠麸体积大、重量轻，属于蓬松饲料，有利于胃肠蠕动，易消化。麸皮有小麦麸、大麦麸，其营养价值高低与麦子加工精度有关，加工越精，麸皮的营养价值越高。麸皮适口性好，粗蛋白质含量常在14%左右，含磷丰富，具有轻泻性。米糠的营养价值也与米的加工精度有关，粗蛋白质含量15%左右，但米糠中含有较多的脂肪，不耐贮存。

五、蛋白质饲料

蛋白质饲料指干物质中粗蛋白质含量20%以上，粗纤维18%以下的饲料。羊的蛋白质饲料包括豆类籽实、油料饼粕、糟渣等。豆类籽实无氮浸出物比谷实类低，但蛋白质含量20%~40%，适合作蛋白质补充料。在大豆中含有抗胰蛋白酶等抗营养物质，喂前需煮熟或蒸炒。饼粕类饲料包括豆粕（饼）、棉籽粕（饼）、花生粕（饼）、菜籽饼等。粗蛋白质含量30%~45%，粗纤维6%~17%，磷多、钙少，富含B族维生素，但胡萝卜素含量较低。糟渣类饲料是谷实及豆类籽实加工后的副产品，含水多，宜新鲜时饲喂。酒糟粗蛋白质占干物质的19%~24%，无氮浸出物46%~55%。

六、矿物质饲料

不论提供常量元素或微量元素者均为矿物质饲料。常量矿物元素如钙、磷、钠、氯等是以矿物质饲料原料的形式直接添加到饲料中，如食盐、石粉和磷酸氢钙等；微量矿物元素如铁、铜、锰、锌、硒、钴、碘等都是以添加剂预混料的形式使用。

七、维生素饲料

维生素饲料原料种类很多，按其溶解性可分为脂溶性维生素和水溶性维生素制剂2类。脂溶性维生素包括维生素A、D_2、D_3、E、K。水溶性维生素有维生素B_1、B_2、B_3、B_4、B_5、B_6、B_{11}、B_{12}、H、C，肌醇和氨基苯甲酸等也属水溶性维生素。维生素添加剂主要用于提高羊抗病、抗应激能力，促进生长，以及改善畜产品的产量和质量等。各国营养需要量标准所确定的维生素需要量是羊的最低需要量，考虑到生产应用中许多因素的影响，饲粮中维生素的添加量都要在营养需要标准所列需要量的基础上加"安全系数"。

八、饲料添加剂

饲料添加剂是指在饲料加工、制作、使用过程中添加的少量或者微量物质，包括营养性饲料添加剂（预混料）和功能性饲料添加剂。营养性饲料添加剂包括微量元素饲料、维生素添加剂和氨基酸类饲料添加剂。日粮中添加营养性饲料添加剂可以补充饲料原料中的营养不足。功能性饲料添加剂包括保健促生长添加剂、饲料保存剂、饲料风味剂、饲料工艺用剂等。保健促生长添加剂有酶制剂、益生菌（素）、植物精油、蒙脱石等脱霉剂及山楂、麦芽等中草药等；饲料保存剂有乙氧喹啉、丙酸、山梨酸钾等；饲料风味剂有糖蜜、谷氨酸钠及糖精等；饲料工艺用剂有大豆磷脂等乳化剂、硅铝酸钙等抗结块剂及海藻酸钠、α-淀粉等黏结剂。

8.2.2 饲料加工调制技术

一、物理调制法

青饲料、青干草、秸秆等粗饲料均应切成碎段或揉碎，青干草和秸秆切成1~2cm长度，青饲料可稍长些。谷物籽实类用作饲料时，必需粉碎或压扁。粉碎粒度为1~2mm。部分饲料还可进行热加工，包括蒸煮、焙炒和膨化等。蒸煮适用于豆类饲料，可改善适口性，提高消化率；大麦和豆类经焙炒后，部分淀粉转变成糊精，产生香甜味，适用于羔羊开食和患消化道疾病的羔羊；玉米、大豆等饲料膨化后可以破坏纤维结构，提高消化吸收率，多用于羔羊开口料。制粒是指将饲料原料粉碎混匀后制成颗粒性饲料，加工时的高温可将颗粒料部分熟化，增加适口性。羊全混合颗粒料（TMR）主要用于羊育肥。

二、化学调制法

化学调制方法主要针对秸秆饲料。农作物秸秆有机物主要由纤维素、半纤维素和木质素等结构性碳水化合物组成。用碱性化合物处理秸秆可以打开对碱不稳定的酯键，并使纤维膨胀，便于消化和采食。

1. 氨化处理　先将秸秆切碎揉丝成1~2cm，填于窖中或堆紧于地面，每百公斤秸秆浇洒20~25kg 20%尿素，然后封窖。气温高于20℃时5~7d后即可启封，通风12~24h，氨味消失后饲喂；气温低于5℃，需8周以上；5~15℃需4~8周。氨化处理后的秸秆，氮含量增加，且粗纤维消化率提高。

2. 碱化处理　碱化处理可提高表观消化率。每百公斤秸秆，使用3kg生石灰，以及200~250kg的水，通过1~2d的存放，就可直接饲喂羊。

3. 氨化和碱化复合处理　首先将秸秆进行氨化处理，随后再对其进行碱化处理。复合处理可以更好地发挥秸秆饲料的经济效益。

三、微生物调制法

微生物调制法指利用饲料本身的细菌或人工接种的细菌、真菌，通过控制含氧量、温度和pH等环境条件，利用微生物发酵的代谢活动，将饲料中的抗营养因子分解或转化，产生易被家畜采食、消化且无毒害作用成分的过程。利用微生物调制法加工的饲料称为发酵饲料。制作微生物发酵饲料要求密闭缺氧环境，温度最好>20℃。饲料含水量要求55%~70%、饲料含糖分>1%，制作的关键是揉碎或粉碎、压实和密封。2013年我国农业部发布的2045号公告规定，允许用于饲料微生物添加剂的菌种有34种，包括酵母菌、乳酸菌、芽孢杆菌和霉菌4类。饲料发酵常用的益生菌主要有地衣芽孢杆菌、枯草芽孢杆菌、凝结芽孢杆菌、丁酸梭菌、粪肠球菌、屎肠球菌、干酪乳杆菌、植物乳杆菌等。

生物发酵饲料按照使用的菌种可分为单菌发酵饲料和混合菌种发酵饲料。根据饲料原料的主要营养特性，发酵饲料可分为发酵精饲料与发酵粗饲料。发酵精饲料包括发酵TMR饲料、发酵精料补充料、发酵浓缩料、发酵饼粕、发酵糟渣、酵母培养物等。发酵粗饲料主要包括全株玉米青贮、玉米秸秆黄贮、苜蓿等牧草青贮，以及秸秆、青干草等。

8.2.3 全混发酵日粮的开发应用

全混合日粮（total mixed ration，TMR）是根据羊不同阶段生长发育和生产的营养需要，设计合理的配方，将精饲料、粗饲料、预混料等成分以适当的比例进行粉碎、搅拌、混合而制成的一种全价日粮。TMR适口性好，采食量高，具有保持瘤胃健康、减少消化道疾病的功能。日本于20世纪90年代探索了TMR发酵（fermented total mixed ration，FTMR）技术，该技术的实质是将调制均匀的TMR进行高强度压实、封闭，经厌氧发酵处理而达到长久贮存目的。FTMR技术巧妙地将TMR和青贮技术有机结合，主要优势如下。

（1）稳定性好，便于长期贮存和长途运输。常规条件下制作的TMR由于水分较高，易腐败变质。FTMR至少可以贮存50~60d，降低了运输成本，整个制作及运输过程具有高效的产业化特点。

（2）适口性好，营养物质利用率高。经标准化制作的FTMR质地柔软，酒香味浓，适口性好，采食量和干物质消化率分别提高30%~35%。

（3）FTMR是开发利用非常规饲料资源的新途径。非常规饲料资源，如菌渣、果渣等，含水量过高极易腐烂。若采用FTMR处理，在保留原料营养组分的同时还可以保证饲料安全性、降低制作成本。FTMR还可保存青饲料的一些天然有机活性成分（如生物碱、有机酸、色素等），可在一定程度上改善产品色泽及特殊风味。马东升等开展的肉羊酵母FTMR饲喂试验发现，FTMR制作后粗蛋白质含量有一定的升高，羔羊生长状况良好。

8.3 羊的日粮配制

羊的日粮是指羊在一昼夜采食的各种饲料的总量。日粮配合是根据不同生理时期羊的营养需要和原料的营养价值，选择若干饲料原料按一定比例配合。日粮配合是否合理，直接影响羊肥育效果和饲料报酬。

8.3.1 日粮配合的原则

一、日粮要符合饲养标准并满足营养需要

饲养标准是在特定生产条件下制定的，因此羊的配合日粮应以不同生长发育阶段的营养需要为依据，结合生产实践不断加以完善。日粮配合时，首先应满足能量和蛋白质的需要，其他营养物质如钙、磷、微量元素、维生素等，应添加富含相关物质的饲料进行调整。

二、日粮种类多样化

多种饲料种类相互搭配，可以弥补营养物质的不足，达到营养全价或基本全价。

三、注意饲料适口性

配制日粮要适合羊的口味。对一些有异味、适口性较差的饲草或秸秆要进行合理的加工和调制（如氨化处理等），并与精料混合拌匀后饲喂。

四、日粮要有适宜的容积

羊采食有限,过多饲喂营养浓度低的饲料,难以满足羊对营养物质的需要。相反,日粮容积过小,即使营养需要得到满足,但由于瘤胃充盈度不够,羊会产生饥饿感。因此,日粮要进行合理搭配,才能既满足羊的营养需要,又能使羊具有饱腹感。

五、充分利用当地产原料

要根据当地条件,选择营养丰富又价格便宜的原料,充分利用当地资源,尽量降低饲料运输成本。

六、日粮组成保持相对稳定

日粮突然变化,瘤胃微生物不适应,会影响消化功能,严重者将导致消化道疾病。因此,当羊日粮发生变化时,应逐渐过渡(过渡期一般为7～10d),使瘤胃有一个适应过程。此外,为减轻高温季节热应激、降低热增耗,在调整日粮时应减少粗饲料含量,保持有较高浓度的能量、蛋白质和维生素。缓解高温应激的添加剂有维生素C、阿司匹林、氯化钾、碳酸氢钠、氯化铵、无机磷、瘤胃素、碘化酪蛋白等。在寒冷季节,为减轻冷应激,在日粮中,应添加含热能较高的饲料,从经济上考虑,用粗饲料作热能饲料比精饲料价格低。

8.3.2 日粮配制方法和步骤

饲料配方设计是数学与动物营养学相结合的产物。计算配方的方式有人工计算和计算机计算2种。人工计算包括试差法、对角线法和联立方程法。计算机计算的相关算法包括线性规划法、遗传算法和NSGA-Ⅱ算法3种。在实际操作中利用Excel程序计算羊的饲料配方比较普遍。下面将介绍如何利用Excel程序为平均体重25kg的小尾寒羊育成母羊(日增重200g)设计一个饲料配方。

第一步:根据营养需要标准结合品种特征和养殖经验,给出羊日粮营养水平。列入Excel表中,见表8-16。

表8-16 营养需要量

干物质/kg	代谢能/(MJ/kg)	可消化粗蛋白质/(g/kg)	钙/%	磷/%	食盐/%
1.2	10	100	0.65	0.35	0.5

第二步:确定饲料原料,查阅羊常用饲料成分及营养价值表或实验室实测值,在Excel表中列出供选饲料的养分含量,见表8-17。

表8-17 供选饲料养分含量

饲料名称	干物质/%	代谢能/(MJ/kg)	可消化粗蛋白质/(g/kg)	钙/%	磷/%
玉米秸	90.9	5.5	21	—	—
野干草	90.6	6.2	53	0.54	0.09
玉米	88.4	13.3	65	0.04	0.21
小麦麸	88.6	9.9	100	0.18	0.78
棉仁粕	92.2	13.7	380	0.31	0.54
豆粕	90.6	13.0	388	0.32	0.30

第三步：根据饲料资源、价格及实际经验，初步拟定一个配方，假设混合料配比为35%玉米秸、15%野干草、33%玉米、5%麸皮、5%豆粕、8%棉仁粕、0.5%食盐、1%石粉、0.5%磷酸氢钙、1%维生素微量元素预混料，并通过函数公式计算每种原料代谢能、可消化粗蛋白质、钙和磷等营养含量，配方中留出1%维生素微量元素预混料空间。

第四步：计算配方中营养成分含量。计算公式为：$NC=\sum_{1}^{i}INC_i \times IP_i$；其中NC为配方饲料中营养成分含量，$INC_i$为第$i$种饲料原料的营养成分含量，$IP_i$为第$i$种饲料原料在配方中的占比。计算结果见表8-18，代谢能和可消化粗蛋白质有不同程度的欠缺，且钙、磷不平衡。因此，日粮中应增加能量、蛋白量和磷的量，即增加能量饲料、蛋白质饲料和磷酸氢钙添加量，进行饲料原料配比调整。

表8-18 初步拟定配方营养含量

项目	代谢能/(MJ/kg)	可消化粗蛋白质/(g/kg)	钙/%	磷/%	食盐/%
营养需要量	10	100	0.65	0.35	0.5
初拟配方营养含量	9.1	88	0.67	0.29	0.5

第五步：调整配方原料配比，Excel表会根据第四步建立的公式自动计算出调整后的配方营养水平，直到配方中各营养成分含量符合营养需要标准。调整后的配方和营养成分含量见表8-19。

表8-19 调整后饲料配方和营养成分含量

项目	配方含量	饲养标准
饲料原料/%		
玉米秸	22.4	
野干草	13.5	
玉米	42.1	
小麦麸	4.5	
棉仁粕	6.3	
豆粕	8.3	
食盐	0.5	
磷酸氢钙	0.6	
石粉	0.8	
预混料	1.0	
总计	100	
营养水平		
代谢能/(MJ/kg)	10	10
可消化粗蛋白质/(g/kg)	100	100
钙/%	0.65	0.65
磷/%	0.35	0.35
食盐/%	0.50	0.50

8.3.3 日粮配方系统应用

2016年华中农业大学开发了一款羊远程饲料配方系统。该系统用浏览器、服务器（B/S）三层体系结构，以IIS＋Access＋ASP为开发环境，开发了第一代配方系统，该系统以线性规划算法计算配方。后经不断改良，2021年以Apache＋MySQL＋PHP＋C为环境升级成第二代肉羊配方管理系统。该系统构建了用户信息库、饲养标准库和原料库，实现的功能主要包括以下几点。

（1）用户自定义选择配方模型，系统模型包括羊生长阶段与增重目标。

（2）原料添加与推荐。系统会根据用户IP识别用户地域，调用该地常用的原料予以推荐。选定原料后，系统会经过计算得到缺失的营养素，并在界面自动推荐该项营养素含量较高的原料，以供选择。

（3）配方制作与优化。系统可调出各原料组分在系统中的默认参数，用户通过调整原料的使用上限和下限，自主选择参与配方优化计算的各原料组分含量。还可依据当地各原料组分的市场价格，对配方中原料的价格进行更改，对当地的原料成分进行校准。

（4）配方结果记录与打印。将所计算的配方存入数据库，支持配方打印。目前该系统还只是在固有程序范围内工作，并没有自我进化和学习能力，大数据和人工智能技术的渗入会将类似的系统推向智能化阶段。

复习思考题

1. 羊需要的营养物质有哪些？
2. 简述生长育肥羊的营养需要特点。
3. 试述繁殖母羊的营养需要特点。
4. 何为羊的营养需要量和饲养标准？
5. 羊的日粮配合原则是什么？
6. 根据美国绵羊的饲养标准（NRC，2007）为日增重150g的30kg育成母羊设计一个饲料配方。

第9章 规模羊场建设和设施设备

本章主要讲述规模羊场选址、建造基本要求、设施设备配套及环境管理。重点是羊场选址及羊舍建造;难点是智能装备对羊舍环境的智能化控制,降低养殖场污染物排放,为社会主义现代化建设与可持续发展保驾护航。

9.1 羊场选址与建设的基本要求和原则

9.1.1 羊场选址、建设的基本要求

羊场建设的目的是在不破坏周边生态环境的前提下,为羊提供适宜的生存环境,以实现高效生产。羊场建设包括科学选址、合理布局、饲养管理、卫生防疫、生态环保等诸多技术环节。在实施过程中,既要考虑羊的生物学特性、羊群规模和生产管理方式,又要遵循科学合理、因地制宜、经济实用的基本原则,实现养殖效益与生态效益并重、协调发展。

一、地势高燥平坦

规模化羊场应选建在地势高燥、背风向阳、排水良好、通风干燥的平坦地方,切忌选建在低洼潮湿、山洪水道、冬季风口,以及洪水和火灾等灾害高发地。地势以坐北朝南或偏东5°~10°为宜。另外,羊场选址应符合当地土地利用的长远规划和村镇建设发展规划,避免羊场被迫搬迁。不同地形、地势羊场选址要求见表9-1。

表9-1 不同地形条件羊场选址要求(标准状态)

地形地势	选址要求	相关参数
平原地区	比较平坦、开阔;较周围地段稍高,地下水位要低,以利排水	地下水以低于建筑物地基深度0.5m以下为宜
河流湖泊地区	地势要高,以防涨水时被淹	高于当地水文资料记载最高水位1~2m
丘陵山区	背风向阳、面积较大的缓坡地带较高处;避开断层、滑坡、塌方地段、风口,以免受山洪和暴风雪袭击	总坡不超过25%,建筑区坡度应小于2.5°

二、周边草料供应充足

在舍饲为主的规模化羊场,草料是羊生存的最基本条件。因此,不宜在草料缺乏的地方

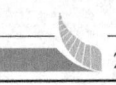

建立羊场。不同养殖方式的羊场的饲草料来源见表9-2。

表9-2　不同养殖方式的规模化羊场的饲草料来源

养殖区域	养殖方式	饲草料来源	饲草料类型
牧区	放牧或放牧加补饲	天然草场或人工牧草地	青干牧草
农牧交错地带	放牧加补饲或牧区繁殖农区舍饲	人工牧草地、农作物秸秆或农副产品	青干牧草、秸秆、秧类、渣类青贮类、微贮类、块茎类、农作物籽实及加工副产品
农区	调控性放牧	人工牧草地、农作物秸秆或农副产品	青干牧草、秸秆、秧类、渣类青贮类、微贮类、块茎类、农作物籽实及加工副产品

三、水源充足

羊场须保证水源充足供应，满足职工用水、羊饮水和消毒用水。水质应符合《无公害食品　畜禽饮用水水质》（NY 5027—2008）规定（表9-3），以泉水、井水和自来水较理想。切忌在水源不足或受到严重污染的地方建羊场。

表9-3　无公害食品产地畜禽养殖用水各项污染物的指标要求

项目	指标	项目	指标
砷/（mg/L）	≤0.05	氟化物/（mg/L）	≤1.0
汞/（mg/L）	≤0.001	氯化物/（mg/L）	≤250
铅/（mg/L）	≤0.05	六六六/（mg/L）	≤0.001
铜/（mg/L）	≤1.0	滴滴涕/（mg/L）	≤0.005
铬（六价）/（mg/L）	≤0.05	总大肠菌群/（个/L）	≤3
镉/（mg/L）	≤0.01	pH	6.5~8.5
氰化物/（mg/L）	≤0.05		

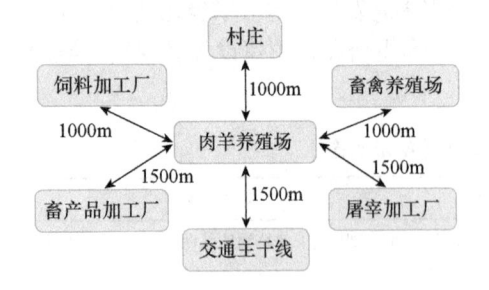

图9-1　羊场选址交通示意图[1]

四、交通、通信便利

规模化羊场场址应交通便捷，便于饲草、活羊及产品运输。要避开附近饲养场转场通道，以免造成疫病传播。羊场距离公路和铁路等交通干道、居民点、附近单位和其他养殖场应至少保持500m（图9-1）。

五、能源供应充足

羊场应有稳定的能源电力，以满足正常生产、生活需要。规模化羊场应配有三相电源，电力负荷按照需求设计配备，以保障饲草料加工及其他设备的正常运行。

---

[1] 旭日干. 专家与成功养殖者共谈现代高效肉羊养殖实战方案. 北京：金盾出版社，2015.

9.1.2 羊场选址、建设的基本原则

一、生产环境适宜原则

生产环境包括产业大环境和养殖小环境。产业大环境包括生产端的原料、养殖人员、技术服务及市场端的羊产品种类等。其中，羊场建在饲料原料产地或市场附近具有先天优势，有利于市场对各个要素的配置，便于羊场获得高性价比的产品和服务。

养殖小环境要适宜。若没有适宜的养殖环境，即便饲喂全价饲料，也难以保证饲料最大限度地转化成产品，从而降低了饲料利用率。因此，规模化羊场规划设计时必须符合羊只对各种环境条件的要求，包括适宜的温度、湿度、通风、光照、空气等。

二、生产工艺相结合原则

规模化羊场在选址规划时必须与生产工艺相结合，否则会给生产造成不便，甚至使生产无法进行。养殖的生产工艺是指在规模化羊场生产上采取的技术措施和生产方式，包括羊群周转方式、草料运送、放牧、饲喂、饮水、清粪等，也涵盖体况测定、防疫注射、采精输精、接产护理等技术措施。

三、卫生防疫友好原则

规模化羊场在选址规划时还应特别注意卫生要求，以利于兽医防疫制度的执行。例如，根据防疫要求合理进行场地规划和建筑物布局、确定羊舍的朝向和间距、设置消毒设施、合理安置污物处理设施等。这一原则可以有效防止流行性疫病对羊场的影响。

四、经济性原则

在满足以上3项技术要求的前提下，规模化羊场建设还应尽量降低工程造价和设备投资，以降低生产成本，加快资金周转。要充分利用周边的有利条件（如自然通风、自然光照等），就地取材，采用当地建筑施工习惯，合理配置附属用房。

9.2 羊舍建造的基本要求及类型

9.2.1 羊舍建造的基本要求

羊舍规划和建设应考虑经济实用、耐用、留有发展余地和改造空间，适应集约化、标准化、规范化生产工艺的要求。羊舍建设要以夏季防暑、冬季防寒、通风和便于管理为原则。育成舍、母羊舍、产羔舍、羔羊舍要合理布局，而且要留有一定间距。

一、面积要求

羊舍面积应合理，面积过大，既浪费土地，又浪费建筑材料；面积过小，舍内拥挤潮湿、不利于羊健康。产羔舍可按基础母羊数的20%~25%计算面积。运动场面积一般为羊舍面积的2~3倍。在产羔舍内附设产房，产房内有取暖设备，必要时可以加温，使产房

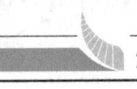

保持一定的温度。另外，农区多为传统的公、母、大、小混群饲养，其平均占地面积应为0.8～1.2m²。各类羊只所需羊舍建议面积参考表9-4[1]。

表9-4 各类羊舍所需面积 （单位：m²/只）

羊别	面积	羊别	面积
春季产羔母羊	1.1～1.6	成年羯羊和育成公羊	0.7～0.9
冬季产羔母羊	1.4～2.0	1岁育成母羊	0.7～0.8
群饲公羊	1.8～2.3	去势羔羊	0.6～0.8
种公羊（单饲）	4.0～6.0	3～4月龄羔羊	占母羊面积的20%

二、高度要求

羊舍高度要依据羊群大小、羊舍类型及当地气候特点而定。一般而言，羊舍高度为2.8～3.0m，双坡式羊舍净高不低于2m；单坡式羊舍前墙高度不低于2.5m，后墙高度不低于1.8m。南方地区的羊舍防暑防潮重于防寒，羊舍高度应适当增加。

三、温度与通风要求

一般羊舍温度冬季应保持在0℃以上，羔羊舍温度不低于8℃，产羔室温度在8～10℃比较适宜，山羊舍内温度应高于绵羊舍。羊舍应装有通风换气设备，安装时要保证每只羊每小时3～4m³新鲜空气。羊舍要开窗，面积一般占地面面积的1/15，保证冬季阳光照射和夏季通风。绵羊舍主要注重通风，山羊舍要兼顾保温。

四、建筑材料要求

羊舍的建筑材料以生态环保、就地取材、经济耐用为基本原则。规模化羊场建设可利用钢材、保温夹芯板、砖、石、砂、水泥、石灰、木材等修建坚固永久性羊舍。砖混结构羊舍建筑材料：红砖（240mm×115mm×53mm）、水泥（225/275/325号）、建筑用黄沙（河沙）、檩梁（槽钢或木质）、黏土瓦或水泥瓦。轻钢结构羊舍建筑用材：工型钢（16#/18#/20#）、槽钢（8#/10#）、镀锌管、卷帘布、彩钢夹芯板（100mm/120mm/150mm）。

五、卫生防疫要求

羊舍应以围墙和防疫沟与外界隔离，周围设绿化隔离带。围墙距建筑物的间距不小于3.5m，规模较大的肉羊场，四周应建较高的围墙（2.5～3.0m）或较深的防疫沟（1.5～2.0m）。

9.2.2 羊舍的主要类型

由于各地气候条件不同，羊舍的类型也有很大差异。目前的羊舍类型主要有封闭式、半开放式、开放式、塑料薄膜大棚式、轻钢结构加挂卷帘及新型移动式羊舍等。每种羊舍的构造及适用范围等信息见二维码附件内容。

拓展阅读 9-1

---

[1] 赵有璋. 羊生产学. 3版. 北京：中国农业出版社，2011.

9.3 规模化羊场的设施设备

规模化羊场的设施设备主要有羊群管理设施设备、羊群饲喂设施设备、牧草种植与收获设施设备、饲草料加工与储存设施设备、羊场卫生防疫设施设备等。

9.3.1 羊群管理设施设备

一、耳标

耳标是羊只标识之一，用于识别羊只身份，承载羊只个体信息。目前，羊只耳标主要包括二维码耳标和电子耳标2种类型。二维码耳标在耳标面刻制编码信息；电子耳标运用射频识别（RFID）技术，内置芯片和天线。由于RFID技术具有非接触、远距离、自动识别、可读可写等特性，电子耳标被广泛应用在自动计量与测量系统中，如自动称重管理系统。

二、母仔栏

母仔栏可为产羔母羊和羔羊提供一个安静且不受其他羊干扰的独立空间，有活动的和固定的2种。活动母仔栏由两块栏板或围栏用合页连接而成，通常高1m、长1.2m，厚2.2~2.5cm，将活动栏板在羊舍一角呈直角展开，并固定在墙壁上，可供一母多羔使用；固定母仔栏通常由钢管焊接而成，固定于羊舍内部，形成分隔栏。母仔栏依产羔母羊的多少而定，一般按10只母羊一个活动栏配备。

三、分群栏

分群栏主要用于羊只分群、称重和防疫等日常管理工作，有固定式和组装式2种类型。分群栏有窄长的通道，羊在通道内只能成单行前进，不能回转向后。随着科技进步，目前已开发出了自动称重分群栏和耳标识别分群栏。使用自动称重分群栏时，先在终端上输入分群的体重数据；接着通过引导通道将羊送入称重箱；完成称重和耳标扫描后，羊身份信息和体重数据则会传输至终端，随后电脑终端打开对应的分群门，以诱导羊只进入[1]。使用耳标识别分群栏时，先将羊群赶至分群走廊入口处，当电子耳标靠近耳标读卡器时，羊只信息就被传递至控制器，控制器一方面控制走闸门打开，另一方面将与该羊只对应的圈舍闸门打开，从而完成自动化分群[2]。

四、羔羊补饲栏

羔羊出生后10d左右需补喂饲草料，故需给羔羊设置专用的补饲栏。羔羊的补饲栏应放置于母羊采食相反的一侧，通常靠墙。板间距离15cm，围栏高度1m左右即可，宽度应保证羊羔可以随意进出，但是母羊无法通过。

---

[1] 陈海霞，吴健俊. 羊自动称重分群设备的研究. 当代农机，2018，（8）：72-74.
[2] 新疆畜牧科学院畜牧研究所，新疆农业大学. 耳标识别分群栏：CN107232081A. 2018-01-19.

五、防寒保暖设备

1. 羔羊保温板 羔羊保温板是冬季产羔舍常用的保暖设备,主要包括一组发热垫支架、一组柔性发热垫和一个栖息板。柔性发热垫位于栖息板的下部,供电时能够产生热量。

2. 羔羊保温箱 保温箱较保温板保暖效果更好,通常置于羊舍内,箱体顶部设有盖板,并且盖板可拆卸,箱体底部铺设有电热保温板(图9-2)。羔羊保温箱便于对羔羊进行早期补饲及供暖,避免大羊抢食、踩踏,提高羔羊成活率。

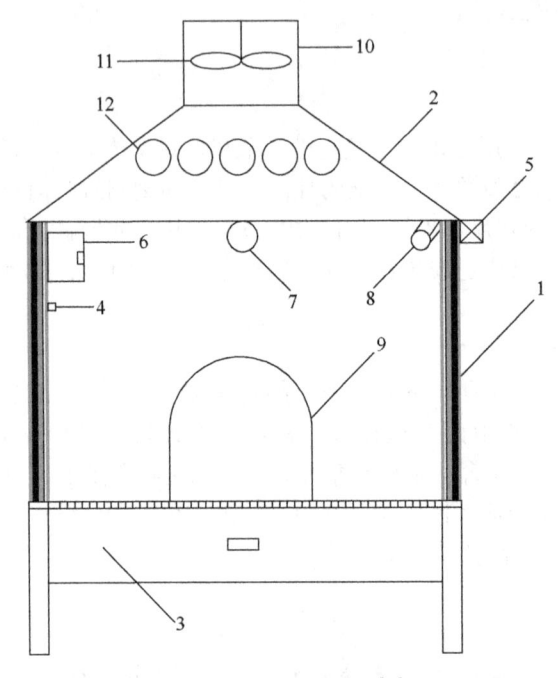

图9-2 羔羊保温箱[1]
1. 箱体隔板;2. 盖体;3. 接粪盘;4. 温度传感器;5. 控制器;6. 蓄水盒;7. 紫外杀菌灯;8. 摄像头;9. 拱形箱体门;10. 排风口;11. 换气风机;12. 气通风孔

9.3.2 羊群饲喂设施设备

一、采食设备

1. 架子食槽 架子食槽分为可搬动式和移动式。可搬动式食槽主体结构由食槽和放置架构成,"U"形设计,内部光滑方便清理,可随意挪动和更换。移动式食槽由框架和食槽组成,框架下方有4个万向轮,框架之间通过连接杆连接,底部的导流口用于清洗时废水流出,架子食槽可移动,且坚固耐用[2]。

2. 固定食槽 固定食槽是指食槽固定在羊舍内部,包括单列式、双列对尾式和双列对头式。单列式食槽建在走廊一侧,由砖和水泥砌成,一般宽30~40cm,深20~30cm,槽

---

[1] 华坪县顺源黑山羊生态养殖专业合作社. 羔羊保温箱:CN208850382U. 2019-05-14.

[2] 张文忠. 一种牛羊食槽:CN206879748U. 2018-01-16.

长与羊舍相同；双列对尾式食槽应建在走廊两侧，可以借助地面坡度建造，也可在地面挖坑；双列对头式食槽应该修在过道两侧。

3. 草料架 草料架是用于补饲干草的设备，有木制、圆形钢管和方形钢管等材质，通常放置在运动场或放牧草地。草料架一般为倒三角形，与隔栏的距离为9~10cm，既保证羊吃到草，又可减少饲草浪费。

二、饮水设备

同采食设备一样，规模羊场必须配备一套完整的饮水设备。

1. 固定饮水槽 一般固定在羊舍或运动场上，可用高强度聚丙烯环保塑胶、镀锌铁皮、水泥和砖等制成。上方安装自来水管，水槽下方设有排水口。

2. 自动饮水器 由自来水管和饮水碗两部分组成。安装时要在饮水器下方设排水装置，防止水洒出，安装高度要以羊可抬头饮水而不能蹲着为标准。冬季使用自动饮水器时，要做好保暖防护。

3. 恒温饮水槽 有自动加热的功能，适用于寒冷地区，防止羔羊、妊娠母羊冬天因饮用冷水而不适。恒温饮水槽所有管道应采用不锈钢材质，以保证饮水品质。饮水槽变温区间为0~40℃，配有漏电保护装置，保证羊只的安全。

三、舔砖固定设备

1. 舔砖拖盘 由聚乙烯材料制成，一般为16cm×16cm×14cm，自带防滑底纹和稳定柱，可固定在墙上或栏杆上。舔砖托盘应安装在羊抬头能够得到的高度，一般距离地面50~60cm。

2. 舔砖固定支架 结构简单，成本低廉，通常安装在运动场边缘。常用的舔砖固定支架有2种，一种由托盘和支架组成，另一种直接用圆形钢管焊接成十字架结构，可满足几只羊同时舔舐。

四、羔羊哺乳设备

单只母羊泌乳量是无法保证多只羔羊营养供给的，可采用人工代乳粉辅助哺乳的方式来弥补。大部分养殖场是用奶瓶逐个哺喂，工作量大，可视需要使用专门的哺乳器。

1. 简易羔羊哺乳器 由固定架、储奶罐和饮奶嘴组成。储奶罐有刻度，罐底侧均匀设置多个用于安装饮奶嘴的连接头，饮奶嘴通过其后部的饮奶座与连接头可拆卸连接。

2. 羔羊代乳粉哺乳器 羔羊代乳粉哺乳器由不锈钢支架组成，结实耐用性，支架带有车轮和把手，方便移动。羔羊代乳粉哺乳器上有若干个固定奶嘴，将代乳粉液体放入电热保温箱中，打开阀门，通过输送管道，乳液被输送到固定奶嘴中[1]。

3. 羔羊多功能哺乳器 主体结构包括电机、支架、盛料缸体、顶盖、搅拌杆、外置循环水箱、分液器、输奶管和哺乳奶瓶。盛料缸体包括外筒和内筒，外筒的外部装有电机，电机输出轴连接有伸入内筒内的搅拌杆；内筒设有感温器，底端出料口与出料管道相连，出料管道上从上至下依次设有第一球阀、分液器和第二球阀，分液器上连接有多个输奶管[2]。

---

[1] 内蒙古草原宏宝食品股份有限公司. 羔羊代乳粉哺乳器：CN207135885U. 2018-03-27.
[2] 新疆畜牧科学院畜牧研究所，乌鲁木齐博瑞斯车身制造有限公司. 一种多功能羔羊哺乳器：CN205667220U. 2016-11-02.

9.3.3 牧草种植与收获设施设备

牧草种植和收获机械主要包括播种机、割草机、搂草机、秸秆切碎回收机、秸秆粉碎机、捆草机、秸秆揉丝机，以及青贮饲料收获机等机械。

一、播种机

播种机是牧草规模化种植必不可少的设备，有条播机和撒播机。条播机是牧草种植的主要机械设备，作业时由行走轮带动排种轮旋转，种子按要求的播种量排入输种管，并经开沟器落入沟槽，然后由覆土镇压装置将种子覆盖压实。撒播机常用的机型是离心式撒播机，由种子箱和撒播轮构成。撒播机常附装在农用运输车后部，种子由种子箱落到撒播轮上，在离心力作用下沿切线方向播出，播幅达8~12m。但是因牧草种子较轻，撒播机撒下的种子分布不均匀，播种质量差，故应用较少。

二、割草机

常用的割草机主要有往复式割草机和圆盘式割草机2种。往复式割草机属于小型割草机械，主要依靠切割器上动刀和定刀的相对剪切运动切割牧草。其特点是割茬整齐，单位割幅所需功率较小，但对不同生长状态牧草适应性差，易堵塞，适用于平坦的天然草场和小型人工草场。圆盘式割草机主要有双盘割草机、四盘割草机、六盘割草机和七盘割草机。圆盘式割草机，可以随意调整割茬高度和割茬角度，牧草切割快捷干净、生产效率高，不损伤草地，能适应地面的凹凸情况，作业宽幅0.9~3m。

三、搂草机

搂草机可将铺放在地上的牧草搂集成条，以便于集堆捡拾打捆，同时起到翻草的作用，利于牧草尽快干燥。按草条方向与机具前进方向的关系，搂草机可分为横向和侧向2大类。

1. 横向搂草机 有牵引式和悬挂式，工作部件是一排横向并列的圆弧或螺旋形弹齿。作业时弹齿尖端触地，将草搂成横向草条。作业速度较慢，一般为4~5km/h。国内常用的横向搂草机有9L系列搂草机，该系列适用于农、林、牧业区平坦草场和山地、丘陵地草场。

2. 侧向搂草机 分为滚筒式搂草机、指轮式搂草机、旋转式搂草机。滚筒式搂草机工作部件是一个绕水平轴旋转的搂草滚筒，滚筒端面与机具前进方向成一夹角，即前进角；滚筒回转端面和齿杆间夹角则为滚筒角。滚筒式搂草机搂集的草条质量较高，搂草损失较小。

指轮式搂草机由活套在机架轴上的若干个指轮平行排列组成，没有传动装置。作业时指轮接触地面，靠摩擦力而转动，将牧草搂向一侧，形成连续整齐的草条。作业速度可达15km/h以上，适宜于搂集产量较高的牧草，残余的作物秸秆。

旋转式搂草机按旋转部件的类型有搂耙式和弹齿式2种。搂耙式搂草机的每个旋转部件上装有6~8个搂耙。作业时由拖拉机牵引前进，搂耙由动力输出轴驱动，从而完成搂草、放草等动作。旋转弹齿式搂草机是在一个旋转部件的周围装上若干弹齿，弹齿靠旋转离心力张开，进行搂草作业。若改变弹齿的安装角度，即可进行摊草作业。旋转式搂草机搂集的草条松散透风、损失小，作业速度可达12~18km/h。

四、秸秆切碎回收机

秸秆切碎回收机可将田间直立或者铺放的牧草直接切碎并回收，由切碎装置和回收装置组成。可以作为牧草切收割机，也可作为青贮回收机。工作时，拖拉机后输出动力经万向节传给作业机具，秸秆被高速旋转的刀片切割、吸入、揉搓、粉碎，在离心力和气流的共同作用下进入输送装置，由输送装置送至离心抛送机，将碎秸秆经抛送筒提升吹出，抛落在运送秸秆的拖车上。

五、秸秆粉碎机

秸秆粉碎机主要用于粉碎玉米秸秆、全株青贮玉米等大型牧草，由喂入机构、铡切机构、抛送机构、传动机构、行走机构、防护装置和机架等部分组成。作业时固定在地面上，可与电机、柴油机或30~50马力（1马力=745.7W）拖拉机配套。

六、捆草机

捆草机的功能是将牧草收获打捆，以方便运输和饲喂，主要由机架、主动轴、主动轮、进料机构从动轴、从动链轮、离合器等组成。根据打成草捆的形状，分为方形捆草机和圆形捆草机2种。作业时，捆草机需拖拉机牵引。

七、秸秆揉丝机

秸秆揉丝机适用于揉切稻草、麦草、花生红薯秧、青干杂草、玉米和棉花秸秆、荆条、树枝、各种树皮等物料。加工出来的饲草质地柔软，损坏细腻，适口性好，咀嚼难度低，解决了牛、羊等反刍动物在采食时过多的热增耗，提高采食率和消化率。该设备可与电机、柴油机或30~56马力拖拉机配套。

八、青贮饲料收获机

常见的青贮饲料收获机有自走式和悬挂式2种。自走式收获机由割台和机身组成。割台有全幅割台、捡拾割台和玉米割台3种类型。全幅割台用于收获低秆作物青饲料，捡拾割台用于草条捡拾青贮料或低水分青贮料，玉米割台收割青贮玉米等高秆作物。机身部分主要有喂入装置和切碎抛送装置，将各种青饲料切碎后抛送入拖车内。悬挂式收获机通常由马力较大的拖拉机牵引工作。根据悬挂方式不同，分为前悬挂、后悬挂和侧悬挂，可根据作业环境选择悬挂方式，如在作业环境恶劣的情况下（如倒伏作物），可以尝试不同的前进方向，以达到最佳的作业效果。

9.3.4 饲草料加工与储存设施设备

一、裹包机

裹包机主要有大型草捆缠膜机和小型裹包机。功能是将新鲜的牧草通过揉丝、打捆、包膜，用于青贮饲料制作，以避免鲜草和空气接触氧化，进而使饲料适口性好，可长期储存，让羊只在冬天也能吃上青草。

二、青贮窖

青贮窖分地下式、半地下式和地上式3种，呈圆形或方形。地上青贮窖一般适用于规模羊场，通常建在离羊舍较近的位置，窖底一般呈内高外低的坡度，方便窖中水流出，防止积水，影响青贮料质量。

三、青贮塔

青贮塔分全塔式和半塔式2种，一般在地势低洼、地下水位较高的地区使用。一般为圆筒形，直径3~6m，高10~15m，水泥顶盖，塔高5m处设有饲草入口。青贮塔进料用吹风机，取料亦有专用机械。青贮塔优点是经久耐用、饲料霉坏率低、受气候影响较小，但建塔一次性投资较高。

四、TMR搅拌机

TMR搅拌机，是指将精饲料、粗饲料、维生素、矿物质和其他添加剂均匀混合成全混合日粮的机械。常用的TMR搅拌机有固定式和牵引式2种。固定式TMR搅拌机主要由机架、料箱、齿轮箱、搅龙、动刀、称重显示系统、转动系统和气泵系统等组成，适用因羊舍槽道受限无法实现日粮直接投放的传统羊舍。牵引式TMR搅拌机集搅拌混合、撒料于一体，可实现边移动边混合，并直接将混合饲料抛撒在食槽中。牵引式TMR机带有自动称重装置，添加量可随时设定。

五、饲料粉碎机

饲料粉碎机用于粉碎饲料，主要由粗碎、细碎和风力输送等装置组成，以高速撞击的形式达到粉碎目的。饲料粉碎机分为对辊式、锤片式和齿爪式3种类型。对辊式是利用一对相对旋转的圆柱体磨辊来锯切、研磨饲料，具有生产率高、功率低、调节方便等优点；锤片式利用高速旋转的锤片来击碎饲料，具有结构简单、通用性强、生产率高和使用安全等特点；齿爪式则利用高速旋转的齿爪来击碎饲料，具有体积小、重量轻、产品粒度细等优点。若粉碎谷物类饲料，可选择锤片式粉碎机；若粉碎糠麸谷麦类饲料，可选择齿爪式粉碎机；若要求通用性好，以粉碎谷物为主并兼顾饼谷和秸秆，可选择切向进料锤片式粉碎机；粉碎贝壳等矿物饲料，可选用贝壳无筛式粉碎机；若用作预混合饲料的前处理，要求粉碎粒度细又可根据需要调节的，应选特种无筛式粉碎机。

六、饲料粉碎混合机

饲料粉碎混合机是一种将玉米、豆粕等饲料粉碎并与维生素和微量元素等混合均匀的自动化饲料混合设备，有自吸式和强制式2种类型。自吸式粉碎混合机采用自身粉碎机的风力，把饲料原料吸进粉碎腔内进行粉碎和搅拌；强制式粉碎混合机采用螺旋输送强制把原料送到饲料粉碎腔内粉碎搅拌，效率较低。

七、颗粒饲料制粒机

颗粒饲料制粒机是一种将饲料粉碎物直接压制成颗粒的加工机械，主要由喂料、搅拌、制粒、传动及润滑系统等组成，可应用于规模化羊场。自制颗粒料不仅制作成本低，可以满足羊的全价营养，而且体积小、密度大、便于贮存和运输，并可实现现制现用。

9.3.5 羊场卫生防疫设施设备

一、消毒池

消毒池一般设在羊场门口，目的是给进出的车辆进行消毒，因为常见传染病除了通过引种传播外，主要通过运送羊只的车辆进行传播。消毒池也应定期更换消毒液。消毒池建造需保证耐酸碱，并能够承载各种通行车辆的重量。池两端设置一定斜坡，方便车辆出入，池内设置排水孔，便于更换消毒药液。一般消毒池长5~9m、宽3~5m、深0.2~0.3m。

二、自动化车辆消毒设备

自动化车辆消毒设备主要由电脑一体主机、防冻加热系统、一体式液体控制药箱、缺水警报、立式喷杆、横向底喷、横向顶喷、立杆钢底座、斜拉杆、地磁感应器、水处理系统、自动加药系统等部件组成。可实现进场消毒、出场不消毒。

三、消毒室

消毒室应位于规模化羊场生产区入口，用于工作人员及进场参观人员消毒，应配有紫外线消毒灯、自动喷雾消毒器、洗手盆和脚踏消毒池等设施。羊场员工进入生产区要更换衣服、胶鞋，然后通过消毒通道进入。消毒室内应保持环境卫生，及时更换消毒液。

四、喷雾消毒设备

喷雾消毒机种类多，常用的有电动喷雾器、脉冲式烟雾水雾两用机、手提式汽油弥雾机、充电式风送喷雾机、高压喷雾消毒机、智能超声波雾化消毒机等。一般情况下，羊群出栏后，须对羊舍进行彻底消毒，此时可用高压喷雾消毒机。高压喷雾消毒机可以随意移动，且喷雾管道较长，枪头压力大，可以实现羊舍任何角落的全方位消毒。

五、药浴设备

1. 大型药浴池 药浴可以防治疥癣及其他体外寄生虫病，因此在规模化羊场修建药浴池是非常必要的。大型药浴池形状为上宽下窄的长方形方沟，长10~12m，池顶宽85~100cm，池底宽30~60cm，保证羊刚好通过且不可转身，池深1.0~1.2m。入口处设陡坡，出口则筑成缓坡并设置台阶，池底设置排水孔，以便更换浴药及排放废水。

2. 药淋装置 药淋装置是一种喷淋药浴方法，主体结构由圆形淋池和两个羊栏组成。要以上淋下喷的形式进行药浴，可流动使用。目前国内推广应用的有9LYY-15型移动式羊药淋机与9AL-2型流动式小型药淋车，后者容浴量大、速度快、比较安全，每15~30min可淋羊200~250只。

3. 升降式药浴机械 每次可同时药浴20~30只羊，操作简单，适用于大中型规模化羊场。药浴前，羊群在入口贮羊圈等候，药浴时将羊赶至沉降羊台，然后顺着药浴池缓缓进入。

9.4　羊舍内环境智能化控制

羊场温湿度及有害气体含量与羊健康密切相关，因而建造羊舍时应注意对羊舍环境进行控制。羊舍环境智能调控设备由环境监测传感器、控制微型泵、电磁阀、排风机、湿帘和热风机等部分组成。环境智能调控系统具体包括调控管理平台和环境控制系统2部分，调控管理平台可以是基于手机客户端的APP程序，也可以是基于电脑端的应用系统。使用时，调控管理平台可直观显示羊舍内部各种传感器的实时数据，并设有自动报警功能，若某项环境参数超标时，可以及时反馈给管理人员。此外，调控管理平台还可设定智能自动调控模式，系统依据收到的环境数据进行智能算法分析，并将处理方案返回控制端，指导用户对环境进行调控。例如，羊舍内部安装的CO_2传感器和NH_3传感器，可实时检测CO_2和NH_3浓度变化。若检测浓度超标，控制器可启动抽风机或鼓风机；若检测浓度正常，控制器单元则停止鼓风机和抽风机，实现自动调节羊舍内部环境，减少羊群发病概率。

9.5　羊场内及周边环境保护

9.5.1　羊场内及周边空气环境质量要求与防控

一、空气环境质量要求指标

羊场缓冲区、场区和舍内的空气环境质量应符合规模化养殖场环境质量要求的规定（表9-5）。一氧化碳的日平均最高容许浓度为1.0mg/m³，一次最高容许浓度为3.0mg/m³。

表9-5　舍区、场区、缓冲区空气环境质量要求指标[1]

项目	舍区	场区	缓冲区
氨气（NH_3）/（mg/m³）	≤20	≤5	≤2
硫化氢（H_2S）/（mg/m³）	≤8	≤2	≤1
二氧化碳（CO_2）/%	≤0.15	—	—
可吸入颗粒（PM10）/（mg/m³）	≤1.5	≤0.3	≤0.15
总悬浮颗粒物（TSP）/（mg/m³）	≤3	≤0.6	≤0.3
恶臭（稀释倍数，无量纲）	≤70	≤50	≤40
细菌总数/（CFU/Ⅲ）	≤127	—	—

二、空气环境污染的防控措施

羊舍排放的污浊气体主要含有氨气、硫化氢、一氧化碳、二氧化碳等。其中，氨气主要由含氮有机物如粪、尿、垫草、饲料等分解产生；硫化氢是由于羊采食富含蛋白质

---

[1] 北京市质量技术监督局. 种羊场舍区、场区、缓冲区环境质量要求（DB14/T 428—2018）. 2018-09-29.

的饲料产生。为了防止污浊气体污染空气，要及时清除粪尿和污水，使粪尿迅速分离和干燥。此外，要保持舍内干燥和通风，在羊舍铺上垫草，也有助于浊气的吸收，但垫草须勤换。

9.5.2 羊场及周边土壤质量和饮用水的要求及卫生控制

一、土壤质量和饮用水的要求

羊饮用水质量及卫生指标应符合《畜禽养殖产地环境评价规范》（HJ 568—2010）规定。羊场缓冲区、场区及舍内的土壤环境质量需符合《畜禽场环境质量及卫生控制规范》（NY/T 1167—2006）规定（表9-6）。

表9-6 羊场土壤环境质量及卫生指标

项目	单位	缓冲区	场区	舍区
镉	mg/kg	0.3	0.3	0.6
砷	mg/kg	30	25	20
铜	mg/kg	50	100	100
铅	mg/kg	250	300	350
铬	mg/kg	250	300	350
锌	mg/kg	200	250	300
细菌总数	万个/g	1	5	—
大肠杆菌	g/L	2	50	—

二、土壤质量和饮用水的卫生控制措施

1. 土壤质量的卫生控制措施 首先，避免粪尿、污水排放及运送过程中的跑、冒、滴、漏。其次，采用紫外线照射等方式对排放、运送前的粪尿进行杀菌消毒，避免运输过程微生物污染土壤。对于堆积在场内的羊粪要做好防渗漏工作，避免粪污污染场内的土壤环境。

2. 饮用水的卫生控制措施 羊饮用水主要来自于自来水、自备井水和地表水。应定期清洗羊只饮用水传送管道，保证水质传送途中无污染。若使用井水作为羊饮用水，井址应选在羊场粪便堆放场等污染源的上方和地下水位的上游，避免在低洼沼泽或容易积水的地方打井。同时要求水井附近30m范围内，不得建有渗水的厕所、渗水坑、粪坑、垃圾堆等污染源。若使用易污染的地表水，则必须进行净化和消毒使之满足羊饮用水标准，净化的方法有混凝沉淀法和过滤法，消毒方法有物理消毒法（如煮沸消毒）和化学消毒法（如氯化消毒）[1]。

---

[1] 颜培实，李如治. 家畜环境卫生学. 4版. 北京：高等教育出版社，2011.

9.5.3 羊场内及周边噪声防治措施和羊场绿化

一、噪声质量要求及防治措施

1. 噪声质量要求 羊场缓冲区、场区及舍内的噪声质量要求参见《种羊场舍区、场区、缓冲区环境质量要求》(DB11/T 428—2018)(表9-7)。

表9-7 羊舍、场区、缓冲区的噪声质量要求

项目	单位	舍区		场区	缓冲区
		羔羊舍	成羊舍		
噪声	dB	<65	<75	<60	<45(夜间) <55(昼间)

2. 噪声防治措施 选好场址,利用地形做隔声屏障以减少外界干扰;场内应选择性能优良、噪声小的机械设备,并做好消声隔音;羊场周围应大量植树,可降低外来的噪声。

二、羊场绿化

羊场的绿化,既可以美化生产环境,还有利于防疫,减少污染。规模化羊场绿化主要分为办公区绿化、道路绿化和羊舍周围绿化。总体绿化覆盖率应在30%以上。办公区绿化可种植一些花卉和观赏树木;道路绿化可种植一些高大的乔木;羊舍周围绿化可种植一些灌木和乔木。绿化时不宜种植有毒、有刺、飞絮的植物,树木行距3~6m,株距1.5m为宜。

9.6 羊粪和羊场废弃物资源化利用

9.6.1 羊粪资源化利用

羊场的粪污无害化处理是规模化高效养羊的重要环节之一,羊粪直接还田容易二次发酵烧坏农作物根苗,且未发酵腐熟的羊粪中含有的病原菌、寄生虫卵及草籽等易污染周围环境。目前对于羊粪的处理以"三化"为主,即减量化、无害化、资源化。羊粪发酵后还田可增加土壤肥力,同时还能改良土壤结构,增加土壤微生物群落多样性。

一、羊粪的收集

1. 漏缝地板 漏缝地板种类较多,有竹制、塑料、木条、水泥,以及钢丝漏缝地板,其中,竹制漏缝地板的综合利用能力及性价比最高。漏缝地板在南方较潮湿的地区应用普遍,北方也有少数地区应用。使用时,粪尿可直接通过漏缝地板进入贮粪池发酵,在发酵后定期清理还田。此外,漏缝地板相对较干燥、较卫生,符合羊群喜干燥洁净的生活习性,可减少疾病发生。

2. 刮粪机 刮粪机通过电力驱动,由减速机输出轴通过链条或三角皮带,将动力传到主驱动轮上,带动刮板往返运动。刮板的高度及运行速度适中,运行过程中没有噪声,对

羊群影响较小。刮板工作时可做到24h不间断清粪，但也存在以下问题：①将粪尿多次混合、搅动，散发大量的臭气，影响羊舍环境；②刮粪板难以彻底清理；③机器易出故障，修理困难；④能源费用支出较多。

二、羊粪的发酵

1. 贮粪池 贮粪池有2种形式。一种是直接建在漏缝地板下方，面积与羊床板面积一致，正常情况下可容纳半年的羊粪。经半年自然堆肥发酵后可直接还田。另一种是独立建造，一般建在畜舍下风向超过100m的位置。尺寸一般为长30～5m、宽9～10m、深1m，贮粪池上方需盖好盖子。贮粪池的大小，也可根据养殖规模来定，通常情况下所需贮粪池的面积为0.4m²/只。贮粪池可通过集中堆肥发酵的方法处理羊粪，适用于规模化养殖场。

2. 堆肥发酵池 主要类型有立式堆肥发酵塔、卧式堆肥发酵滚筒、筒仓式堆肥发酵仓和箱式堆肥发酵池等。立式堆肥发酵塔通常为密闭结构，塔内温度从上层至下层逐渐升高，为了保证各层内微生物活动的最适温度和通气量，塔中需配备风机等强制通风设备。卧式堆肥发酵滚筒又称达诺式，其主体设备是一个长20～35m、直径2～3.5m的卧式滚筒。滚筒转动时，堆肥在桶内反复升落、翻动，更有利于发酵进行。此外，由于筒体斜置，回转窑可自动供应、传送和排出堆肥物。筒仓式堆肥发酵仓为单层圆筒状（或矩形），发酵仓深度一般为4～5m。其上部有进料口和散刮装置，下部有螺杆出料机。发酵仓内供氧均采用高压离心风机强制供气，以维持仓内堆肥好氧发酵。经过6～12d的好氧发酵，得到初步腐熟的堆肥由仓底通过出料机出料。

3. 堆肥发酵棚 堆肥发酵棚的建设面积较大，一端建设长为三分之一棚长的堆粪坑，另一端空旷区用于堆放发酵好的有机肥，地面需作硬化处理，以防渗漏，顶棚加盖防雨水层，四周设1m高围墙。可采用塑料大棚形式进行常规堆肥和高温堆肥。常规堆肥发酵温度较低，可直接堆放到堆粪棚水泥地面上。高温堆肥发酵前期温度较高，后期逐渐降低，可以采用半坑式堆积法和地面堆积法堆制。半坑式堆积法坑深约1m，地面堆积法则不用设坑。

9.6.2 病死羊无害化处理

病死羊等羊场废弃物可采用焚烧和发酵方式处理。焚烧处理设备采用二级燃烧室设计，旋转火幕焚烧技术，旋风式除尘，风冷系统；燃烧机性能良好，一次点火率100%，燃油雾化效果好，热效率高；设备安全、自动化程度高，但相应的成本也高。发酵方式是指将病死羊与羊场废弃物、羊粪一起进行堆肥发酵，堆积过程产生的高温可以杀死大部分病原体。发酵后的产物安全性高，可以改良土壤。此外，还可采用昆虫转化等方式进行无害化处理，黑水虻处理动物尸体的效率较高，转化效果好。

9.6.3 羊场废弃物资源循环利用模式

羊场废弃物资源循环利用模式，以农牧耦合为核心，实现变废为宝，主要包括"草-羊-土"平衡和"草食畜牧业-种植业"2种类型。

一、"草-羊-土"平衡

发挥草牧业不与人争粮、不与粮争地和产品环保生态的优势，因地制宜、科学载畜、过腹还田、草畜平衡，实现"种草养羊，羊粪肥田"的"草-羊-土"平衡的草牧业标准化生产。该模式将减少示范区内化肥、农药等的使用，不断改善土壤、周边水系和大气环境的质量，从而实现农业生产与环境保护协调可持续发展。

二、"草食畜牧业-种植业"

利用农区低产田，集成构建农区"草食畜牧业-种植业"平衡生产技术模式，实现种植业与养殖业的平衡发展，构建"粮-草-羊""草-羊-果-蔬"等农牧耦合的产业融合发展模式，充分实现羊场废弃物的资源化利用。

复习思考题

1. 简述羊场选址的基本要求和原则。
2. 简述羊舍建造的基本要求。
3. 简述规模化羊场常用的舍内环境智能化控制设备及系统。
4. 简述羊场内及周边空气和土壤环境质量要求及防控措施。
5. 简述羊场废弃物资源化利用的主要途径。

第10章 规模羊场经营管理

本章主要讲述规模羊场生产链各个环节的协调和持续发展。重点是财、物、技术的管理;难点是人力资源管理。

10.1 规模羊场的生产经营计划编制原则和方法

10.1.1 生产经营计划编制原则

规模羊场编制科学合理的生产经营计划必须遵循以下4项原则。

一、整体性原则

在编制计划时,必须在国家指导计划的方向上,根据市场需求,围绕羊场经营目标,处理好国家、羊场、员工三者的需求和利益关系,统筹兼顾,合理安排。计划作为行动方案,应当规定详尽的经营方向、步骤、措施和行为等内容。

二、适应性原则

羊生产是自然再生产和经济再生产过程。同时,它也是植物生产和动物生产交织在一起的生产过程,具有典型种养循环的特征,生产经营范围广泛,影响因素较多。因此,计划要有一定弹性,以适应内部条件和外部环境的变化。

三、科学性原则

编制生产经营计划要科学,从羊场实际出发,分析有利条件和不利因素,进行科学的预测和决策,使计划尽可能地符合客观实际和生产规律。编制计划使用的基础数据资料要准确,计划指标要合理,决策要理性,不能想当然。特别要注重市场需求,根据市场需求方向和容量来组织羊场生产,以销定产。此外,还应充分考虑经济周期、消费者需求和竞争对手,避免供过于求。特别是财务资金不能满打满算,要留有余地,避免处于被动局面。

四、平衡性原则

制定计划要统筹兼顾,综合考虑。羊场生产经营活动与各项计划、各个生产环节、各种生产要素及各个指标之间,应相互联系和衔接。使羊场各方面、各阶段的生产经营活动协调一致，要注重两个方面：一是加强调查研究，广泛收集分析基础数据资料，确定最适方案。二是计划指标要综合考虑，不能影响羊场的长期协调发展。

10.1.2 生产经营计划编制的方法

平衡法是羊生产经营计划编制的常用方法，它通过对指导计划任务和完成计划任务所必备条件进行分析和比较，以求得二者的相互平衡。在编制计划过程中，重点要做好草地（土地）、劳动力、设施设备、饲草饲料、资金、产销等项的平衡工作。用平衡法编制计划主要通过平衡表来实现。平衡表的基本内容包括需求量、供给量和余缺3项。计算公式为

$$结余数＝期初结存数＋本期计划增加数－本期需要数$$

上式中供给量（期初结存数＋本期计划增加数）、需求量（本期需要数）和余缺（结余数）3部分构成平衡关系，进行分析比较，揭示差额，调整计划指标，以实现平衡。

完整的计划由文字说明的计划报告和一系列计划指标组成的计划表构成。计划表是通过计划指标反映计划报告规定的任务、目标和具体内容的形式。计划报告是计划方案的文字说明部分，包括5方面内容：①分析总结羊场上期羊生产发展情况与经验教训；②分析当前羊生产和市场环境；③对计划期内羊生产和羊产品市场进行预测；④提出计划期羊场生产目标和计划的具体内容，分析计划实施的有利因素和不利因素；⑤提出完成计划要采取的组织管理和技术措施。

编制经营计划所遵循的基本程序包括：①做好总结、收集资料、分析形势、核实目标、核定计划等准备工作。主要是总结上一期计划完成情况，调查市场需求情况，分析本计划期内利弊情况。②编制计划草案。主要编制各种平衡表，试算平衡，调整余额，提出计划大纲，组织修改补充，形成计划草案。③确定计划方案。将计划草案交由有关部门审批，形成正式计划方案。

10.2 规模羊场生产计划的内容

羊场制定生产计划时应该考虑以下几个方面的内容。

10.2.1 羊场的产能和发展规模

根据占地面积，确定适宜的饲养规模，防止羊只饲养密度过大，同时饲养密度也不宜过低，造成土地资源浪费。

10.2.2 财务和资金使用计划

根据羊场规模和产能，做好饲料消耗、劳动力工资、羊场设备等项目财务计划，安排资金和银行融资方案。资金使用计划是经营管理计划中非常关键的一项工作，应本着正确开支、最大限度提高资金使用效率的原则，既不能让资金长时间闲置，造成资金资源浪费，也不要造成自有资金沉淀。要善于科学合理运用银行贷款，凡通过可行性分析的有效益项目，

就可以大胆贷款。但需注意的是资产负债率应控制在合理的范围内，同时要考虑资金杠杆大小，避免过大造成的资金紧张或断裂。

10.2.3 羊生产类型

作为羊场首先要确定生产类型，是以饲养种羊为主还是以杂交育肥为主；是自繁自养为主还是短期育肥为主。如果饲养种羊，要保证纯种饲养，防止杂交，同时将适龄繁殖母羊的比例控制在60%~77%；而对于杂交育肥的羊场，要确定最佳的杂交亲本组合，父本通常选择国外优秀品种，母本通常选择适应性强的地方优良品种；自繁自养的羊场也要注意将适龄繁殖母羊的比例控制在40%~50%之间，在条件较好的地区，可实行密集产羔，实现2年3羔或1年2羔；以短期育肥为主的羊场，要选择生长快、肉品质好的杂交羊，以及适宜的草料。

10.2.4 育种计划

规模羊场应根据羊的生产类型制定育种计划。种羊场要根据公羊和母羊的表型特征和生产性能表现开展遗传评估、选种选配，聚合优势基因型。选种选配是肉羊生产的关键环节，对种羊准确的遗传评估和科学管理是选育工作的重要前提。应建立育种档案室，由专人管理。为核心群全部种羊、育种群部分母羊和全部公羊建立完整的种羊登记卡片。种羊卡片主要记录出生年月，祖代及父母代个体生产性能记录，个体初生、断奶、4月龄、6月龄、周岁和成年生产性能测定记录，公、母羊配种记录，以及后代生产性能测定记录。详细的种羊卡片记录可积累出完整的原始资料，使育种工作顺利进行。

一、选种计划

为了加快育种进展，把后代6月龄体型外貌、体质鉴定、性能测定资料和遗传评定结果作为当年选留及扩大利用的依据。选择最优秀育成公羊的10%留作种用，其余的50%转入育种群配种，剩余40%的公羊全部育肥。在10%留作种用的公羊中再选择最优秀的30%转入核心群，余下的70%转入育种群参与配种。核心群育成母羊按照理想型分级标准鉴定，在保证核心群数量前提下，其余的一级羊转入育种群。同时将育种群中达到特、一级标准，以及繁殖率较高的育种群母羊转入核心群，充实核心群数量。成年母羊根据其后代6月龄性能测定、体型外貌鉴定，以及遗传评定结果选留。如后代鉴定级别低于其自身级别，则及时淘汰。按照上述严格选留淘汰原则，就形成了核心群选择种羊的循环过程（图10-1）。

二、选配计划

在核心群中采用个体选配。个体选配根据3条原则进行配对：①在个体选配时控制亲缘系数。②符合理想型标准而且具有某些繁殖性能特殊优点的特、一级母羊，用符合理想型且具有相同特点的特级公羊进行同质选配；③符合理想型标准，没有特别突出繁殖优点的特、一级母羊与肉用体型突出、生长发育快的特级公羊选配。在扩繁群和商品群开展等级选配，以同型选配为主，与配公羊至少比母羊高一个等级。

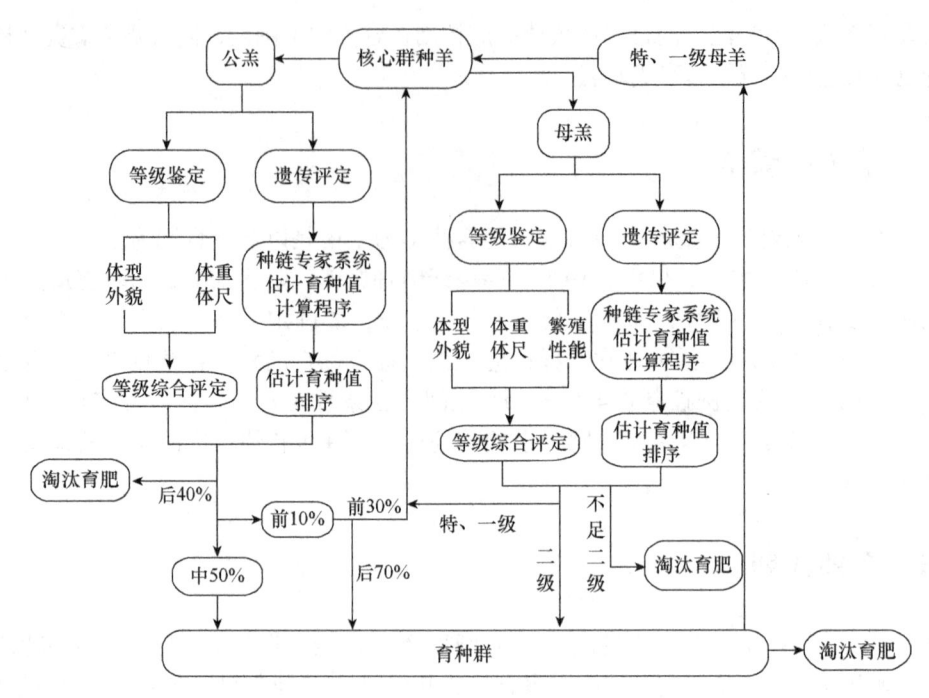

图10-1 核心群选种方法

10.2.5 饲养计划

根据羊场的性质，制定适合的饲养计划。育肥羊场制定饲养计划时应该充分考虑育肥品种、饲草料和育肥期等。品种是影响育肥效果的首要因素，因此育肥时要选择适宜的品种。饲草料要充分利用当地农作物秸秆资源和农副产品。开展饲草料加工调制，提高适口性和消化率。育肥期的长短应根据育肥羊的年龄、育肥的方式确定。农区羔羊舍饲育肥时，应确保在60d内达到上市标准；草场放牧加补饲的育肥方式，育肥期一般为60~90d。每年春初所产羔应利用夏秋季牧草放牧育肥，育肥期在90d以上；成年羊体内脂肪沉积能力有限，满膘时育肥效果会大幅下降，育肥期以60~90d为宜。

10.2.6 年度饲草料需求计划

草料供应计划是依据羊场生产周转计划及饲养消耗定额来制定的，生产中既要保证及时、充足的饲草料供应又要避免积压。饲草料费用占生产总成本的60%~70%，制定计划时既要注意饲料价格，又要保证饲料质量。

羊场对饲草料的需求是动态变化的；饲草料供给和价格是季节性变化的；饲养方式、品种和日龄的羊所需草料量是不同的；不同生理阶段羊的饲草料需求的种类、数量和质量也有差异。因此在编制饲草料需求计划时，要根据羊群饲养数量和每只羊每天平均消耗草料量，推算出整个羊场每天、每周、每月及全年各种草料的需求量。在饲草料大量上市的季节，价格便宜，要备足资金，加大收贮力度。对于放牧和半放牧羊群，要根据放牧草地载畜量，科学合理安排饲草料生产。

10.2.7 羊场产品销售计划

市场经济条件下产品销售计划是一切计划之首，其他计划必须依据销售计划来制定，羊场必须坚持"以销定产、产销结合"。制定销售计划既要考虑市场需求和可能出现的风险因素，也要有开拓市场的前瞻性，考虑扩销促产。扩大销售的途径很多，关键在于要坚持走"人无我有，人有我新，人新我优，人优我特"的路子。销售计划包括销售方针策略、销售量、销售渠道、销售收入和销售时间等。羊场销售计划种类有种羊销售计划、商品肉羊销售计划、羔羊销售计划、羊粪销售计划等。

10.2.8 成本利润计划

市场销售利润高低是经营羊场的重要问题，如果产品售出去赔钱，销售再多也没意义。生产者需根据市场羔羊（种羊）、饲料、劳动力等各种成本构成因素，对生产成本等支出进行综合测算。根据市场预测价格计算出预期收益，收入减支出即是计划生产利润。新建羊场成本利润计划需要经过一个生产周期的运行后方可验证，调整后可用于后续运营参考。成本利润计划制定后，分解到羊场的各项责任制和管理制度落实，从而实现成本控制，不断降低生产成本，避免盲目经营活动，提高羊场经济效益。

10.2.9 羊产品生产计划

一、羔羊生产计划

主要是指配种分娩计划和羊群周转计划。分娩时间的安排既要考虑气候，又要考虑牧草生长情况，最常见的是产冬羔（即在11~12月份分娩）和产春羔（即在3~4月份分娩）。产冬羔的优点是母羊体质好，受胎率和产羔率高，流产和疾病少，羔羊断奶后能够充分利用青草季节充足的牧草。产春羔的优点是母羊可在羊圈中分娩，并且夏季草场对育肥羔羊有利，但春季剧烈变化的气候易使体弱羔羊死亡。

在编制羊群配种分娩计划和羊群周转计划时需要掌握：年初羊群各类型羊的实有只数、去年交配今年分娩的母羊数、计划年生产任务的各项主要措施、母羊受胎率、产羔率和繁殖成活率等。

二、产量计划

计划经济条件下，传统产量计划依据羊群周转计划而制定。而市场经济条件下必须反过来，即"以销定产"，以产量计划倒推羊群周转计划。根据羊场不同产品产量计划可以细分为种羊供种计划、肉羊出栏计划、羊毛（绒）产量计划等。

三、羊群周转计划

羊群周转计划是制定饲料计划、劳动用工计划、资金使用计划、生产资料及设备利用计划的依据。羊群周转计划必须根据产量计划的需要来制定。羊群周转计划制定应依据不同的饲养方式、生产工艺流程、羊舍的设施设备条件、生产技术水平，以获得最佳经济效益为目标进行编制，要最大限度地提高设施设备利用率和生产技术水平。

制定羊群周转计划首先要确定羊场年初、年终的羊群结构及各月各类羊的饲养只数，计算出"全年平均饲养只数"和"全年饲养日数"。同时还要确定羊群淘汰、补充的数量，根据生产指标确定各月淘汰率和数量。具体推算程序为：根据全年肉（种）羊产品产量分月计划，倒推出相应的肉（种）羊饲养计划，以此推算出羔羊生产与饲养计划和繁殖公、母羊饲养计划。

10.2.10 配种分娩计划

配种分娩计划是羊生产计划重要环节，其制定主要依据羊群周转计划、种母羊繁殖规律、饲养管理条件、配种方式、品种、技术水平等。首先，应确定年内各月份生产羔羊数量计划；然后确定年内各月份经产及初产母羊分娩数量计划；最后确定年内各月份经产和初配母羊的配种数量计划，从而完成配种分娩计划制定。

10.2.11 疫病防治计划

疫病防治计划是对年度内羊群疫病防治所做的预先安排。疫病防治是保证羊场生产效益的重要条件，也是实现生产计划的基本保证。羊场实行"预防为主，防治结合"的方针，建立一套综合性的防疫措施和制度。其内容包括羊群的定期检查、羊舍消毒、各种疫苗的定期注射、病羊档案与隔离等。对各项防疫制度要严格执行，定期检查。

10.3 羊场的人力资源和劳动管理

规模化羊场（后称单位）的人力资源管理包括员工招聘、福利，以及处理好员工之间的关系等项目。单位应尽可能地给员工提供舒适安全的工作和生活条件。

10.3.1 人力资源部

人力资源部是指对单位中各类人员进行管理的部门，直接领导是人力资源部经理，他的直接下级是人力资源部总监或分管副总经理。该部门还有招聘主管、培训主管、绩效主管、薪酬主管和员工关系主管等。当然，有些单位根据具体情况，特别是小单位很可能一人多职。

一、人力资源部主要职责

人力资源部通常具有以下13项职责：①制定部门工作计划；②制订、修改单位各项人力资源管理制度和管理办法；③分析单位现有人力资源状况，预测人员需求，制定、修改人力资源规划；④提出岗位设置调整意见，明确部门、岗位职责及岗位任职资格，编制和修改部门、岗位职责说明书；⑤制定招聘计划，做好招聘前准备并具体负责招聘实施；⑥组织建立绩效管理体系，制订相关方案；⑦建立和完善员工培训体系，努力提高员工素质；⑧制定单位的薪酬、福利和员工保险方案；⑨做好员工人事档案管理工作；⑩办理员工迁调、奖惩、考察、选拔、聘任、解聘、离职和退休等事宜；⑪做好劳动合同管理、劳动纠纷处理和劳动保护工作；⑫及时与各部门沟通、协调，协助各部门做好员工管理工作；⑬完成单位领导交给的其他任务。

二、人力资源部主要权力

人力资源部通常行使9项权利：①对单位编制内招聘有审核权；②对单位员工手册有解释权；③有关人事调动、招聘、劳资方面的调档权；④对限额资金使用有批准权；⑤有对人力资源部所属员工和各项业务工作的管理权和指挥权；⑥对所属下级的工作有指导、监督、检查权；⑦有对直接下级岗位调配的建议权、任用的提名权和奖惩的建议权；⑧对所属下级管理水平和业务水平有考核权；⑨有代表单位与政府相关部门和社会团体、机构联络的权力。

三、人力资源部管辖范围

①人力资源部所属员工。②人力资源部所属办公场所及卫生责任区。③人力资源部办公用具和设施设备。

四、人力资源部领导的本职工作

1. 人力资源部经理的本职工作　全面负责单位各项人力资源的管理，为单位提供和培养合格的人才。

2. 招聘主管的本职工作　负责本单位招聘事项，保证单位的用人需求。

3. 绩效主管的本职工作　负责本单位的绩效考核，对绩效考核工作承担组织、协调责任。

4. 薪酬主管的本职工作　负责单位的薪酬福利工作，进行薪酬政策制定、调整及发放工作，保证员工福利，社会保险的缴纳协调工作。

5. 员工关系主管的本职工作　负责本单位的劳动关系管理工作，有效处理单位与员工之间劳动争议事项。

10.3.2　人力资源部管理基本理论

人力资源管理的精准表述就是"五个正确"，即"在正确时间，选择正确的人，安排到正确的职位上，发挥其正确的作用，从而实现单位正确的战略目标"。其根本目的是通过实施人力资源管理，全面提升单位核心竞争力，支撑单位可持续发展。

一、人力资源管理的四大机制

1. 牵引机制　牵引机制是指通过明确组织对员工的期望和要求，使员工能够正确地选择自身的行为，最终组织能够将员工的努力和贡献纳入到帮助单位完成其目标、提升其核心能力的轨道中来。主要依靠以下管理模块实现：职位说明书；关键绩效指标（KPI）体系；培训开发体系；单位文化与价值观体系。

2. 激励机制　激励的本质是员工去做某件事的意愿，这种意愿是以满足员工的个人需要为条件的。主要依靠以下3个管理模块和具体工作来完成：薪酬福利管理体系；职业生涯管理与任免迁调制度；分权与授权。

3. 约束机制 其本质是对员工的行为进行限定，使其符合单位发展要求的一种行为控制，它使得员工的行为始终在预定的轨道上运行。主要包括两个体系和两个具体制度：以KPI体系为核心的"绩效管理体系"；以任职资格体系为核心的"职业化行为素质与能力素质评价体系"，包括《员工职业行为规范》和《员工奖惩制度》。

4. 竞争淘汰机制 将不适合组织成长和发展需要的员工释放于组织之外，同时将外部市场的压力传递到组织中，从而实现对单位人力资源的激活，防止人力资本"沉淀"和"缩水"。在具体的管理制度上主要体现为：竞聘上岗制度，真正做到"能者上、平者让、庸者下"。末位淘汰制度是一个好坏参半的有争议的制度，实际情况是，优秀的团队也会有优劣之分，总有人排在末位。员工退出制度，退休、开除、辞退等。

二、人力资源管理的五大基本职能

1. 选人 即要招聘最适合单位岗位需求的人才。"过高"是浪费，"过低"不匹配。

2. 育人 通过培训教育，不断提升员工的专业技能和综合素质，改善绩效，提升工作效率和员工价值，实现单位与员工的双赢。

3. 用人 把人放在合适的职位上，发挥出最大的潜能。

4. 留人 帕累托定律说20%的骨干员工为单位创造80%的价值。建立"留人机制"，务必将约占20%的骨干员工留住。

5. 淘汰人 淘汰不具备任职资格条件和不能胜任职位工作的人员。

10.3.3 人员招聘

现在羊场人员流动频繁，员工招聘是羊场经营管理的一项经常性工作。员工招聘数量依据羊场产能规模而定。规模化羊场一般包括管理人员（场长、生产主管、财务主管等）、技术员（畜牧人员、兽医、人工授精人员等）、财务人员（会计、出纳员）、生产人员（饲养员、饲料加工人员等）和后勤人员（总务、采购人员、门卫等）。多数羊场愿意招聘"夫妻工"，就是把夫妇俩同时招聘进场。

随着羊生产向规模化标准化生产发展，养羊的专业化程度越来越高，对劳动力的素质要求也越来越高。羊场员工的素质主要包括业务素质和行为素质。业务素质是相关人员在完成养殖活动过程中综合能力的体现，良好的业务素质是养殖成功的保障，包括主观心理特征和畜牧专业技巧等。只有具备一心搞好养殖的主观心理特征，才能真的养好羊。

10.3.4 劳动管理

一、劳动组织形式

1. 生产责任制 实行生产责任制可以充分调动员工生产积极性，加快生产发展，改善经营管理，提高劳动效率。要明确每一位员工的职责范围、具体的任务和工作量，严格考核，奖惩分明，做到分工明确、责任到人。

2. 承包责任制　　以承包经营合同的形式，确定羊场和承包者的责权关系，承包者自主经营自负盈亏。在规模羊场中，这种形式可以减少经营的风险、调动员工的积极性。

3. 股份合作制　　全体员工自愿入股，实行按资分红相结合，其利益共享、风险共担，独立核算、自负盈亏。这种经营方式一方面解决了资金不足的问题，另一方面还让员工拥有参与决策和管理的权利，可充分调动积极性。

二、劳动组织结构

为充分合理利用劳动力，必须建立健全的劳动组织。根据经营范围和规模的不同，各羊场劳动组织的形式和结构也有所不同。大中型羊场一般包括场长、副场长、畜牧师、兽医师、科长、班组长等组织领导结构及职能机构。根据生产工艺流程将生产劳动细化为种公羊组、配种组、母羊组、羔羊组、育肥组、饲料组和清粪组等。人员配备要依据个人劳动态度、技术专长、体力和文化程度等具体条件，合理进行搭配，科学组织。

三、劳动纪律

劳动纪律是员工劳动时必须遵守的制度。为强调劳动纪律，应制定好生产操作规程，并进行岗前培训。操作规程包括以下内容：对饲养任务提出生产指标，使人员有明确的目标；指出不同羊群饲养管理要点，提出切合实际的要求。

四、劳动定额

劳动定额是科学组织劳动的重要依据，是羊场计算劳动消耗和核算产品成本的尺度，也是定员定编的依据。制定劳动定额必须遵守以下原则。

1. 劳动定额要先进合理　　劳动定额的编制必须依据以往的经验和目前的生产技术及设施设备等具体条件，以羊场中等水平劳动力所能达到的数量和质量为基准，高低适度。科学合理的劳动定额应保证一般水平员工经过努力能达到，高水平员工经过努力能超产。

2. 劳动定额指标应达到数量和质量标准的统一　　例如，确定一个饲养员养羊数量的同时，还要确保羊的成活率、生长速度、饲料报酬、药品费用等指标。

3. 各劳动定额间应平衡　　不论是养种公羊还是种母羊或者清粪工作，各种劳动定额应公平化。

4. 劳动定额应简单明了　　羊场劳动定额及技术指标在保证科学合理的前提下，尽量简单明了，便于实施应用，以最大化地提高生产效率。

五、劳动报酬和激励

人是生产要素中最活跃的部分，羊场目标的实现最终取决于人的积极性。劳动报酬和激励是规模羊场人力资源管理中的重要项目，关乎企业兴衰。劳动报酬形式分为基本工资制、浮动工资制、联产计酬、奖金和津贴构成。

10.4　羊场的财务部和财务管理

经济核算和规范化的财务管理是从事生产前必须仔细思考的问题，因为养殖的首要目标就是达成盈利。

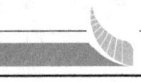

10.4.1 财务部

财务部是负责财务管理的职能部门,有筹资管理、财务管理和投资管理3项职能。它在羊场整体目标下开展投资、筹资、营运资金和利润分配。

一、财务部组成

一般由首席财务官、总会计师、财务总监、资金总监、财务部经理、审计主管、会计、助理会计、出纳员、收银员等组成。

二、财务部目标

利润最大化、管理者收益最大化、企业财富价值最大化和社会责任最大化。

三、财务部内容

财务部的基本职责通俗地讲就是反映、监督和纳税。①起草编制公司年度经营计划、年度财务预算;执行、监督、检查、总结经营计划和预算的执行情况;②执行国家财务会计政策、税收政策和法规,制订和执行公司会计政策、纳税政策及其管理政策;③整合公司业务体系资源,实现公司整体利益的最大化;④公司的会计核算、会计监督工作,公司会计档案管理及合同(协议)、有价证券、抵(质)押凭证的保管;⑤编写公司经营管理状况的财务分析报告;⑥负责公司股权管理工作,实施对全资子公司、控股公司、最大股东公司、参股公司的日常管理、财务监督及股利收缴工作;⑦组织经济责任制的实施工作,下达各中心核算与考核指标,组织业务考核和评价;⑧综合统计并分析公司债务和现金流量及各项业务情况;⑨防范融资风险,研究公司融资风险和资本结构,进行融资成本核算,提出融资计划和方案;⑩负责公司存货及低值易耗品盘点核对,会同公司其他部门做好盘点清查工作,提出日常采购、领用和保管等工作建议和要求;⑪公司总经理授权或交办的其他工作。

10.4.2 投资核算

投资分为固定投资费用、流动投资费用、不可预见投资费用3部分的费用。①羊场固定投资包括建筑工程费用、设备购置费用,可根据当地的土地、土建和设备价格,粗略估算固定资产投资额;②羊场的流动投资包括饲料、药品、水电、燃料、人工费等各种费用,可根据羊场规模、羊的购买、人员组成及工资定额、饲料和能源价格粗略估算流动资金额;③羊场不可预见投资主要包括建筑材料、生产原料的涨价,其次是其他不可预见的变化导致的损失。

10.4.3 利润核算

羊场的年利润是指该年度的销售收入减去总成本的部分。销售收入包括羊只和其他副产品销售收入的总和。总成本包括饲料成本、人工成本、水电成本、防疫成本,以及折旧等费用。

一、收入核算

羊产业是国家扶持行业,缴纳增值税,在所得税上有优惠,应根据政策规定的减免比例核算当年应缴的所得税额。羊场的销售收入主要来源为育肥羊或种羊。场中有其他副产品时应核算其销售额,如羊粪或者有机肥等。

二、成本核算

羊场饲料成本根据不同阶段饲料的价格以及羊只数量进行核算,人工成本根据员工工资和福利等费用进行核算。另外还包括在生产过程中消毒用品、疫苗及药品等防疫费用,以及设备设施的折旧费用等都应核算在内。

10.4.4 资金筹措和使用

一、资金筹措

筹资是指羊场通过各种渠道和方式筹措资金的财务活动,它是养殖场资金运动的起点。目前,羊场的筹资渠道包括国家财政资金和集体积累资金、专业银行信贷资金、非银行金融机构资金、羊场内部积累资金、社会闲置资金等。筹资方式有财政拨款、补偿贸易、发行股票和债券等。无论如何筹资,应力求养殖场总资金成本最低为好。对于羊场发展所需贷款方面,只要经过严谨的可行性论证,就要敢于利用银行贷款渠道加快羊场发展。

二、资金使用

规模羊场在使用自有资金前,要进行细致充分的分析,制定完善的资金使用计划。要本着节减开支,最大限度提高资金使用效率的原则;要统筹考虑,尽量盘活资金,不要造成自有资金闲置浪费,也要控制资金链断裂的风险;要保证生产所需资金能及时到位,保证羊场可持续运营。

10.5 提高羊场生产效率和经济效益的主要途径

提高羊场的经济效益的主要途径无外乎是提高收入并降低成本。生产管理模式、母羊繁殖率、育肥效率,以及产品价值等因素显著影响养殖收入;成本控制方面主要考虑如何降低饲料成本。

10.5.1 工厂化养羊的生产管理模式

工厂化养羊管理模式主要有大循环和小循环2种类型。

一、大循环管理模式

大循环模式以分场为基本管理单位,分场存栏5000只种母羊,采取三段式饲养:即"空怀配种"阶段、"围产期（妊娠后期）"阶段和"产羔护羔"阶段。与其相对应的是建设三种不同规格的羊舍，即"空怀配种"羊舍、"围产期"羊舍和"产羔护羔"羊舍。根据饲养阶段配备饲养员，即"空怀配种"饲养员、"围产期"饲养员和"接产护羔"饲养员。

大循环模式优点：专业人做专业事，充分发挥饲养人员专业特长；分阶段饲养，饲料生产和投料比较方便；空怀羊集中，利于人工授精。

大循环模式缺点："活"是自己的，羊是公共的，饲养员仅对特定饲养阶段负责，不关心下一阶段饲养质量；转群距离较远，增大工作量和转群应激。

二、小循环管理模式

小循环管理模式以4栋羊舍饲养1250只种母羊为1个基本管理单元，也分为"空怀配种""围产期""产羔护羔"3个阶段，种羊根据不同阶段在单元内进行转群。每个单元配备一组管理人员，4个管理单元组成一个分场，总饲养规模5000只种母羊。

小循环模式优点："三定"，即定人、定羊、定栏。饲养员对所有工序要全程负责，"活"是自己的，羊也是自己的；有利于推行无底薪计件工资，以出栏断奶羔羊数取酬，拉开收入差距，调动员工积极性；转群距离较小，劳动量较少，羊应激小；利于推行分场、场和公司三级目标责任制考核，形成薪酬激励机制。

小循环模式缺点：要求饲养员对三阶段饲养技术都掌握，增大了技术培训难度；羊群相对比较分散，增大了分料、投料难度。

10.5.2　提高繁殖率

提高母羊繁殖率是增加收入的重要手段，需抓好品种选育、选种选配，以及利用好现代繁殖技术等各方面。

首先要结合当地的资源和环境，选择适宜的饲养品种。例如，湖羊、小尾寒羊等繁殖力高、适应性强的品种是作为基础母羊的首选。种公羊应从多羔母羊的后代中选育，母羊同样要从多羔母羊后代中选择并兼顾泌乳性能。

利用现代繁殖技术也可提高母羊繁殖率。例如，人工授精比自然交配更能提高优秀种羊利用率、母羊受配受胎率、生殖器官疾病发生率。同期发情技术可实现密集产羔，便于规模化管理，也能缩短母羊繁殖周期。此外，超数排卵、早期妊娠诊断等技术均能够用于提高母羊繁殖率。

10.5.3　提高羔羊成活率

减少羔羊死亡率对于提高羊场生产效率也是至关重要的。羔羊缺乏抗体、体温调节机能不完善，极易发病。合理地对羔羊进行饲养管理，有利于个体发育，提高成活率。因此，在胚胎期和哺乳期要做好母羔一体化管理。

10.5.4　提高育肥效率

从羔羊断奶至出栏上市这段时间为育肥期。相比于成年羊肉，人们愈发偏爱于瘦肉多、脂肪少、肉质鲜嫩、膻味小的肥羔肉。因此，提高羔羊育肥效率是提高羊场经济效益的重要手段。

一、肥羔品种选择

不同品种肉羊增重遗传潜力是不同的。最适于育肥的肉羊品种应具备早熟性好、体重大、生长速度快、繁殖率高、肉用性能好、抗病性强等特征。杜泊羊、萨福克羊、夏洛莱羊、波尔山羊及其改良羊的育肥效果通常好于本地品种。杂交羊的生长速度、饲料利用率往往超过双亲品种。小型早熟羊和肉用羊比大型晚熟羊、乳用羊能更早进入育肥阶段。饲养这类羊能提高出栏率、屠宰率、净肉率，并节约饲养成本。

二、加强育肥期饲养管理

常见的羔羊育肥技术为45日龄早期断奶羔羊的强度育肥。羔羊早期育肥时，为了预防羔羊疾病，常用些抗生素添加剂。在出栏前按规定停药期停药，不使用国家禁用的饲料添加剂和药物添加剂。

羔羊早期（3月龄以前）生长发育快，脂肪沉积少，胴体增重加大于非胴体部分（如头、蹄、毛、内脏等）。消化方式与单胃家畜相似，食物不经瘤胃而由食道沟进入真胃消化，饲料利用率高。因此，采用45日龄早期断奶全精料育肥能获得较高屠宰率、饲料报酬和日增重。

饲喂方式采用自由采食、自由饮水。饲料最好采用自动饲槽投放，防止羔羊四肢踩入槽内，造成饲料污染。如发现某些羔羊啃食圈墙时，应在运动场内添设盐槽，槽内放入食盐或食盐加等量的石灰石粉。育肥期长短取决于育肥终体重，一般为50～60d。大型品种羔羊3月龄育肥终重可达到35kg以上，一般细毛羔羊和非肉用品种育肥50d可达到25～30kg。

10.5.5　降低羊群死亡率

生产过程中必须遵循"防重于治、养防并重"的原则，加强饲养管理，增强羊抗病力、减少疾病发生。

一、加强饲养管理，增强羊只抗病力

羊免疫系统对营养的过剩和缺乏都很敏感，但获得最大免疫力所需要的营养水平要高过正常生产所需，但过多可能引起其他营养素的继发性缺乏或免疫抑制。一般来说，微量营养素（如低聚糖、维生素和矿物元素）比常量营养素对免疫系统影响更大。因此，生产过程中要重视营养调节。此外，应重视饮水和饲料的安全问题，以防对羊群健康产生不利影响。水源的位置要远离生产区和其他污染源，并定期清洗和消毒饮水用具。饲料方面要注意谨防农药、杀虫剂等有毒有害物质的污染。使用添加剂时，注意是否存在毒副作用。还要防止存储不当导致的饲料中滋生有害的腐败性微生物，进而导致羊只患病或死亡。

二、注重消毒、免疫及驱虫，避免病原体的侵袭

1. 消毒　定期、严格地执行消毒、免疫和驱虫程序能够有效地避免病原体的侵袭并降低羊群的死亡率。消毒可采用物理消毒、化学消毒和生物消毒3种方式。物理消毒法是一种简便经济的消毒方法，包括清除、煮沸、干热、火焰焚烧、过滤、紫外消毒等。化学消毒法也是生产中常用的消毒方法，包括浸洗法、喷洒法、熏蒸法和气雾法。主要应用于养殖场内畜舍、饲槽、各种物品表面及饮水消毒等。生物消毒法是利用微生物在氧化分解污物过程

所产生的热能来杀死病原体。粪便和土壤中存在的大量嗜热菌可以在高温下繁衍，在堆肥的开始阶段发酵可使堆肥内温度提高到30~35℃，此后嗜热菌便发育而将堆肥的温度提高到60~75℃，大多数病原菌、寄生虫幼虫和虫卵在此温度下死亡。

2. 免疫　　疫苗接种是减少疾病发生的有效措施，免疫接种所用的疫苗分为活疫苗和灭活苗两类。活疫苗（弱毒苗）具有产生免疫快、免疫效力好、接种方法多和免疫期长等特点，但存在散毒、造成新疫源，以及毒力返祖等不安全风险；灭活苗具有安全性好、便于运输保存，以及适用于多毒株或多菌株制成多价苗等优点，但成本高、免疫途径单一。羊场常用的疫苗包括羔羊痢疾、羊痘、口蹄疫、伪狂犬、羊流行性乙型脑炎、布鲁氏菌病等疫苗。接种方法包括皮内注射、皮下注射、肌内注射法。

3. 定期驱虫　　应建立完善的驱虫制度，坚持定期驱虫。驱虫前先进行小群试验，再进行全群驱虫。驱虫应在专门的有隔离条件的场所进行，驱虫后排出的粪便应统一集中发酵处理。此外，应科学选择和轮换使用抗寄生虫药物，减轻药物不良反应，减少寄生虫抗药性的产生。体外寄生虫如疥螨、痒螨、蜱等，一般每年驱虫2次，可选用敌百虫、双甲脒、辛硫磷、二嗪农、毒蝇磷、溴氰菊酯等进行喷洒或药浴；杀灭吸血昆虫可采用消灭生存环境、灭蚊灯、墙壁门窗喷洒防蚊虫药剂或蚊香等；驱除线虫、吸虫等体内寄生虫可根据情况选用伊维菌素、多拉菌素、左旋咪唑等药物；抗球虫可选用氨丙啉、莫能菌素等。

目前常规预防多采用春秋2次或每年3次驱虫，也可依据化验结果确定，对外地引进的羊必须驱虫后再合群。放牧羊群消化道寄生虫感染普遍，在秋季或入冬、开春和春季放牧后4~5周各驱虫一次。羔羊在2月龄进行首次驱虫，母羊在接近分娩时进行产前驱虫，寄生虫严重地区可在母羊产后3~4周再驱虫一次。

4. 及时诊断，减少死亡率　　发生羊病时，应及早诊断，尽快确诊和制定有效的防治方案。一旦发现疫情，要按有关法律法规的要求，逐级上报，由动物防疫人员现场诊治。治疗病羊时，要建立用药记录，确保动物及其产品在用药期、休药期内不用于食品消费。

10.5.6　降低饲料成本

如何在保证生产性能的前提下降低饲料成本是提高羊场经济效益的关键。首先要根据生产阶段科学合理地制定日粮配方。全混合日粮必须要合理加工，将精饲料和粗饲料比例控制在1:（2.3~4）之间，育肥羊精饲料比例可适当提高。绵羊全混合日粮干物质含量保持在50%±5%，山羊全混合日粮干物质含量在58%±3%。要因地制宜地选用饲料原料，以降低成本。尽量选择来源广泛、价格低廉、质量可靠的饲料作为配合饲料的主要原料。

花生秧、红薯秧、豆秧等是养羊必备的优质秸秆，但价格较高。针对秸秆价格高的情况，可通过以下三种途径来解决：一是大力开展玉米秸秆青贮，70%的饲草可用青贮玉米秸代替；二是充分利用工业副产品，如菌渣、豆腐渣、啤酒渣、苹果渣、玉米渣等；三是种植紫花苜蓿、墨西哥玉米、皇竹草等高产的牧草。

10.5.7　增加产品价值，加强销售管理

一、生产优质羊肉

随着生活水平的提高，消费者对羊肉的需求逐渐由数量向质量转变，生产优质羊肉不仅

有巨大的市场需求，还能提高羊场产品销售价格，增加养殖效益。

生产优质羊肉的措施多种多样，主要包括：①生产羔羊肉，实现当年羔当年出栏，提高养殖效率与效益。②采用短期育肥技术，通过调整日粮组成改善肉质。例如，高蛋白质饲料能增加羔羊的腹脂质量、背膘厚和肌肉脂肪含量，添加半胱氨酸可以提高肌肉的肉色、大理石纹等级，添加红花籽可以增加羊肉嫩度、增加不饱和脂肪酸含量，改善羊肉风味。③选择优质肉羊品种，开展杂交改良。④控制好环境，改善羊舍小气候，保证冬暖夏凉，提高羊肉品质。⑤宰前禁食有异味的饲料，屠宰前10～20d禁食尿素、鱼粉等影响羊肉风味的饲料。

在生产优质羊肉过程中要注意：①加强药物使用管理，使用绿色添加剂和中草药添加剂来防止疾病，少用或不用抗生素。严禁使用假药、不合格药品，严禁使用有致畸、致癌、致突变和未经农业农村部批准的药物，严禁使用已被淘汰的药物，严禁使用激素类药物、镇静药、催眠药、瘦肉精、氯霉素等。②严把饲料原料质量关，保证原料无污染。对动物性饲料要进行彻底无菌处理，使用鱼粉要严格检疫，避免微生物含量超标。配合饲料科学处理，避免在加工调制与储运过程中被微生物污染。注意水源选择和保护，保证饮用水符合卫生标准。③加强环境消毒卫生，保持洁净的环境和清新的空气；加强种畜和引种的检疫；加强羊场消毒、卫生和免疫接种。

二、加强销售管理

羊场的销售管理包括销售市场调查、销售策略、计划制定、促销措施落实、市场开拓、产品售后服务等。市场营销需要研究消费者的需求状况及其变化趋势。在保证产品质量的前提下，利用各种机会和渠道刺激消费、推销产品。

1. 加强宣传、树立品牌 有了优质产品，还需要加强宣传，将产品推销出去。一个好羊场，首先应对羊场形象及其产品进行策划设计，借助广播电视、报刊等各种媒体做广告宣传，以提高羊场及产品的知名度，甚至创造品牌。

2. 加强营销队伍建设 一是要根据销售服务和劳动定额，合理增加促销人员，加强促销力量，不断扩大促销辐射面。二是要努力提高促销人员业务素质，经常对促销人员进行业务知识培训和职业道德、敬业精神教育，为用户提供满意的服务。

3. 积极做好售后服务 售后服务是争取用户信任，巩固老市场、开拓新市场的关键。种羊场要高度重视，扎实认真地做好此项工作。在服务上，一是要建立售后服务团队，深入用户做好技术咨询服务；二是对出售的种羊等提供系谱、防疫、驱虫程序和饲养管理等相关技术资料和服务跟踪，规范售后服务，及时通过用户反馈的信息改进羊场工作。

复习思考题

1. 简述规模羊场的生产经营计划编制原则。
2. 简述肉羊生产过程个体选配的三条原则。
3. 简述规模羊场生产计划的内容。
4. 简述提高羊场生产效率和经济效益的主要途径。
5. 简述提高育肥效率及降低羊群死亡率的主要方法。

第11章 规模羊场生物安全和疾病防治

本章主要讲述羊场生物安全、疾病预防、诊断方法和常见羊病。重点是规模化羊场的生物安全;难点是羊病的检测与诊断。

11.1 羊场的生物安全

11.1.1 羊场的生物安全带

羊场四周设置围墙和防护林带,最好在院墙外面建蓄水防疫沟,防止闲杂人员或动物进入种羊场。同时,利用羊舍间防疫间距进行绿化布置,有利于净化空气和防疫。

11.1.2 羊场害虫控制

蚊、蝇和虻是传播疾病的主要生物媒介,是羊场生物安全的重大威胁。应在污水沟定期投放相应的消杀药物,在场区设置诱虫水池或悬挂灭蚊蝇装置。

利用蚊、蝇、虻的喜水、喜草和喜臭味的特性,在离羊舍5～10m的位置建造水池,种植水稻或稗草。池中央距水面高度1m处悬挂高光度青光电子灭蝇灯,这样可以诱杀虻、蚊子和苍蝇。池水中设置电极,每隔1d启动一次,每次工作30min,即可杀死水中的虻、蚊幼虫。对于羊场的粪便存贮设施及粪堆要用塑料薄膜覆盖,减少苍蝇滋生。

11.1.3 病死羊处理

在隔离舍附近应设置掩埋病羊尸体的深坑(井),对于病死羊要及时进行深埋、焚化等无害化处理,防止病原微生物传播。此外,用黑水虻等昆虫处理尸体效果也很好。对场地、人员、用具应选用适当的消毒药及消毒方法消毒。

病羊和健康羊要分开喂养,专人管理。对病羊停留的场所、污染的环境和用具都要消毒。当局部的草地被病羊排泄物、分泌物或尸体污染后,可选用含有效氯2.5%的漂白粉溶液、40%的甲醛或10%的氢氧化钠等消毒液喷洒消毒。

11.2 羊病预防

羊病包括传染病、寄生虫病和普通病三大类。传染病是由病原微生物（如细菌、病毒、支原体等）侵入羊体引起的。病原微生物在繁殖过程中产生大量毒素或致病因子，损害羊机体和功能，如不及时治疗，常引起死亡。病原微生物会从病羊体内排出，通过直接接触或间接接触传染给其他羊。有些烈性传染病可使羊大批死亡，造成严重经济损失。寄生虫（如蠕虫、线虫、昆虫、原虫等）对羊器官、组织造成损伤，夺取营养或产生毒素，使羊营养不良，生产性能下降，严重者可导致死亡。寄生虫病与传染病有类似之处，即具有侵袭性，使多数羊发病。普通病是指除传染病和寄生虫病以外的疾病，包括内科病、外科病、产科病等。这类疾病是由于饲养管理不当，营养失调，误食毒物，机械损伤，异物刺激或其他外界因素所致。普通病与上述两类疾病不同之处是没有传染性或侵袭性，多为零星发生。

羊病防治必须坚持"预防为主"的方针，采取加强饲养管理、做好环境卫生、开展防疫检疫、定期驱虫、预防中毒等综合性防治措施。

11.2.1 加强饲养管理

一、坚持自繁自养

羊场或养羊专业户应选养健康的良种公羊和母羊，自行繁殖，提高羊品质和生产性能，防止因引入新羊带来病原体。

二、合理组织放牧

合理放牧与羊生长发育和生产性能关系密切。应根据羊品种、年龄、性别的差异，实施编群放牧。为了减少牧草浪费和羊群感染寄生虫，应推行划区轮牧制度。

三、适时进行补饲

对正在发育的幼龄羊、妊娠期和哺乳期的成年母羊和配种期的公羊进行补饲，可增强抗病能力。

11.2.2 做好环境卫生

环境污秽会导致病原体滋生和疫病传播，羊舍、羊圈、场地及用具应保持清洁干燥，饲草饮水要清洁，不能让羊饮用污水和冰冻水。老鼠、蚊、蝇等是病原体的宿主和携带者，能传播多种传染病和寄生虫病，应定期扑杀。

11.2.3 严格执行检疫制度

检疫是疫病防控的有效手段，羊从生产到出售，要经过出入场检疫、收购检疫、运输检疫和屠宰检疫，涉及外贸时，要进行进出口检疫。羊场或养羊专业户引进羊时，只能从非疫区购入，并有检疫合格证明书；运抵目的地后，再经羊场所在地兽医检疫并隔离观察1月以上，方可与原有羊混群饲养。羊场采用饲料和用具要从安全地区购入，以防疫病传入。

11.2.4 有计划地进行免疫接种

影响免疫接种效果的因素很多。妊娠母羊，特别是临产前母羊，接种疫苗有时会发生流产或早产。哺乳期母羊免疫接种后，有时会暂时减少泌乳量。羔羊可通过初乳摄入母源抗体，因而要等到母源抗体水平降至较低水平后再免疫。处于幼龄期、虚弱期、慢性疾病期、妊娠后期的羊只暂时不接种。对那些饲养管理条件差的羊群，应该先改善饲养管理条件再免疫接种。总之，羊场应根据各种疫苗的免疫特性来合理地安排免疫程序。目前我国常用疫苗的免疫程序如下所示。

（1）无毒炭疽芽孢苗：预防羊炭疽。绵羊皮下注射0.5ml，注射后14d产生强免疫力，免疫保护期1年。山羊不能用。

（2）第Ⅱ号炭疽芽孢苗：预防羊炭疽。绵羊和山羊均皮下注射1ml，注射后14d产生免疫力，免疫保护期1年。

（3）炭疽芽孢氢氧化铝佐剂苗：预防羊炭疽，系无毒炭疽芽孢苗或第Ⅱ号炭疽芽孢苗的浓缩制品。使用时，以1份浓苗加9份20%氢氧化铝稀释剂，充分混匀后即可注射。其用途、用法与各自芽孢苗相似。使用该疫苗可减轻注射反应。

（4）布鲁氏菌羊型疫苗：预防羊布鲁氏菌病。本苗也可供注射或口服用，也可进行气雾免疫，室内进行气雾免疫时每立方米用50亿菌，喷雾后羊群需在室内停留30min；室外进行气雾免疫时每只羊用50亿菌，喷雾后羊群需在原地停留20min。在使用此苗进行羊气雾免疫时，操作人员需注意个人防护，应穿专业工作服，戴大而厚的口罩。

（5）破伤风明矾沉降类毒素：预防破伤风。绵羊和山羊各颈部皮下注射0.5ml。平时均为1年注射1次。注射1月后产生免疫力，保护期1年，第二年再注射1次，免疫力可持续4年。

（6）破伤风抗毒素：供羊紧急预防或防治破伤风之用。皮下或静脉注射，治疗时可重复注射1至数次。预防剂量：1200～3000抗毒单位；治疗剂量：5000～20 000抗毒单位。免疫保护期2～3周。

（7）羊快疫、猝击、肠毒血症三联灭活疫苗：预防羊快疫、猝击、肠毒血症。成年羊和羔羊皮下或肌内注射5ml，注射后14d产生免疫力，免疫保护期6月。

（8）羔羊痢疾灭活疫苗：预防羔羊痢疾。妊娠母羊分娩前20～30d第一次皮下注射2ml，14d后再免，皮下注射3ml。母羊经乳汁可使羔羊获得母源抗体。

（9）羊黑疫、快疫混合灭活疫苗：预防羊黑疫和快疫。氢氧化铝灭活疫苗，皮下或肌内注射3ml，注射后14d产生免疫力，免疫保护期1年。

（10）羔羊大肠杆菌病灭活疫苗：预防羔羊大肠杆菌病。3月龄至1岁龄的羊皮下注射2ml；3月龄以下的羔羊皮下注射0.5～1.0ml，注射后14d产生免疫力，免疫保护期5月。

（11）羊厌气菌氢氧化铝甲醛五联灭活疫苗：预防羊快疫、羔羊痢疾、猝击、肠毒血症和羊黑疫。皮下或肌内注射5ml，注射后14d产生免疫力，免疫保护期6月。

（12）肉毒梭菌（C型）灭活疫苗：预防羊肉毒梭菌中毒症。绵羊皮下注射4ml，免疫保护期1年。

（13）山羊传染性胸膜肺炎氢氧化铝灭活疫苗：预防由丝状支原体山羊亚种引起的山羊传染性胸膜肺炎。皮下注射，6月龄以下的山羊3ml，6月龄以上的山羊5ml，注射后14d产生免疫力，免疫保护期1年。本品限于疫区内使用，注射前应检查羊只健康状况，凡出现发热或表现病症的不予注射。注射后10日内要经常检查，有异常反应者，应进行治疗。

（14）羊肺炎支原体氢氧化铝灭活疫苗：预防绵羊和山羊由绵羊肺炎支原体引起的传染性胸膜肺炎。颈侧皮下注射，成年羊3ml，6月龄以下幼羊2ml，免疫保护期可达1.5年以上。

（15）羊痘鸡胚化弱毒疫苗：预防绵羊痘，也可用于预防山羊痘。冻干苗按瓶签上标注的疫苗量，用生理盐水25倍稀释，振荡均匀。羊不论年龄大小，一律皮下注射0.5ml，注射后6d产生免疫力，免疫保护期1年。

（16）山羊痘弱毒疫苗：预防山羊痘和绵羊痘。皮下注射0.5~1.0ml，免疫保护期1年。

（17）兽用狂犬病ERA株弱毒细胞苗：预防犬类和其他家畜（羊、猪、牛、马）的狂犬病。用灭菌蒸馏水或生理盐水稀释，2月龄以上羊注射2ml。免疫保护期半年至1年。

（18）羊链球菌病活疫苗：预防绵羊和山羊败血性链球菌病。注射用苗以生理盐水稀释，气雾用苗以蒸馏水稀释。每只羊尾部皮下注射1ml（含50万活菌），2岁以下羊用量减半。露天气雾免疫每头剂量3亿活菌，室内气雾免疫每头剂量3000万活菌。免疫保护期1年。

11.2.5 做好消毒工作

消毒是贯彻"预防为主"方针的重要措施，消毒主要有化学药物消毒和火焰消毒两类。能用火焰消毒的地方尽量用火焰消毒，如水泥地面、食槽、过道等。

一、羊舍消毒

羊舍消毒每年春秋各1次。产房的消毒在产羔前应进行1次，产羔高峰时进行多次，产羔结束后再进行1次。在病羊舍、隔离舍的出入口处应放置浸有消毒液的麻袋片或草垫。羊舍消毒分为2步，第一步先进行机械清扫；第二步用消毒液或火焰消毒。用化学消毒液消毒时，消毒液的用量，以羊舍内每平方米面积用1L药液计算。常用的消毒药有10%~20%石灰乳、10%漂白粉、0.5%~1.0%菌毒敌（原名农乐，同类产品有农福、农富、菌毒灭等）、0.5%~1.0%二氯异氰尿酸钠（以此药为主要成分的商品消毒剂有强力消毒灵、灭菌净、抗毒威等）、0.5%过氧乙酸等。消毒方法是将消毒液盛于喷雾器内，先喷洒地面，然后喷墙壁，再喷天花板，最后再开门窗通风，用清水刷洗饲槽、用具，将消毒药味除去。

二、土壤消毒

土壤表面可用10%漂白粉、4%福尔马林或10%氢氧化钠。对停放过传染病致死羊尸体的场所，应先将地面翻一下，深度约30cm，在翻地的同时撒上干漂白粉（用量为每平方米面积0.5kg），然后以水泅湿，压平，如果放牧地区被某种病原体污染，利用自然因素（如阳光）来清除病原体；如果污染的面积不大，则应使用化学药物消毒。

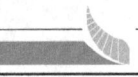

三、粪便消毒

羊粪便消毒方法有多种,最实用的方法是生物热消毒法,即在距羊场100m以外的地方设一堆粪场,将羊粪堆积起来,上面覆盖10cm厚的沙土,堆放发酵30d左右即可实现消毒。

四、污水消毒

最常用的方法是将污水引入污水处理池,加入化学药品(如漂白粉或其他氯制剂)消毒,用量视污水量而定,1L污水用2~5g漂白粉。

五、皮毛消毒

目前,广泛利用环氧乙烷气体消毒法。消毒时必须在密闭的专用消毒室或密闭良好的容器(常用聚乙烯或聚氯乙烯薄膜制成的篷布)内进行。在室温15℃时,每立方米密闭空间使用环氧乙烷0.4~0.8kg,维持12~48h,相对湿度在30%以上。

11.2.6　定期驱虫

为了预防羊寄生虫病,应在发病季节到来之前,用药物给羊群进行预防性驱虫。预防性驱虫的时机,根据寄生虫病季节动态调查确定。例如,肺线虫病主要发生于11~12月份及翌年的4~5月份,那就应该在秋末冬初草枯以前(10月底或11月初)和春末夏初羊抢青以前(3~4月份)各进行1次药物驱虫。

预防性驱虫所用的药物有多种。丙硫咪唑对羊常见的胃肠道线虫、肺线虫、肝片吸虫和绦虫均有效,具有高效、低毒、广谱的优点,可同时驱除混合感染的多种寄生虫,是较理想的驱虫药物。

药浴可在剪毛后10d左右进行。药浴液可用0.1%~0.2%杀虫脒(氯苯脒)水溶液、1%敌百虫水溶液或速灭菊酯(80~200mg/L)、溴氰菊酯(50~80mg/L)。可用石硫合剂,由石灰、硫黄加水煮制而成,常用配料比为生石灰:硫黄:水=1:2:10,边煮边拌,直至煮沸呈浓茶色为止,弃去沉渣,上清液便是母液。在母液内加温水(1:10)即成药浴液。药浴可在药浴池内或淋浴场逐只洗浴。

11.2.7　发生传染病时及时采取措施

羊群发生传染病时,应立即采取紧急措施,防止疫情扩大。兽医人员要立即向上级部门报告疫情;同时要立即将病羊和健康羊隔离,不让它们有任何接触;对于发病前与病羊有过接触的羊,必须单独圈养,经过20d以上的观察才能与健康羊合群;如有出现病状的羊,则按病羊处理。对已隔离的病羊,要及时进行药物治疗。

隔离场所禁止人、畜出入和接近,工作人员出入应遵守消毒制度,隔离区内的用具、饲料、粪便等,未经彻底消毒不得运出。没有治疗价值的病羊,由兽医根据国家规定进行严格处理;病羊尸体要焚烧或深埋,不得随意抛弃。对健康羊和可疑感染羊,要进行疫苗紧急接种或用药物进行预防性治疗。发生口蹄疫、羊痘等急性烈性传染病时,应立即划定疫区,采取严格的隔离封锁措施,组织力量尽快扑灭。

11.3 羊病的检测与诊疗技术

11.3.1 临床诊断

临床诊断法是诊断羊病最常用的方法。综合应用问诊、视诊、触诊、听诊、叩诊和嗅诊分析发现症状表现和异常变化，对疾病做出诊断，或为进一步检验提供依据。

一、问诊

问诊是通过询问畜主或饲养员，了解羊发病的有关情况。询问内容包括发病时间、发病数量、病前和病后的异常表现、以往的病史、治疗情况、免疫接种情况等。在交流时应考虑所谈情况与当事人的利害关系（责任），分析其可靠性。

二、视诊

视诊是观察病羊表现。视诊时，先观察病羊肥瘦、姿势、步态等情况；然后靠近病羊详细察看被毛、皮肤、黏膜、结膜、粪尿等情况。

1. 肥瘦　急性病，如急性臌胀、急性炭疽等，病羊身体仍然肥壮；相反，慢性病，如寄生虫病等，病羊身体多为瘦弱。

2. 姿势　病羊一举一动是否与平素相同。有些疾病表现出特殊的姿势，如破伤风表现四肢僵直，行动不灵便。

3. 步态　羊患病时，常表现行动不稳，或不喜行走。当羊四肢肌肉、关节或蹄部发生疾病时，则表现为跛行。

4. 被毛和皮肤　在病理状态下，羊被毛粗乱蓬松，失去光泽，而且容易脱落。患螨病的羊，患部被毛可成片脱落，同时皮肤变厚变硬，出现蹭痒和擦伤。在检查皮肤时，除注意皮肤的颜色外，要注意有无水肿、炎性肿胀、外伤，以及皮肤是否温热等。

5. 黏膜　口腔黏膜发红，多半是由于体温升高，身体上有发炎的地方。黏膜发红并带有红点、血丝或呈紫色，是由严重的中毒或传染病引起的。黏膜呈苍白色，多为患贫血病；呈黄色，多为患黄疸病；呈蓝色，多为肺脏、心脏患病。

6. 呼吸　呼吸次数增多，见于热性病、呼吸系统疾病、心脏衰弱及贫血、腹压升高等；呼吸次数减少，主要见于某些中毒、代谢障碍、昏迷。另外，要检查呼吸类型、呼吸节律，以及呼吸是否困难等。

三、嗅诊

诊断羊病时，嗅闻分泌物、排泄物、呼出气体及口腔气味也很重要，如肺坏疽时，鼻液带有腐败性恶臭；胃肠炎时，粪便腥臭或恶臭；消化不良时，可从呼气中闻到酸臭味。

四、触诊

触诊是用指或手指尖感触被检查的部位，同时稍加压力，以便确定被检查的各个器官组织是否正常。触诊常用如下几种方法。

1. 皮肤检查 主要检查皮肤的弹性、温度、有无肿胀和伤口等，如羊营养不足时，或得过皮肤病，则皮肤表现为没有弹性。

2. 体温检查 用手摸羊耳或把手插进羊嘴里去握住舌头，可以知道病羊是否发热。但是准确的方法，是用体温计测量。羊正常体温是38～40℃，如高于正常体温，则为发热，常见于传染病。

3. 脉搏检查 检查时注意每分钟跳动次数和强弱等。检查羊脉搏的部位，是用手指摸后肢股部内侧的动脉。健康羊每分钟脉搏跳动70～80次。羊患病时脉搏的跳动次数和强弱都和正常羊不同。

4. 淋巴结检查 主要检查颌下、肩前、膝上和乳房上淋巴结。当羊发生结核病、伪结核病、羊链球菌病时，体表淋巴结往往肿大，其形状、硬度、温度、敏感性及活动性等也会发生变化。

5. 人工诱咳 检查者立在羊左侧，用右手捏压气管前3个软骨环，羊患病时，就容易引起咳嗽。羊发生肺炎、胸膜炎、结核时，咳嗽低弱；发生喉炎及支气管炎时，则咳嗽强而有力。

五、听诊

听诊是利用听觉来判断羊体内正常的和患病的声音。最常用的听诊部位为胸部（心、肺）和腹部（胃、肠），包括听心脏"嘣-冬"两个交替发出的声音、肺脏振动而产生的声音，以及腹部胃肠运动的声音。听诊的方法有两种，一种是直接听诊，用耳朵直接听羊体内的声音；另一种是间接听诊，即用听诊器听诊。听诊对技术和经验要求较高。

六、叩诊

叩诊是用手指或叩诊锤来叩打羊体表部分或体表的垫着物（如手指或垫板），借助所发声音来判断内脏的活动状态。羊叩诊方法是左手食指或中指平放在检查部位，右手中指第二指节呈直角弯曲，向左手食指或中指第二指节上敲打。叩诊的音响有：清音、浊音、半浊音、鼓音。在病理状态下，当羊胸腔积聚大量渗出液时，叩打胸壁出现水平浊音界。半浊音是介于浊音和清音之间的声音，叩打含少量气体的组织，如肺缘，可发出这种声音。羊患支气管肺炎时，肺泡含气量减少，叩诊呈半浊音或鼓音；如叩打左侧瘤胃处，发鼓响音，若瘤胃臌气，则鼓响音增强。

七、大群检查

在大型羊场，羊数量较多，不可能逐一进行检查，此时应先做大群检查（初检），从大群羊中先剔出病羊和可疑病羊，然后再对其进行个体检查（复检）。运动、休息和采食饮水的检查是对大群羊进行临床检查的三大环节；眼看、耳听、手摸、检温（即用体温计检查羊体温），是对大群羊进行临床检查的主要方法。用"看、听、摸、检"的方法，通过三大环节的检查，可以把大部分病羊从羊群中检查出来。

11.3.2 病料送检

羊群发生疑似传染病时，应采取病料送有关诊断实验室检验。病料的采取、保存和运送是否正确，对疾病的诊断至关重要。

一、病料的采取

（1）剖检前凡发现羊急性死亡时，必须先用显微镜检查其末梢血液抹片中有无炭疽杆菌存在，如怀疑是炭疽，则不可随意剖检，只有在确定不是炭疽时，方可进行剖检。

（2）内脏病料的采取需在死亡后立即进行，最好不超过6h，否则影响病原微生物检出准确性。

（3）病料采集应根据不同的传染病，采集对应的脏器或内容物，如败血性传染病可采取心、肝、脾、肺、肾、淋巴结、胃、肠等；肠毒血症采取小肠及其内容物；有神经症状的传染病采取脑、脊髓等，如无法判定是哪种传染病，可进行全面采取。

二、病料的保存

病料如不能立即检验，应当装入容器并加入适量的保存剂，使病料尽量保持新鲜状态。

1. 细菌检验材料的保存 将脏器组织块保存于装有饱和氯化钠溶液或30%甘油缓冲盐水的容器中，容器加塞封固。病料如为液体，可装在封闭的毛细玻璃管或试管中运送。

2. 病毒检验材料的保存 将脏器组织块保存于装有50%甘油缓冲盐水或鸡蛋生理盐水的容器中，容器加塞封固。

3. 病理组织学检验材料的保存 在10%福尔马林或95%乙醇中固定；固定液的用量应为送检病料的10倍以上。如用福尔马林溶液固定，应在24h后换新鲜溶液1次。严寒季节为防病料冻结，可将固定好的组织保存于甘油和10%福尔马林等量混合液中。

三、病料的运送

装病料的容器要详细标号，并附病料送检单。供病原学检验的材料怕热，供病理学检验的材料怕冻。前者应放入加有冰块或干冰的保温瓶内送检，如无冰块或干冰，可在保温瓶内放入氯化铵450~500g，加水1500ml，上层放病料，这样能使保温瓶内保持0℃达24h。包装好的病料要及时运送，长途以空运为宜。

11.3.3 给药方法

羊给药方法有多种，应根据病情、药物性质选择适当的给药方法。

一、注射法

1. 皮下注射 把药液注射到羊皮肤和肌肉之间。羊注射部位是在颈部或股内侧皮肤松软处。注射时，先把注射部位的毛剪净，涂上碘酒，用左手捏起注射部位的皮肤，右手持注射器，将针头斜向刺入皮肤，如针头能左右自由活动，即可注入药液。注完拔出针头时在注射点上涂擦碘酒。凡易于溶解、无刺激性的药物或疫苗等，均按说明书的要求进行皮下注射。

2. 肌内注射 将药液注入肌肉，注射部位是在颈部。注射方法基本上与皮下注射相同；不同之处是注射时以左手拇、食指成"八"字形压住所要注射部位的肌肉，右手持注射器将针头向肌肉组织内垂直刺入，即可注药。刺激性小、吸收缓慢的药液，如青霉素等均采用肌内注射。

3. 静脉注射 将灭菌的药液直接注射到静脉内，使药液随血流很快分布到全身，迅速产生药效。羊注射部位是颈静脉。注射方法是将注射部位的毛剪净，涂上碘酒，先用左手按压静脉靠近心脏的一端，使其怒张，右手持注射器，将针头向上刺入静脉内。看到回血则表示已插入静脉内，然后用右手将药液注入。药液注射完毕后，左手按住刺入孔，右手拔针，在注射处涂擦碘酒。

4. 气管注射 将药液直接注入气管内。注射时多取侧卧保定，头高臀低。将针头穿过气管软骨环之间，垂直刺入，摇动针头，若感觉针头确已进入气管，接上注射器，抽动活塞，见有气泡，即将药液缓缓注入，如欲使药液流入两侧肺中，则应注射两次，第二次注射时，须将羊翻转，卧于另一侧。本法适用于治疗气管、支气管和肺部疾病，也常用于肺部驱虫群体给药法，如羊肺线虫。

5. 羊瘤胃穿刺注药 当羊发生瘤胃臌气时用此法。

二、口服法

1. 长颈瓶给药法 当给羊灌服稀药液时，将药液倒入细口长颈的玻璃瓶或塑料瓶中，抬高羊嘴，给药者右手拿药瓶，左手用食、中二指自羊右口角伸入口内，轻轻压迫舌头，羊口即张开；然后右手将药瓶口从左口角伸入羊口中，将左手抽出，待瓶口伸到舌头中段，即抬高瓶底，将药液灌入。

2. 药板给药法 专用于给羊服用舔剂。舔剂不流动，在口腔中不会向咽部滑动，因而不致发生误咽。给药时，用竹制或木制的药板。药板长约30cm、宽约3cm、厚约3mm，表面光滑无棱角。给药者站在羊右侧，左手将开口器放入羊口中，右手持药板，用药板前部刮取药物，从右口角伸入口内到达舌根部，将药板翻转，轻轻按压，向后抽出，把药抹在舌根部，待羊下咽后，再抹第二次，如此反复进行，直到把药给完。

3. 混饲给药法 应用此法时要注意药物与饲料的混合必须均匀，并准确控制饲料中药物比例；有些药适口性差，混饲给药时要少添多喂。

4. 混水给药法 用此法须注意根据羊可能饮水的量来计算药量与药液浓度。在给药前应停止饮水半天，以保证每只羊都能饮到足量的水。

三、灌肠法

将药物配成液体直接灌入直肠内。可用小橡皮管灌肠。先将直肠内的粪便清除，然后在橡皮管前端涂上凡士林，插入直肠内，把连接橡皮管的盛药容器提高到羊背部以上。灌肠完毕后，拔出橡皮管，用手压住肛门或拍打尾根部，以防药液挤出。灌肠药液的温度，应与体温一致。

四、胃管法

该法适用于灌服大量水剂或有刺激性的药液，患咽炎、咽喉炎和咳嗽严重的病羊不可用胃管灌药。胃管插入后，可接上漏斗灌药。药液灌完后，再灌少量清水，然后慢慢抽出漏斗。插管时，可通过鼻腔和口腔进行。

1. 鼻腔插管法 先将胃管插入鼻孔，沿下鼻道慢慢送入，到达咽部时，有阻挡感觉，待羊进行吞咽动作时乘机送入食道；胃管进入食道后会有阻力，这时要向胃管内用力吹气，或用橡皮球打气，如见左侧颈沟有起伏，表示胃管已进入食道。如胃管误入气管，多数羊会表现不安、咳嗽。如胃管已进入食道，继续深送即可到达胃内，此时从胃管内排出酸臭气体，将胃管放低时则流出胃内容物。

2. 口腔插管法 先装好木质开口器，将胃管通过木质开口器的中间孔，沿上腭直插入咽部，借吞咽动作胃管可顺利进入食道，继续深送，胃管即可到达胃内。

11.4 羊常见传染病的防治

本书介绍14种常见的传染病，其详细的临床症状、诊断及防治方法可扫描二维码阅读。

拓展阅读
11-1

11.4.1 羊炭疽

炭疽（anthrax）是人畜共患的急性、热性、败血性传染病。羊多呈最急性，突然发病，眩晕，可视黏膜发绀，天然孔出血。

11.4.2 破伤风

破伤风（tetanus）是人畜共患的一种创伤性、中毒性传染病，其特征是患病动物全身肌肉发生强直性痉挛，对外界刺激的反射兴奋性增强。

11.4.3 口蹄疫

口蹄疫（foot-and-mouth disease）是由口蹄疫病毒引起的一种在偶蹄动物常发的高度接触性传染病。

11.4.4 蓝舌病

蓝舌病（bluetongue）是由节肢动物传播的非接触性环状病毒病，对全部的反刍动物都有影响，常发生于绵羊。

11.4.5 羊坏死杆菌病

坏死杆菌病（necrotizing bacillosis）是畜禽共患的一种慢性传染病。在临床上表现为皮肤、皮下组织和消化道黏膜的坏死，有时在其他脏器上形成转移性坏死灶。

11.4.6 羔羊大肠杆菌病

羔羊大肠杆菌病（colibacillosis）是由致病性大肠杆菌所引起的一种幼羔急性、致死性传染病。临床上表现为腹泻和败血症。

11.4.7 羊钩端螺旋体病

钩端螺旋体病（leptospirosis）是一种由钩端螺旋体引起的人畜共患的传染病。临床特征为黄疸、血色素尿、黏膜和皮肤坏死、短期发热和迅速衰竭。

11.4.8 巴氏杆菌病

巴氏杆菌病（pasteurellosis）主要是由多杀性巴氏杆菌所引起的家畜、家禽和野生动物传染病，在绵羊主要表现为败血症和肺炎。

11.4.9 肉毒梭菌中毒症

肉毒梭菌中毒症（clostridium botulinum poisoning）是由于食入肉毒梭菌毒素引起的急性致死性疾病，其特征为运动神经麻痹和延脑麻痹。

11.4.10 羊布鲁氏菌病

布鲁氏菌病（brucellosis）是由布鲁氏菌引起的人畜共患的慢性传染病。主要侵害生殖系统。羊感染后，以母羊发生流产和公羊发生睾丸炎为特征。本病分布广，感染家畜和人。

11.4.11 羊沙门氏菌病

羊沙门氏菌病（salmonellosis）包括绵羊流产和羔羊副伤寒两病。发病羔羊以急性败血症和泻痢为主。

11.4.12 羊快疫

羊快疫（ovine braxy）是由腐败梭菌经消化道感染引起的一种急性传染病，主要发生于绵羊。本病以突然发病，病程短促，真胃出血性炎性损害为特征。

11.4.13 羊肠毒血症

羊肠毒血症（enterotoxemia）又称"软肾病"或"类快疫"，是由 D 型魏氏梭菌在羊肠道内大量繁殖产生毒素引起的一种急性毒血症，主要发生于绵羊。本病以急性死亡、死后肾组织易于软化为特征。

11.4.14 羊猝击

羊猝击（struck）是由 C 型魏氏梭菌引起的一种毒血症，临床上以急性死亡、腹膜炎和溃疡性肠炎为特征。

11.5　羊常见寄生虫病的防治

寄生虫病是寄生虫侵入机体而引起的疾病。虫种和寄生部位不同，引起的病理变化和临床表现各异。本类疾病分布广泛，各地均可见到，以卫生条件差的地区多见，热带和亚热带地区更多。其详细的临床症状、诊断及防治方法可扫描二维码阅读。

拓展阅读 11-2

11.5.1　肝片吸虫病

肝片吸虫病（fasciola hepatica）又叫肝蛭病，是由肝片吸虫寄生引起的慢性或急性肝炎和胆管炎，同时伴发全身性中毒现象和营养障碍等症状。本病多发于多雨温暖的季节，采食水草的羊更为多见。肝片吸虫主要寄生于羊肝脏内，也能进入胆管和胆囊内。虫卵可随羊粪排出，并寄生到一种螺蛳体内，孵化而出的幼虫继而附在水草上。当羊吃了这种草后，幼虫穿过肠壁，侵入血管和腹腔，到达胆管。

11.5.2　羊胃肠线虫病

胃肠线虫（gastrointestinal nematode）寄生于羊胃肠道，各种胃肠线虫引起疾病的情况大致相似，以捻转血矛线虫危害最严重，每年春秋季节多发。羊皱胃和肠道内常有不同种类和数量的线虫寄生，常见的胃肠线虫有捻转血矛线虫（寄生于皱胃及小肠）、钩虫（寄生于小肠）、食道口线虫（寄生于大肠）和鞭虫（寄生于盲肠）等。若是多种线虫混合感染，可引起不同程度的胃肠炎、消化机能障碍等。

11.5.3　球虫病

羊球虫病（coccidiosis）是球虫寄生于羊肠道所引起的一种原虫病，是绵羊和山羊腹泻的常见病因。

11.5.4　绦虫病

羊绦虫病（taeniasis）是由莫尼茨绦虫、曲子宫绦虫及无卵黄腺绦虫寄生在羊体内引起的，主要为害羔羊。这3种绦虫既可单独感染也可混合感染。最常见的为莫尼茨绦虫，虫长1～5m，虫体由许多节片连成。绦虫主要寄生在羊小肠里，待节片成熟后随粪便排出。节片中含有大量虫卵，虫卵被一种地螨吞食后，就在地螨体内孵化，再发育成似囊尾蚴。当羊吃草时吞食了含有似囊尾蚴的地螨后，即感染绦虫病。地螨多在温暖和多雨季节活动，所以羊绦虫病在夏秋两季高发。

11.5.5　疥癣病

疥癣病（sarcoptic acariasis）又称羊螨病，由螨侵袭并寄生于羊体表引起皮肤剧烈痒觉的

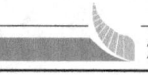

一种慢性皮肤疾病。本病多发于秋冬季节，尤以幼羊易感染且发病较严重。羊舍阴暗潮湿、饲养管理不当、卫生制度不严、羊群拥挤等都是螨病蔓延的重要原因。

11.6 羊普通病的防治

11.6.1 瘤胃积食

瘤胃积食（rumen indigestion）是瘤胃充满过量饲料，致使胃体积增大，胃壁扩张，食糜滞留在瘤胃中，引起严重消化不良的疾病。如不及时进行治疗，常引起死亡。常见于采食大量的青草、紫云英或甘薯、胡萝卜、马铃薯等饲料；或因饥饿采食了大量谷草稻草、豆秸、花生秧、甘薯藤等，而饮水不足，难以消化；或过食谷类饲料，又大量饮水，饲料膨胀，从而导致发病。

11.6.2 急性瘤胃臌气

原发性瘤胃臌气（primary bloat）是由于过量采食易发酵饲料，如初春的嫩草、青贮饲料、豆科植物等；或过食大量的豆饼、豌豆、雨后的青草及腐败的干草；或饲料在瘤胃中过度发酵，迅速产生大量气体，致使反刍和嗳气障碍的一种疾病。继发性瘤胃臌气（secondary bloat）多见于前胃疾病和食道阻塞等疾病。

11.6.3 前胃弛缓

前胃弛缓（forestomach atony）是前胃兴奋性和收缩力量降低的疾病。原发性前胃弛缓，由不正确的饲养管理方法引起，如长期饲喂秸秆等难以消化的草料，或突然更换饲养方法，供给精料过多，运动不足等。瘤胃臌气、瘤胃积食、肠炎等及其他内科、外科、产科疾病也可继发该病，为继发性前胃弛缓。

11.6.4 创伤性网胃腹膜炎

创伤性网胃腹膜炎（traumatic reticuloperitonitis）主要由于羊吃进尖锐金属异物（如钢丝、铁线等），网胃收缩，异物刺破或损伤胃壁所致，羊发病率低于牛。

11.6.5 皱胃炎

皱胃炎（abomasitis）是一种皱胃黏膜及黏膜下层的炎症。主要病因是由于采食腐败饲料、粗硬饲料、冰冻饲料；或长期饲喂糟粕、粉渣等；或各种原因引起的应激反应。

11.6.6 直肠脱

直肠脱（rectal prolapse）是直肠黏膜和直肠结构外翻，常发生于羔羊过度紧张和断尾过短后。相比于山羊，绵羊直肠脱更常见。球虫病、沙门氏菌感染引起的腹泻或日粮失衡等也可引发。

11.6.7 羔羊消化不良

由于母羊妊娠后期饲养不良，所产羔羊体质虚弱，食欲不振；初乳质量差，羔羊吸收不到足够的初乳，抵抗力低下，从而导致羔羊消化不良（lamb dyspepsia）。

11.6.8 佝偻病和软骨病

佝偻病（rickets）是一种因为软骨矿化不当而发生的幼龄动物疾病。常见病因是缺乏维生素D，但是佝偻病也有可能是因为磷和钙的缺乏。在年长动物中，相同的缺乏会影响骨质矿化异常，也称为软骨病（chondrosis）。佝偻病主要发生在生长迅速的羊只身上。因为受到的阳光照射有限，这些羊体内的维生素D水平很低。此外，舍饲、高纬度地区的羊也易患此病。

11.6.9 瘫痪病

瘫痪病（paralysis）是一种羊运动机能障碍疾病，主要表现为四肢发生瘫痪。多见于多胎高产母羊，由于营养消耗大过营养补充，只能依靠分解肌纤维和动员骨骼中钙磷来维持机体的需要，导致在妊娠后期或产后哺乳期发病。

11.6.10 小叶性肺炎

小叶性肺炎（lobular pneumonia）是肺泡、细支气管和肺间质的炎症，分为卡他性和脓性肺炎2种。脓性肺炎常由卡他性肺炎继发，是支气管与肺小叶或肺小叶群同时发生炎症。羊多发小叶性肺炎。夏季羊群过密、通风不畅、圈舍闷热、有害气体刺激等因素都可诱发此病。尤以妊娠母羊、产后营养不良的泌乳母羊最易感染。

11.6.11 毛球阻塞

毛球阻塞（hairball obstruction）是真胃异物阻塞的一种疾病。长期饲喂藤蔓类的粗饲料，粗纤维易导致此病。另一种情况是绵羊食毛症，多发生于冬季舍饲羔羊，由于食毛量过多，严重时会因毛球阻塞肠道形成肠梗阻而造成死亡。

11.6.12 胃肠炎

胃肠炎（gastroenteritis）是胃肠黏膜表层或深层的炎症，比单纯性胃或肠的炎症更严重，能引起胃肠消化障碍和自体中毒。青年羊发病较多，羔羊也易发生。

胃肠炎多因喂给品质不良，含有泥沙、霉菌、化学药品及冰冻腐败变质的饲草、饲料或误食农药处理过的种子、饲料和污水所致；也可因过食精料、有毒植物中毒，以及羊栏地面湿冷等引起本病的发生；某些传染病、寄生虫病、胃肠病、产科疾病等均可继发胃肠炎。

11.6.13 膀胱炎

膀胱炎（cystitis）是膀胱黏膜表层及深层的炎症。常发生于母羊产后的生殖道感染；也可由尿结石或其他病原微生物引起的感染所致。

11.6.14 尿石症

尿石症（urolithiasis）是多因素疾病，饮水、采食、尿液酸碱度和身体水分平衡都有影响。尿石是尿液中的固体结晶形式，主要由有机基质和过饱和尿液中沉淀的有机和无机晶体构成。缺乏维生素 A，长期采食微量元素失衡饲料，体内的组织碎片、血凝块或细菌等都能诱发尿石的形成。

11.6.15 瘤胃酸中毒

瘤胃酸中毒（ruminal acidosis）是过食谷类饲料或多糖饲料、酸类渣料等，或饲料突然改变导致瘤胃内异常发酵，生成大量乳酸，继而发生以乳酸中毒为特征的瘤胃消化机能紊乱性疾病。

11.6.16 有机磷中毒

有机磷中毒（organophosphorus poisoning）是羊误食喷洒过有机磷制剂的青草、蔬菜等所引起的中毒现象。常用的有机磷制剂有敌百虫、敌敌畏、乐果、1605 和 3911 等。当有机磷制剂通过各种途径进入羊只机体，造成乙酰胆碱大量蓄积，导致副交感神经过度兴奋而出现病状。

11.6.17 亚硝酸盐中毒

亚硝酸盐中毒（nitrite poisoning）是羊只采食了大量富含硝酸盐的青饲料后，在自然条件下，硝酸盐在硝化细菌的作用下，转为亚硝酸盐而发生的中毒。各种鲜嫩青草、叶菜等，均含有较多的硝酸盐成分，若存放时发热和放置过久，可致使饲料中的硝酸盐转化为亚硝酸盐。这类青料若饲喂过多，瘤胃的发酵作用本身也可使硝酸盐还原为亚硝酸盐，从而使羊只中毒。

11.6.18 霉饲料中毒

霉饲料中毒（mycotoxicosis）是羊采食了发霉饲料而中毒，其霉菌主要有甘薯黑斑病菌、玉米黄曲霉、稻草镰刀菌、麦芽根棒曲霉等。

11.6.19 尿素中毒

尿素中毒（urea poisoning）是羊喂过量的尿素，或尿素与饲料混合不均匀，或喂尿素后立即饮水引起的中毒。

11.6.20 难产

难产（dystocia）是临产母羊不能正常顺利地产羔。引起难产的因素颇多，但通常发生的有以下情况：分娩母羊产道狭窄，胎儿过大或胎位不正，母羊营养不良或患病。

11.6.21 胎衣不下

母羊分娩后在5~6h内不能顺利排出胎衣就叫胎衣不下（placenta retention）。胎衣不下的原因颇多，如母羊子宫收缩无力或胎盘发生病变粘连。

11.6.22 乳房炎

乳房炎（mastitis）多是链球菌侵入而致，为慢性过程。高产母羊产羔后羔羊死亡或被卖掉，缺乏羔羊吮乳，奶汁不能正常排出，也易导致发生乳房炎。

11.7 羊病辅助诊断系统

智慧医疗是"人工智能＋医疗"的一个重大分支，它可为兽医提供海量的兽医学信息，方便兽医进行推理和判断。在智慧医疗体系中，智能影像技术可帮助兽医判断疾病的种类及程度，提高诊疗效率。智能影像识别系统中储存了大量的兽医学影像记录，通过专家系统模拟兽医的思考方式，用储存的信息对患羊的影像进行分析识别，提高诊断的准确率，是兽医事业的巨大进步。

11.7.1 专家系统的基本结构

专家系统（expert system，ES）是一种模拟人类专家思维，应用专业知识和实践经验，解决复杂问题的软件系统。专家系统必须具备3个要素：①具备领域内专业知识；②能模拟专家思维方式；③达到专家级别的解题水准。专家系统目前已用于各个专业领域，包括医疗诊断、金融决策、化学工程、商业决策、语音识别和图像处理等。

一个完整的专家系统通常由人-机交互界面、知识库、推理机、知识获取、综合数据库等部分组成（图11-1）。专家系统的性能主要取决于知识库的可用性、确定性和完善性。推理机是一个控制机制，可根据处理对象来应用知识库中相关信息，根据这些信息推导出结论。专家系统中的动态数据库用于存储推理过程中得到的问题信息。动态数据库避免了同一

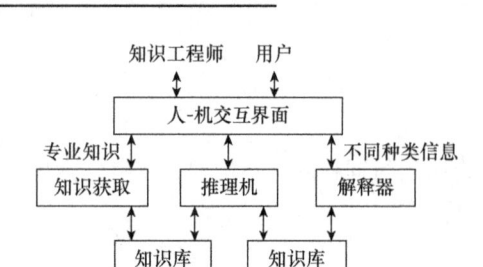

图11-1 专家系统运行原理

问题的多次提问，从而优化了推理策略。人机接口是用户和计算机交流的关键环节，其设计关系到系统的易用性和推广性。示例：医链是绵羊养殖健康服务数字化装备，由网站、APP、微信公众号等构成，其APP可安装到手机上，需加载羊病辅助诊断系统、健康管理组件等专家系统[1]。

11.7.2 专家系统知识的获取

知识获取可看作是一个将专家所拥有的知识和经验从大脑转换至知识库中的过程。知识获取的方式是人工输入或机器学习自动获取。人工获取主要包括交谈法、观察法、分析法和文献法，机器学习是未来发展的主要方向。

对于知识库中知识的来源，不同的获取方法有各自的特点。专家的推理思维过程通常不是按照规范条文进行的。不同的专家在对相同信息的处理过程中所使用的处理规则可能存在差异，具有一定局限性。专家在描述问题求解过程上与其实际用的处理方法之间存在差异。文献数据资料中的知识具有坚实的科学性和实证性。文献数据资料中的知识是带有编码的知识，具有格式化和结构化等特点，便于自动抽取、识别、分析和归纳。数字编码的文献知识具有复杂的组织与存储形式，知识的获取需要用多种规则、模式和技术才能完成。大数据和人工智能是专家系统进化的基础和动力。

11.7.3 专家系统知识表示和诊断框架

一、知识表示

知识表示是把领域知识形式化和符号化的过程，合适的知识表示方法是一个专家系统成功的关键。针对畜禽领域知识的特点，用产生式规则的知识表示方法是建立畜禽领域专家系统的重要基础。产生式规则表达知识的最基本形式是：if（条件集）then（结果），条件称为前件，后果称为后件。对产生式系统而言，推理通过规则匹配、冲突消解和操作3个步骤完成。匹配就是从规则库中选择与已知事实一致的规则作为备选的过程。备选的规则可能不止一条，需要通过一定的策略来选择其中的一条来进行推理，称为冲突消解。常见的冲突消解策略有专一性排序、规则（优先序）排序、数据（前提优先序）排序、规模（前提规模）排序、就近排序和上下文限制等。产生式表达式：

$$\text{if } A_1 \text{ and } A_2 \text{ and} \cdots\cdots \text{and } A_n \text{ then B (CF)}$$

其中，$A_1 \sim A_n$ 表示的是已知的相互独立的条件或事实，B表示在A条件集下产生的含有若干可能情况的结论，CF则表示已知条件下各结论发生的概率。下面以羊口蹄疫为例说明产生式表达式在专家知识表示方面的应用。

口蹄疫临床症状描述：病羊体温升高至40～41℃，精神沉郁，食欲减退或废绝，脉搏和呼吸加快。口腔、蹄、乳房等部位出现水疱、溃疡和糜烂。严重病例可见咽喉、器官、前胃

---

[1] 医链网址：http://diag.cars38.com/。

等黏膜出现圆形烂斑和溃疡。绵羊蹄部症状明显，口腔黏膜变化较轻。山羊症状多见于口腔，呈弥散性口腔黏膜，水疱见于硬腭和舌面，蹄部病变较轻，个别病例乳房可见水泡。

口蹄疫病症关系可用产生式表示为：if 体温40～41℃ and 精神沉郁 and 食欲减退 and 呼吸加快 and 口腔水疱（溃疡或糜烂）and 蹄部水疱（溃疡或糜烂）and 乳房水疱（溃疡或糜烂）then 口蹄疫（0.9）。

二、诊断框架

基于框架的表示方法中每个诊断对象对应一个描述框架，一个描述框架称为一个诊断单元。相关诊断方法被封装在描述诊断对象的诊断单元中，用以完成该诊断对象的内部诊断任务。通过诊断对象间的层次分解关系和分类层次关系有机地组成一个多级层次结构诊断网络。动物疾病诊断的单元描述框架表示为

〈框架名〉：诊断对象#动物疾病名
〈槽名1〉：〈疾病症状〉
〈侧面名1〉：〈消化系统症状〉#（值1）：（消化症状1）；（值2）：（消化症状2）；……
〈侧面名2〉：〈呼吸系统症状〉#（值1）：（呼吸症状1）；（值2）：（呼吸症状2）；……
……

11.7.4 专家系统的推理策略

推理的效率和智能水平决定专家系统的智能水平，常用的推理方法有正向推理、反向推理和正反向混合推理3种。

一、正向推理

正向推理是事实驱动的推理，它从用户提供的事实资料出发，按照一定策略向着结论的方向推导，从而得出结论。其大致过程是根据用户提供的原始信息与规则库中的前提条件进行匹配，若匹配成功，则将该规则对应的结论取出作为结果；若匹配失败，则重新执行该过程。正向推理方法简单易行，但针对性不强，常常用到回溯，耗时较长。

二、反向推理

反向推理与正向推理完全不同，它是先对问题提出假设（结论），再从假设（结论）出发，回溯正向推理路径，找到支撑假设（结论）的证据，最后进行验证的过程。与正向推理相比，反向推理的目的性很强。

三、正反向混合推理

专家系统在进行疾病诊断的过程用正反向混合推理方法，即首先进行正向推理，从用户获取动物疾病诊断的信息和动物所表现出的主要症状，以这些信息为依据得到一个或多个假设结论，根据这些信息判断动物有可能患的疾病，随后进行反向推理，进一步有目的地获取一定数量的信息来验证自己的假设结论，如果从这些假设结论中可得出结论，则诊断结束；如果这些假设结论在随后的进一步信息获取中无法被证实，则放弃这些假设结论，以已经得到的信息为依据寻找新的假设结论，进行新一轮的验证过程。

11.7.5 疾病辅助诊断形式

目前，畜禽疾病辅助诊断系统的诊断形式主要包括远程视频连线诊断、症纹库比对诊断和视频辅助诊断。

一、远程视频连线诊断

远程视频诊断是用终端视频系统与专家的远程视频，专家也能实时通过视频看到动物的情况和实时对话沟通，给出初步诊疗结果和应急诊疗方案。例如，广东省农科院兽医研究所成立了"动物疾病远程诊疗服务中心"，用户能远距离、第一时间在线与兽医所专家联系，通过视频连线及时进行疾病防治的咨询、诊断和治疗等服务。远程视频连线诊断可达到"及时诊断、及早治疗、安全用药、绿色养殖"的效果。

二、症纹库比对诊断

国家肉羊产业体系整站系统下的医链平台用疾病症纹比对的方式对羊病进行远程辅助诊断。医链平台通过对羊疾病症状做标准化处理，提取出能反映羊疾病症状的关键词作为羊疾病的特征值，这些特征值集合成症纹。将每个羊疾病的症纹和特征值估值汇总构成"羊疾病症纹库"。在"羊疾病症纹库"中，根据特征值估值的大小，设定一定阈值，挑选出具有较大诊断价值的特征值，在羊疾病专家系统中，用户通过症纹比对的方式进行羊疾病辅助诊断，具有较大诊断价值的特征值优先推荐，以此提高诊断效率。

三、视频辅助诊断

视频辅助诊断指的是用户在诊断过程中，可根据症状的视频来判别症状或疾病。相较于以往的诊断系统对症状仅做文字或图片描述，视频更为直观，可使用户更易理解症状，能够提高系统的诊断准确性。

复习思考题

1. 简述保证羊场生物安全的措施。
2. 简述羊病预防措施。
3. 简述羊病的临床诊断步骤。
4. 简述羊给药的主要途径。
5. 简述畜禽疾病辅助诊断系统的诊断形式。

实习指导